普通高等教育"十一五"国家级规划教材

Dixia Jianzhu Jiegou
地下建筑结构

陈建平 吴 立 闫天俊 许文锋 编著

人民交通出版社

内 容 提 要

本书结合了当前不同应用领域对地下建筑工程设计与施工的要求，适应新形势下地下建筑工程学科本科教学特点。以岩体结构和支护(衬砌)结构为主线，分析其结构构成、力学特征和结构设计方法；对土体中的支护结构也作了相关分析。

本书可作为地下建筑工程学科方向的本科生教材，也可供相关专业的教师、研究生和工程技术人员参考。

图书在版编目(CIP)数据

地下建筑结构/陈建平等编著.—北京：人民交通出版社，2008.8

ISBN 978-7-114-07294-9

Ⅰ.地… Ⅱ.陈… Ⅲ.地下建筑物-建筑结构-高等学校-教材 Ⅳ.TU93

中国版本图书馆 CIP 数据核字(2008)第 108505 号

书　　名：地下建筑结构
著 作 者：陈建平等
责任编辑：高　培
出版发行：人民交通出版社
地　　址：(100011)北京市朝阳区安定门外外馆斜街 3 号
网　　址：http://www.ccpress.com.cn
销售电话：(010)59757973
总 经 销：人民交通出版社股份有限公司发行部
经　　销：各地新华书店
印　　刷：北京市密东印刷有限公司
开　　本：787×1092　1/16
印　　张：12.5
字　　数：307 千
版　　次：2008 年 8 月　第 1 版
印　　次：2018 年 2 月　第 5 次印刷
书　　号：ISBN 978-7-114-07294-9
定　　价：25.00 元
(如有印刷、装订质量问题的图书由本社负责调换)

前　言

21世纪是地下空间发展的时代，人类对地下空间利用和开发的规模和速度前所未有。目前我国交通、市政、水利水电、矿山等工程技术的发展，大大推动了地下建筑工程技术的进步与发展，各种类型的地下结构越来越多，新工艺新技术日新月异，设计理论与方法也取得长足进步。为适应新形势下地下建筑工程学科本科教学特点，并结合当前不同应用领域对地下建筑工程设计与施工的要求，特编著了本教材。

地下工程是以岩土体为作用介质的隐蔽性工程，而地下建筑结构则是人工支护结构和其周围的岩土体（尤其是岩体）结构共同构成的承载结构。本教材以岩体结构和支护（衬砌）结构为主线，分析其结构构成、力学特征和结构设计方法；对土体中的支护结构也作了相关分析。

本书由中国地质大学（武汉）陈建平任主编，吴立、闫天俊及国家海洋局第三海洋所许文锋为副主编。书中第2、3、5、7章由陈建平编写，第4、6章由吴立编写，第9、10、11章由闫天俊编写，第1、8章由许文锋编写。另左昌群博士、侯东波硕士等也参加了有关章节的编写和整理。全书由陈建平统稿。

本书可作为地下建筑工程学科方向的本科生教材，也可供相关专业的教师、研究生和工程技术人员参考。

由于编著者学术水平和时间有限，书中缺点和错误在所难免，恳请读者批评指正。

编　者

2008年4月于武汉

目　录

第 1 章
地下建筑结构概述

1.1 地下建筑结构的定义

传统地下结构理论认为，地下建筑结构是建筑在岩土体内的人工结构物。而地下结构工程新理论，如新奥法理念则认为，地下建筑结构可以看成是建筑在岩土体内的人工结构与围岩（土）体结构共同构成的结构物。因为在岩体中开挖不支护或以锚杆支护为主体的地下结构物，如在土体中开挖的窑洞及地道等，均可看做是地下建筑结构。所以，现代理念的地下建筑结构应该是由地下支护结构与地层（或岩土体）结构组成。含有地下建筑结构的工程称为地下建筑工程。

地下建筑结构涵盖各种隧道、隧洞、地下洞室（地下厂房）、矿山巷道及地下采场、地下通道、基坑等。

本书内容主要是以隧道为主体的地下建筑结构，重点是岩体中建设的地下结构。

1.2 地下建筑结构体系的组成

与楼房、桥梁等地面结构物一样，地下结构物也是一种结构体系，但地下与地面结构体系之间在赋存环境、力学作用机理等方面都存在着明显的差异。在荷载方面，除了自重力外，地面结构的荷载都是来自结构外部，如其他结构、设备、车辆、人群及自然力等；而地下建筑结构是一种包括支护结构和地层结构的复合结构体，其中，支护结构埋入地层中，周围都与地层结构紧密接触。

地下建筑结构与地层接触，两者组成共同且相互作用的受力变形体系。理论与实践已经证明，各类地层介质都具有一定程度的自承能力，因而洞室围岩（土）体能与地下结构共同承受荷载。

地下支护结构承受的荷载来自于洞室开挖后引起周围地层的变形和坍塌区产生的压力，同时结构在荷载作用下发生的变形又受到地层给予的约束。洞室地层结构在承受自重应力的同时，也承受地应力荷载的作用。在地层稳固的情况下，开挖洞室后的地层结构可以承受自重力与地应力而不设支护结构，如在完整的岩体中修建的洞室、隧道，以及我国西北的黄土窑洞，是可以在无支护下存在的结构。

地下建筑结构的稳定性，首先取决于支护结构周围地层能否保持持续稳定。地层自承能力较强时，地下支护结构将少受地层压力的荷载作用，否则将承受较大的荷载，直至几乎独立承受全部荷载作用。地层结构是否稳定不仅取决于岩石强度，而且取决于地层构造的完整程度。相比之下，周围地层构造的完整性对洞室稳定影响更大。地层既是承载结构的基本组成部分，又是荷载的主要来源。其实，洞室周围的地层在很大程度上是地下建筑结构体系中承载的主体，应充分利用和更好地发挥围岩的承载能力。在需要设置支护结构时，支护结构能够阻止围岩的变形，使其达到稳定的作用，这种合二为一的作用机理与地面结构是完全不同的。

1.3 地下建筑工程的特点

地下建筑工程是在岩石或土体中构筑的结构，与地面工程相比，地下建筑工程在很多方面具有完全不同的特点，主要表现在以下几个方面。

(1)工程受力特点不同

①地面结构是先有结构，后有荷载

地面工程结构是经过工程施工，形成结构后，承受自重、风、雪以及其他静力或动力荷载。因此，这类工程是先有结构，后承担荷载。

②地下结构是先有荷载，后有结构

地下工程是在处于自然状态下的岩土地质体内开挖的，因此，在工程开挖之前就存在着应力环境(地应力)。所以，地下结构是先有荷载，后形成结构。且地下结构与岩土体结合紧密，结构本身不能完全独立，离开岩土体的地下建筑结构是不存在的。

(2)工程材料特性的不确定性

地面工程材料多为人工材料，如钢筋混凝土、钢材、黏土砖等。这些材料虽然在力学与变形性质等方面存在变异性，但是，与岩土材料相比，不仅变异性小得多，而且，人们可以加以控制和改变。地下工程材料所涉及的材料，除了支护材料性质可控制外，其工程围岩均属于难以预测和控制的地质体。

由于地质体是经历了漫长的地质构造运动的产物，因此，地质体不仅包含大量的断层、节理、夹层等不连续介质，而且还存在着较大程度的不确定性。其不确定性主要体现在空间分布和随时间的变化方面。

①空间上的不确定性

对于地下工程围岩，不同位置围岩的地质条件(岩性、断层、节理、地下水条件、地应力等)都存在着差异。这就是地下工程地质条件和力学特性的空间不确定性。因此，人们通过有限的地质勘察、取样试验，很难全面掌握整个工程岩体的地质条件和力学特性，仅仅是对整个工程岩体的特性进行抽样分析、研究。

②时间上的不确定性

即使对于同一地点，在不同的历史时期，其地应力、力学特性等也发生变化。这就是时间上的不确定性。尤其开挖后的工程岩体特性除随时间的变化外，更重要的还与开挖方式、支护类型、施工时间及工艺密切相关。这常常是一个十分复杂的变化过程。

(3)工程荷载的不确定性

对于地面结构，所受到的荷载比较明显。尽管某些荷载(如风载、雪载、地震荷载等)也存在随机性，但是，其荷载量值和变异性与地下工程相比相对较小。

对于地下结构，工程围岩的地质体不仅会对支护结构产生荷载，同时它又是一种承载体。因此，不仅作用到支护结构上的荷载难以估计，而且，此荷载随着支护类型、支护时间与施工工艺的变化而变化。所以，对于地下工程的计算与设计，一般难以准确地确定作用到结构上的荷载类型、量值。

(4)破坏模式的不确定性

工程的数值分析与计算的主要目的在于,为工程设计提供评价结构破坏或失稳的安全指标(如安全系数、可靠性指标等)。这种指标的计算是建立在结构的破坏模式基础之上的。

对于地面工程,其破坏模式一般较容易确定,在结构力学和土力学中,已经了解诸如强度破坏、变形破坏、旋转失稳等破坏模式。

对于地下工程,其破坏模式一般难以确定,它不仅取决于岩土体结构、地应力环境、地下水条件,而且还与支护结构类型、支护时间与施工工艺密切相关。

(5)地下建筑工程信息的不完备性和模糊性

地下建筑工程中,地质力学与变形特性的描述或定量评价,取决于所获取信息的数量与质量。然而,人们常常只能获得局部的有限工程面和露头信息。因此,所获取的信息是有限的、不充分的,且可能存在错误资料或信息。这就是地下工程信息的不完备性。

此外,地下建筑工程围岩的力学与变形特征的描述,对地下工程设计与分析是重要的。但影响岩体工程特性的材料与参数如节理特征、充填物以及岩性的描述等多数是定性的,又都具有模糊性。

(6)地下支护结构形式的多样性

常用的地下支护结构的断面形式有马蹄形、圆形、直墙拱形、矩形、梯形等。确定地下支护结构断面形式,主要根据结构的最佳受力状态、施工的难易性、最佳功能要求及用途等综合考虑。

另外,地下支护结构空间比较狭小,光线比较昏暗,空气湿度大,环境相对地表较差,一般情况下,不适宜人长期居住和工作。

以上特点决定了地下建筑工程设计与施工的困难性和复杂性。

1.4 地下支护结构的类型

总体来看,地下支护结构有临时支护结构与永久支护结构,有单一支护结构和两种支护结构组成的复合支护结构。支护结构有两个最基本的使用要求:一是满足结构强度、刚度要求,以承受诸如水、围岩压力以及一些特殊使用要求的外荷载;二是提供一个能满足使用要求的工作环境,以便保持隧道内部的干燥和清洁。这两个要求是彼此密切相关的。

(1)按设计与施工要求分类

地下支护结构可以分为:

①整体浇筑结构。施工时,将地下支护结构整体现浇,一次性施工完成,形成整体型承载结构体。如传统衬砌结构多为整体浇筑结构。

②锚喷支护结构。由锚杆、喷射混凝土结构组成的支护结构体。在地层条件差时,该结构中还会增加钢筋网或钢拱架结构,形成加强型锚喷支护结构。这种结构在大跨度交通隧道中常用。

③复合式衬砌结构。该结构由初期支护结构(锚喷支护)和二次衬砌组成,是应用新奥法理论产生的支护结构,也是我国目前钻爆法中应用最广的支护结构。

④管片支护结构。该结构是盾构法或掘进机法施工中常用的支护结构,环状结构体由数个管片组合构成环形闭合承载结构体。

(2)按用途与功能分类

地下结构可分为下列9类：

①交通隧道。具有车辆、人员通行功能的隧道结构，如铁路隧道、公路隧道、城市地下铁道及越江、海底隧道等。

②水工隧洞。具有通水功能(包括有压水与无压水)的隧洞结构，如水力发电站的各种输水隧洞，为农业灌溉开凿的引水隧洞以及给水排水隧洞等。

③矿山巷道。具有运输与开采功能的巷道结构，如各类矿山水平巷道、竖井、斜井等作为运输及开采的井巷。

④城市地下建筑结构。具有城市市政功能特点的地下结构物，如储藏粮食、水果、蔬菜等的地下仓库；用于民用与公共建筑的地下商店、图书馆、体育馆、展览厅、影剧院、旅馆、餐厅及其综合建筑体系——城市地下街等；作为城市给水工程、污水、管路、线路、废物处理的地下市政工程等。

⑤地下工厂。如水力或火力发电站的地下厂房以及各种轻、重工业的地下厂房等。

⑥基坑工程。如建筑物附属地下设施、大型深基坑等。

⑦军事与国防工程。用于军工与国防建设的地下结构工程，如飞机库、舰艇库、武器库、弹药库、作战指挥所、通信枢纽和各类野战工事、永备筑城工事以及人防隐蔽部、疏散干道、连接通道、医院、救护站及大楼防空地下室等。

图1-1～图1-10为典型地下结构图。

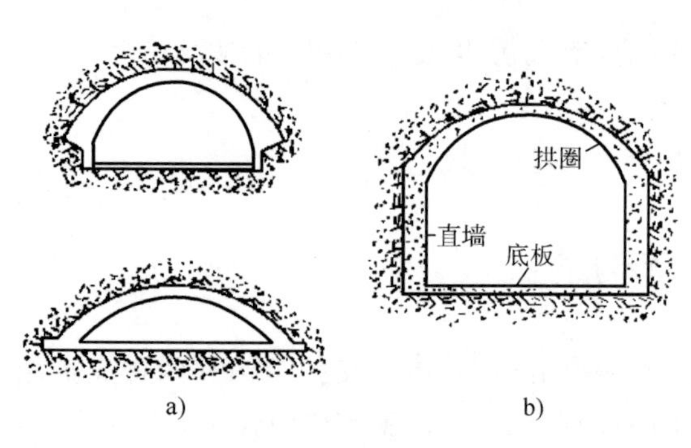

图1-1　传统隧道结构

a)落地拱；b)直墙拱形衬砌

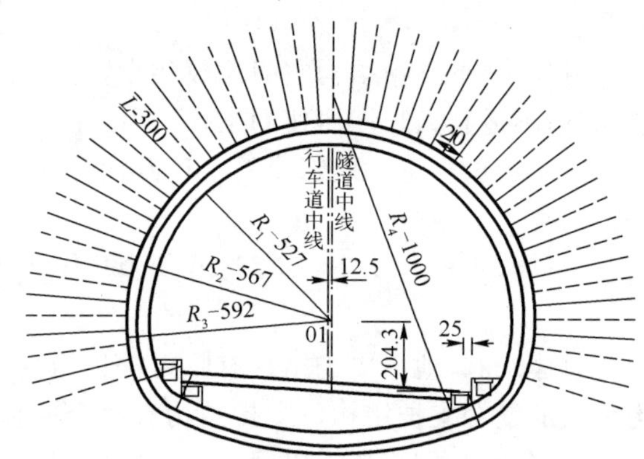

图1-2　公路隧道常用的马蹄形复合式支护断面图(尺寸单位：cm)

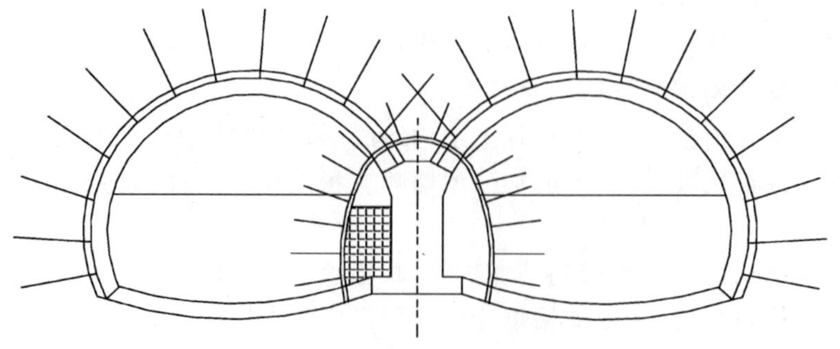

图1-3　公路双连拱隧道结构图

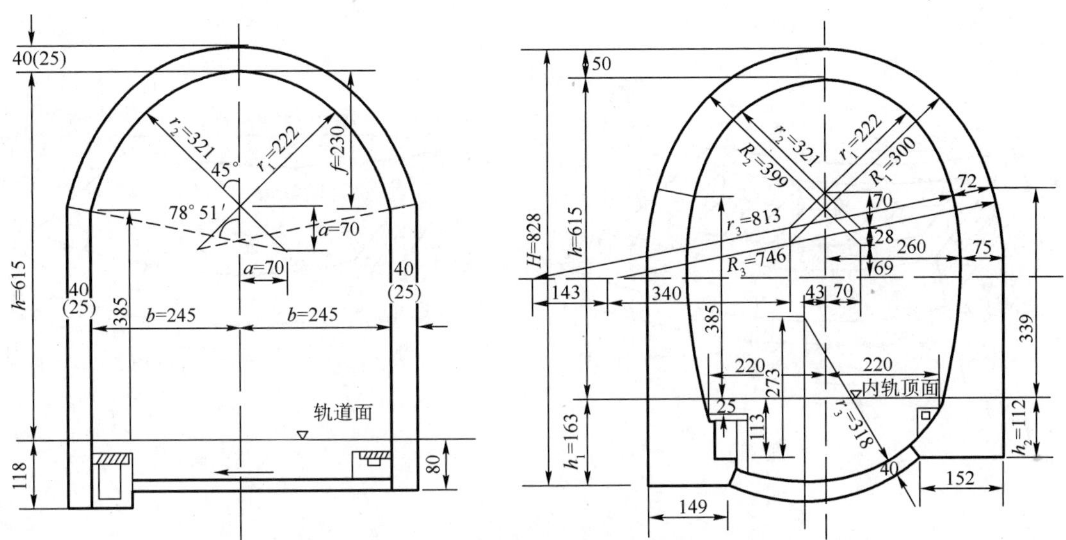

图 1-4　铁路隧道常用的马蹄形衬砌结构断面图(尺寸单位:cm)

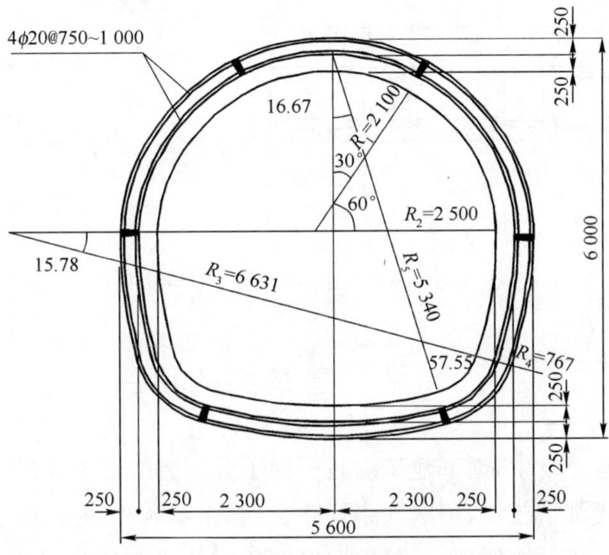

图 1-5　铁路隧道常用复合衬砌构造(锚杆省略)(尺寸单位:mm)

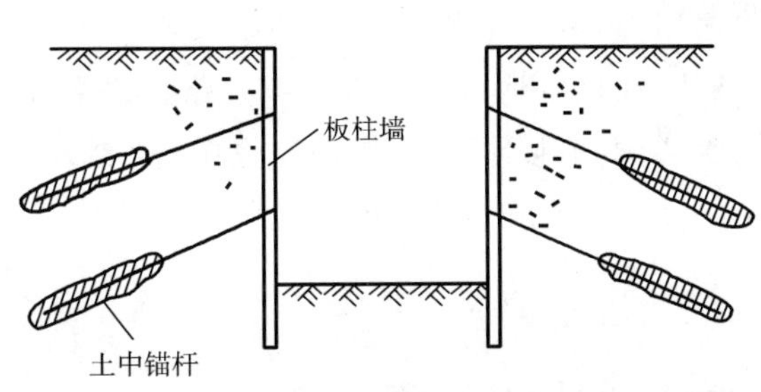

图 1-6　基坑板桩墙或连续墙结构图

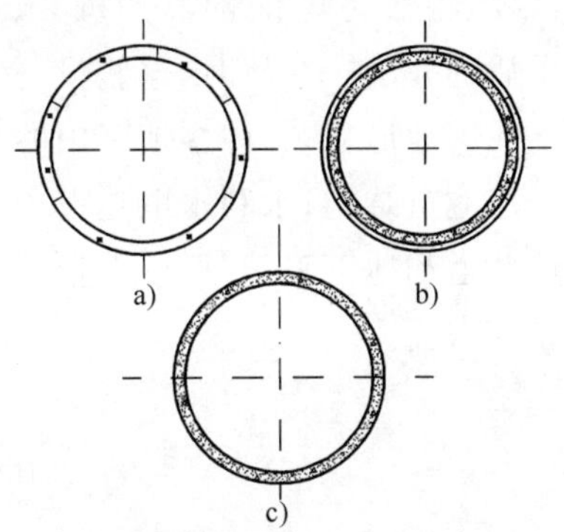

图 1-7　盾构法修建的隧道衬砌结构

a)单层装配式衬砌;b)双层衬砌;c)挤压混凝土整体衬砌

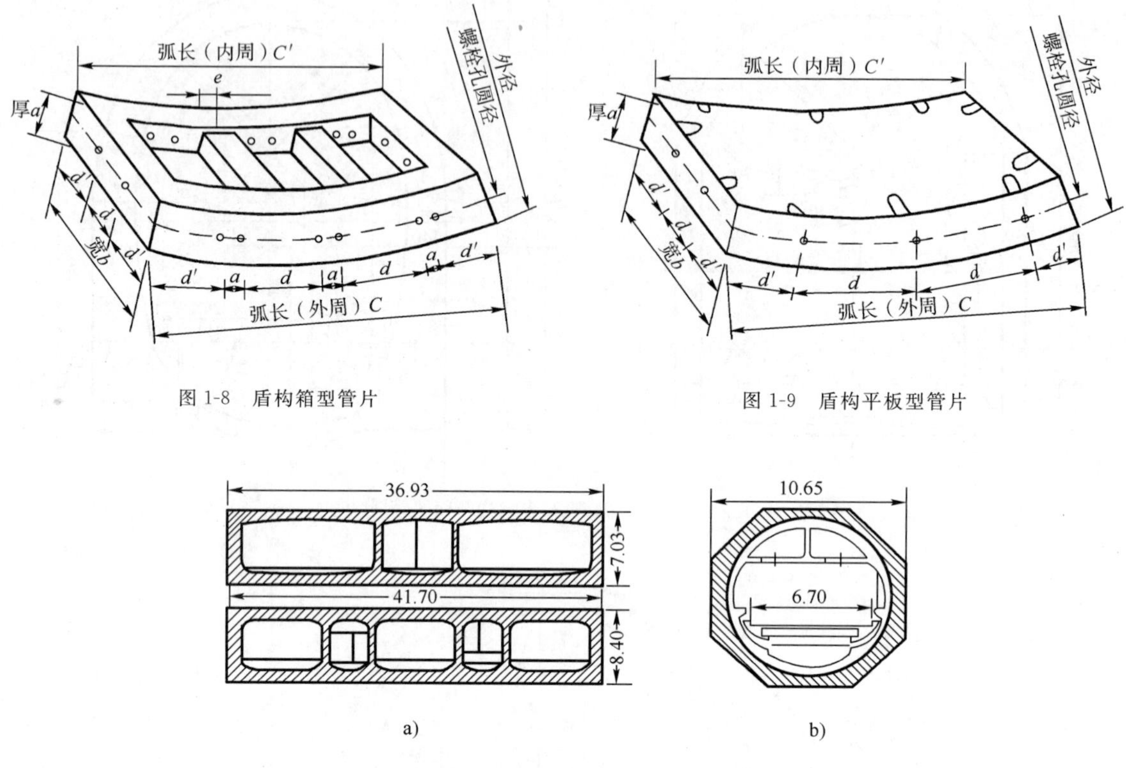

图 1-8　盾构箱型管片

图 1-9　盾构平板型管片

图 1-10　沉箱隧道结构(尺寸单位:m)

a)干船坞形结构形式;b)船台形结构形式

1.5　地下建筑物的用途

在一个国家的基本建设中,地下建筑物是一种十分重要的基本建设类型。

地下建筑物在现代都市建设、国家铁路公路交通、水利水电以及国防、民防等领域里都有极其广泛的用途。城市建设发展到一定阶段,地面建设势必难以满足市民在交通和居住方面的需要,将某些城市建设,如机关、商场、快速交通线、停车场和特殊工厂等移到地下,是一种解决矛盾的办法。在战时,这些设施又可供民防之用。

我国地形复杂,许多地区山岭高耸,高差悬殊,在这些地区兴建高等级公路和铁路时,将大量采用隧道结构;水利水电建设中需要修建输水隧洞和地下厂房;矿山建设中,需要大量开挖运输巷道和地下采场,形成大量的地下建筑结构系统。此外,对于现代化的国防建设,地下建筑尤其需要。

1.6　地下建筑结构的功能与要求

地下建筑结构设计时,必须充分了解所设计结构的所有功能。表 1-1 列出了不同的地下建筑结构的功能与要求。

各类地下建筑结构的功能与要求 表 1-1

地下结构类型	一般功能与要求
无压输水隧道	维护围岩稳定;保证通水能力,流通时无有害的水力冲击,水流速度平稳,无渗出、渗入和气穴现象;净断面大于过水断面要求
有压输水隧道	有些输水隧道要求不出现急拐弯或交叉点;洞内衬砌必须保证无大的动力损失,这类损失由有害水力或流动造成;净断面满足过水量要求
储藏洞室	维护围岩稳定;提供合适的储藏空间,空间无渗漏水,空气湿度与温度符合储藏要求,无污染和变质现象
铁路隧道	维护围岩稳定;提供合适的通风、照明和排水设施;线路坡度平稳,避免拐弯半径过大,并使两者与列车动力匹配;断面符合设计要求
公路隧道	提供适宜的运营通风系统,使车辆废气有效排出;提供良好照明与排水设施;线路坡度和拐弯半径与行驶的车辆相适应;内衬材料与路面材料有良好的防火性,无需经常维修;断面符合设计要求
地铁隧道	维护围岩稳定;提供运营所需的通风、排水和照明设施;线路坡度和拐弯半径与行驶的车辆相适应;断面符合设计要求
矿山洞室与巷道	维护开采与运输期间围岩稳定;提供施工所需的通风、排水和照明设施;巷道坡度和拐弯半径与行驶车辆相适应;断面符合设计要求
基坑	维护基坑边坡稳定,控制地下水渗漏,结构形式与深度满足建筑结构功能要求

思考题

1. 说明地下建筑结构体系的组成内容及其各自的作用。
2. 怎样理解围岩是隧道承载结构的主要部分?
3. 分析地下建筑结构的特点以及地下工程发展受到的制约因素。
4. 地下支护结构的类型有哪些?

第2章 地下工程岩体结构与力学性质

岩体是地质体的组成部分，是漫长地质发展史的产物。岩体是由岩块和分割它们的不连续面组成的地质体。不连续面，也被称为结构面，在空间的分布与产出状态构成了岩体的结构。国际岩石力学学会将岩体中的断层、软弱层面、大多数节理、软弱片理和软弱带等各种力学因素形成的破裂面和破裂带定义为结构面。

地下工程岩体是指开挖有各类地下工程及隧道(包括建筑、水利、矿山、交通等领域的工程)的岩体。地下工程岩体的稳定性研究主要包括洞室、隧道等地下工程周围岩体的变形、破坏，以及如何控制其变形发展等问题。因这种工程所处的地质环境复杂，与其他结构工程相比，具有两个明显的特点：首先岩体中存在各种结构面，使岩体形成特定的结构，不同结构的岩体不仅具有不同的稳定特性，而且具有不同的应力传播及分布特性；另一个明显的特点是，岩体始终处于一定的地应力和渗流作用下，工程岩体的稳定性主要受这方面的影响和控制。

2.1 地下岩体结构类型

2.1.1 岩体的结构

岩体结构(Rockmass Structure)指岩体中结构面与结构体的排列组合关系。基本的岩体结构单元有两类四种(图2-1)。

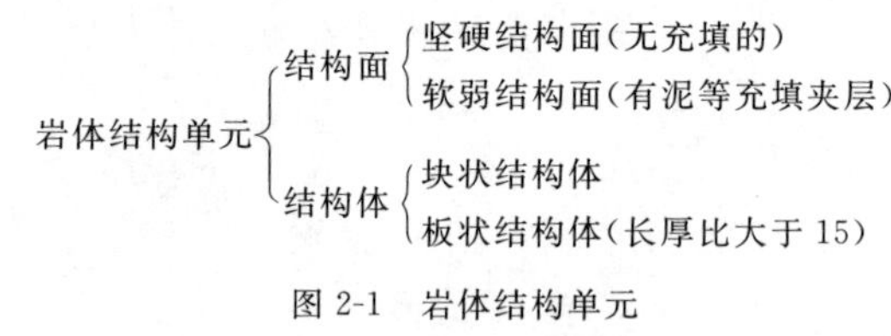

图2-1 岩体结构单元

结构体指岩体中被结构面切割围限的岩石块体。它不同于岩块的概念。结构体的规模取决于结构面的密度，密度越小，结构体的规模越大，与结构面对应，划分为五级。

常用块度模数(单位体积内IV级结构体数)或结构体体积来表示结构体规模。

结构体常见的形状：柱状、板状、楔形、菱形，见图2-2。

2.1.2 岩体结构类型

地下岩体结构面是由各种地质原因形成的，有的是原生的结构面如原生节理、层面等，有的是次生的结构面如构造、风化裂隙等(图2-3)。

结构面的存在使岩体力学参数和变形的各向异性特征极为显著，不均质性也很突出。结构面使完整岩体变成不同岩块的组合体，从而赋予岩体不同的结构形态或破碎状态。根据它们对岩体力学性质和围岩稳定性的影响(称为岩体的结构效应)，工程地质学将岩体划分为4种结构类型。

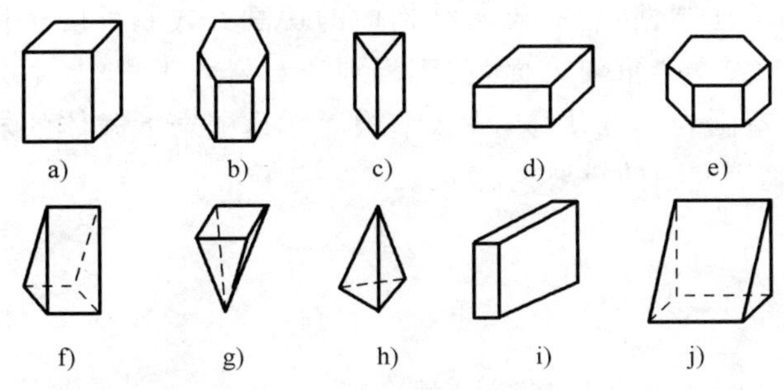

图 2-2　结构体形状典型类型示意图(孙广忠,1982)
a)、b)柱状结构体;d)、e)菱形或板状结构体;c)、f)、g)、h)、j)楔、锥形结构体;i)板状结构体

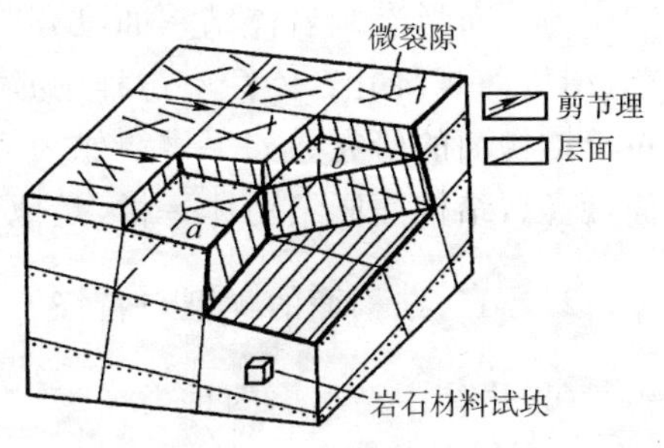

图 2-3　岩体结构示意图
a-方块状结构体;b-三棱柱状结构体

(1)整体与块状结构

主要为均质、巨块状岩浆岩、变质岩,巨厚层、厚层沉积岩、正变质岩、块状岩浆岩、变质岩;主要结构形状为巨块状、块状、柱状;以原生构造节理为主,只具有少量贯穿性较好的节理裂隙,一般不超过1~2组,多呈闭合型,裂隙结构面间距大于0.7m,基本无危险结构面组成的落石掉块,偶有少量分离体。整体性好,强度高,结构面互相牵制,岩体稳定,可视为均质弹性各向同性体,可能发生的岩土工程问题为不稳定结构体的局部滑动或坍塌,以及深埋洞室的岩爆。

(2)层状结构

主要为多层近似平行的薄层及中厚层状沉积岩、副变质岩;主要结构形状为层状、板状、透镜体;有层理、片理、节理,常有层间错动。接近均一的各向异性体,其变形及强度特征受层面及岩层组合控制,可视为弹塑性体,稳定性较差,可能发生的岩土工程问题为不稳定结构体可能产生滑塌,特别是岩层的弯张破坏及软弱岩层的塑性变形。

(3)碎裂状结构

含镶嵌结构、层状碎裂结构和碎裂结构,为构造影响严重的破碎岩层;主要结构形状为块状;断层、断层破碎带、片理、层理及层间结构面较发育,裂隙结构面间距0.25~0.5m,结构面组数一般在2组以上,由许多分离体形成。完整性很差,整体强度很低,并受断裂等软弱结构面控制,多呈弹塑性介质,稳定性很差。应力的传播与岩体结构特征关系十分密切,并具有不连续性。但这种不连续性是有限度的,随着围岩压力的提高很快消失,随之转化为连续。可能发生的岩土工程问题为易引起规模较大的岩体失稳,地下水量大,岩体失稳。

(4)散体状结构

主要为构造影响剧烈的断层破碎带,强风化带,全风化带;主要结构形状为碎屑状、颗粒状;断层破碎带交叉,构造及风化裂隙密集,结构面及组合错综复杂,并多充填黏性土,形成许多大小不一的分离岩块。完整性遭到极大破坏,稳定性极差,岩体属性接近松散体介质,可能发生的岩土工程问题为易引起规模较大的岩体失稳,地下水量增多,岩体失稳。

2.2　结构面类型与特征

岩体结构面是指岩体内开裂的和易开裂的面,如层理、节理、断层、片理等,又称不连续面。

结构面是在地质历史发展过程中,岩体内形成的具有一定方向、一定规模、一定形态和特征的地质界面,由于结构面的存在,不仅破坏了岩体的完整性,而且直接影响岩体的力学性质和应力分布形态。岩体结构面具有明显的不连续性，它标志着结构面的切割方式和程度。目前，结构面是研究岩体性质过程中必须考虑的一个重要方面，在工程地质与岩石工程中，十分重视结构面的研究。如果岩块作为构成洞室围岩承载块体，那么结构面则是围岩承载体的弱面，所以，结构面同结构体一样，是地下建筑研究中的重要内容。

2.2.1 结构面的类型与特征

(1)岩体中结构面的种类

岩体中有3类结构面：原生结构面、次生结构面和构造结构面。

①原生结构面：又称成岩结构面，它是岩石在成岩过程中形成的结构界面，如：岩浆岩的流层、流纹，冷却、缩胀裂隙及侵入接触面；沉积岩的层理层面、龟裂；变质岩的片理、板理等。

按成因不同又分3种：沉积结构面、火成结构面、变质结构面。

沉积结构面的地质特征：层面、层理、沉积间断面(不整合面、假整合面)、原生软夹层，沉积结构面产状与岩层一致，层面结合良好，风化后才沿层面剥落。

火成结构面特征：岩浆侵入，冷凝形成，结构面产状受侵入岩体与围岩接触面控制，延伸较广，原生节理粗糙、柱状节理等。

变质结构面特征：片理、片麻理、板理、软夹层。

②次生结构面：又称风化结构面、非构造结构面，是岩石受外动力地质作用(风、水、生物等)产生的，如由风化作用产生的风化裂隙等，这类节理裂隙在空间分布上常局限于地表浅部岩石中，对地下水的活动及工程建设有一定影响。

③构造结构面：指各类岩体在构造运动作用下形成的各种结构面，如劈理、节理、断层、层间错动等。

构造结构面中，含有压性、张性及扭性结构面(图2-4～图2-6)，断层可深切地壳大到几十公里，小到地表数十米。对于工程而言，断层是延展性较好的结构面，结构面中的充填物多呈破碎状。

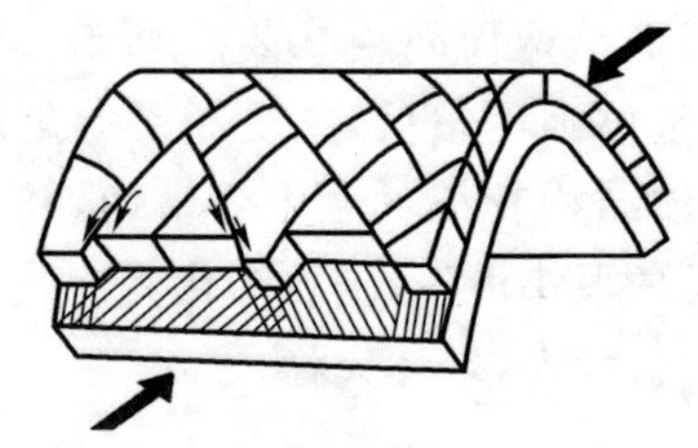

图2-4 压性结构面

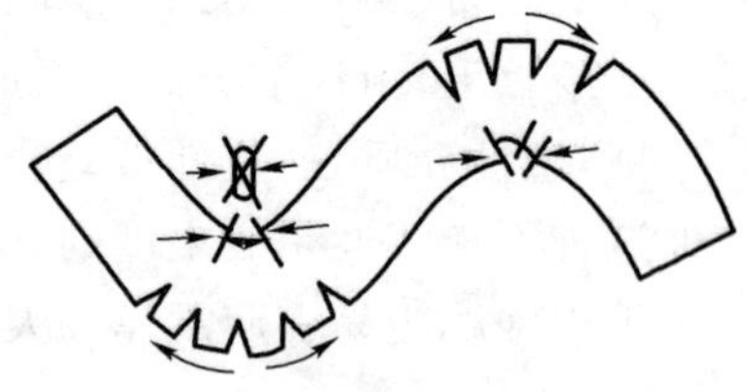

图2-5 张性结构面

(2)结构面分级

按发育程度和规模将结构面分为5级(图2-7)。

I级：对区域起控制作用的断层，至少穿越一个构造层。其规模延伸数十公里以上，宽度在数十米左右。

II级：延展性强，宽度有限的地质界面，如不整合、假整合面等。其规模延伸数百米以上，宽度1～5m。

III级：层部断裂，如延展数十米的小断层。其规模延伸数百米以内，宽度小于1m。

IV级：结构面延展性差、无明显宽度的节理面。其规模延伸数十米以内，无明显宽度。

V级：结构面延展性甚差，无宽度差别、随机分布的节理面。其规模延伸数米内。

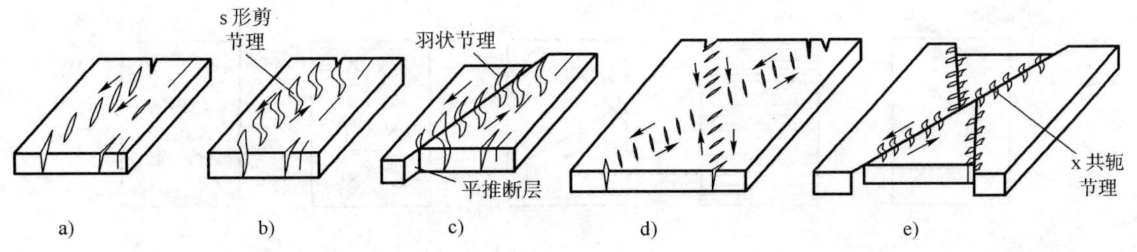

图 2-6　扭性结构面

a)、b)、c)纯剪作用产生扭性结构面；d)张性结构面；e)压扭性结构面

(3)结构面特征

①规模：结构面的规模大小相差悬殊，大者可延展数十公里，宽度可达数十米；规模小者延展仅数十厘米或数十米，甚至可以是很微小的不连续裂隙。

②方位：即结构面有产状特征。

③间距：系指相邻结构面间的垂直距离，通常是指一组结构面的平均间距。

④延续性：它是表征结构面延伸长度和展布范围的指标。

⑤粗糙度：结构面的形态有平直的、波状的、锯齿状的、台阶状的和不规则状的几种。

⑥结构面侧壁强度：它可以反映结构面经受风化的程度。

⑦张开度：指结构面两壁间的垂直距离。结构面的张开度通常不大，一般小于 1mm。通常将张开度分成下述 4 级：闭合的小于 0.2mm；微张的为 0.2～1.0mm；张开的为 1.0～5.0mm；宽张的大于 5.0mm。

⑧充填性：结构面一般分为有充填物与无充填物两种，有充填物结构面中，常见的充填物有砂、黏土、角砾、岩屑及硅质、钙质、石膏质沉淀物。按充填物胶结强度依次为，硅质＞钙质＞泥质。

⑨节理组数：指近似同一产状的结构面为一组，节理组数的多少，决定了岩石块体的大小及岩体的结构类型。

⑩块体大小：由数组结构面切割而成的岩石块体，一般称为结构体。

⑪贯通性：结构有非贯通、半贯通、贯通如图 2-8 所示几种。

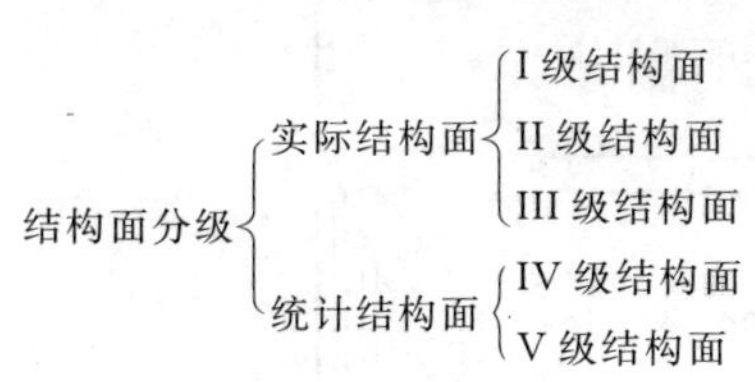

图 2-7　结构面分级

a)

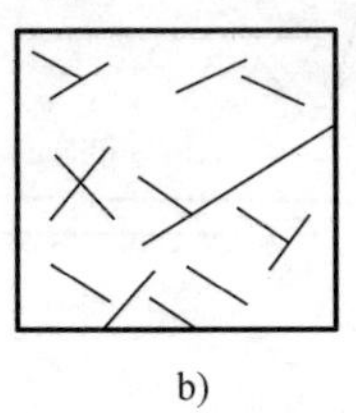

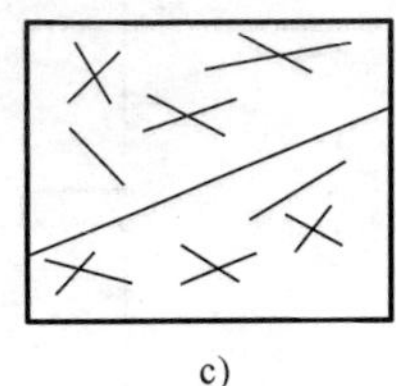

图 2-8　岩体内结构面贯通类型

a)非贯通；b)半贯通；c)贯通

2.2.2　岩体结构体类型

岩体的主要结构体类型可分为整体结构(巨型块状结构)、块状结构、镶嵌结构(火成岩的侵入结构)、层状结构、碎裂结构(微风化岩体)、层状碎裂结构和散体结构(强风化岩石)等，各类结构如图 2-9 所示。

《岩土工程勘察规范》(GB 50021—2001)在岩体的结构类型划分中去掉了镶嵌结构，并将层状碎裂结构和碎裂结构一起归并为碎裂结构。

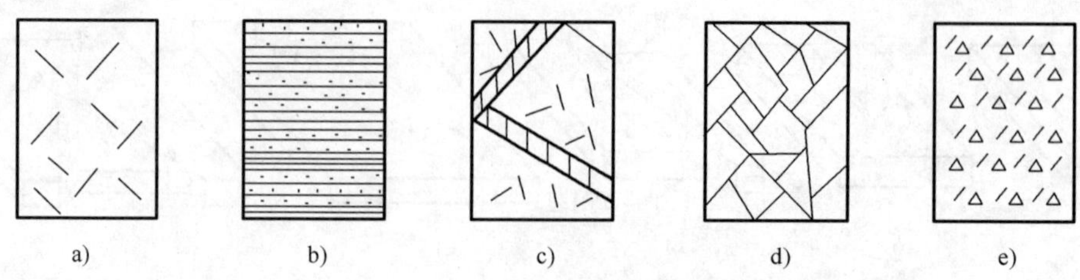

图 2-9　岩体结构类型示意图

a)整体结构;b)层状结构;c)块状结构;d)碎裂结构;e)散体结构

2.3　岩体结构面统计与模拟

对结构面特征与参数的了解与掌握是了解和分析地下工程围岩稳定性的重要环节,所以,地下工程设计中需要对岩体结构面的特征与参数进行统计与模拟,以获得设计所需的结构面参数与力学指标。

2.3.1　岩体结构面调查统计

结构面分布的密集程度一般采用迹长、密度、隙宽等指标来衡量。

迹长可由全迹长、半迹长、删节半迹长或统计窗方法统计获得。

密度分为线密度、面密度和体密度,通常由单位面积或体积内结构面发育的条数来表征。在采用线测法(图 2-10)或窗法测量出结构面的间距后,结构面的面密度可由此换算求得。

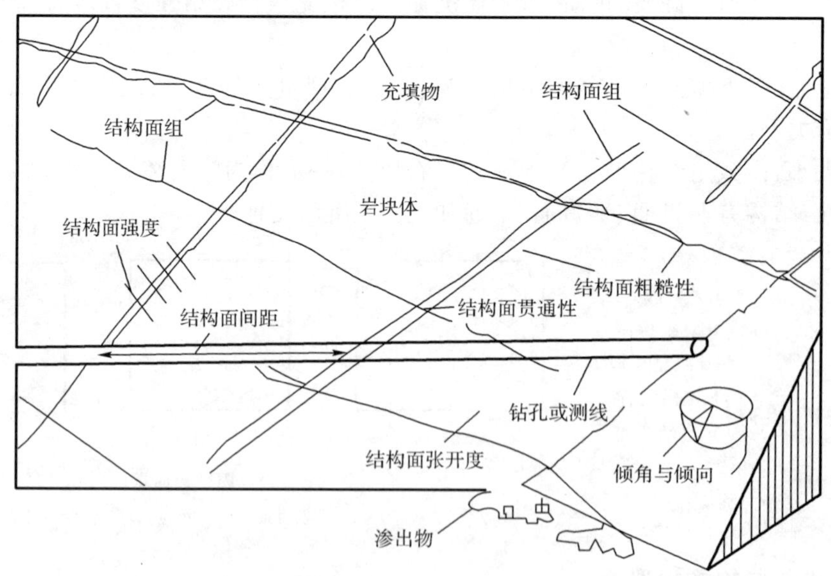

图 2-10　应用岩体内钻孔或测线解释用于描述结构面的参数示意图(Hudson,1989)

隙宽是反映结构面两壁张开程度的指标,可由厚薄规或直尺量测获得。

如果量测的范围或尺度不同,则统计得出的结构面几何要素数据就会因尺度和测量精度的不同而有显著的差别。一般的,量测尺度越大或比例尺度越小,则量测精度越差,获得的结构面几何特征只是一个骨架，能被抽样统计的只是那些I级或II级结构面和结构体，规模大而数量较少。量测尺度越小或比例尺越大，则量测精度越高，它能反映结构面几何特征微观分布，被抽样统计的包括V级或更次级结构面和结构体，其规模小而数量多。这种量测方法及抽样分布情况与Cantor集的形成极其相似，可视为一个Cantor集。因此，岩石结构面几何特征及其组成的网络系统是一个典型的分形结构。

结构面方位，即结构面在空间上的分布状态，用走向、倾向和倾角表示，其统计结果可用玫瑰花图和极点等密度图表示。结构面的方位要素往往与隧道布线和围岩稳定分析紧密相关。

结构面统计是在工程沿线有代表性的区域内进行的，如已开挖的公路边坡、采石场，每一点只能反映某一点处的结构面状况。为了有效地掌握一个地区的结构面分布与发育规律，往往需要按地段或岩组把本区内各结构面统计点分别积累起来，这样不仅掌握了各地段各岩组的结构面状态，而且，将全区结构面统计资料综合起来，可以掌握结构面的总体情况。

一般的，岩体中的结构面分散性往往比较高，因而在进行结构面统计时，就需要保证有一定的数量，否则过少的结构面数量往往就没有代表性。自然岩体很少全部暴露，加之发育的不均衡性，所以就需要选择露头较好的地方，进行多点的统计，最好能便于三维空间的量测。

(1)结构面的调查方法

理想的岩体结构面模型应该是对岩体中每一个结构面进行几何或力学特性的准确描述。由于岩体的三维特性和天然露头或人工揭露范围的有限性，对岩体中结构面特征的完全描述是困难的。结构面的参数通常是依据一维（钻孔或探洞）或二维（露头面）的现场观测获取（图2-11），因此现场取样数据只具有一维或二维的分布特征。结构面的野外调查方法通常有人工测量法、图像摄录分析法与立体相对摄录分析法3种。

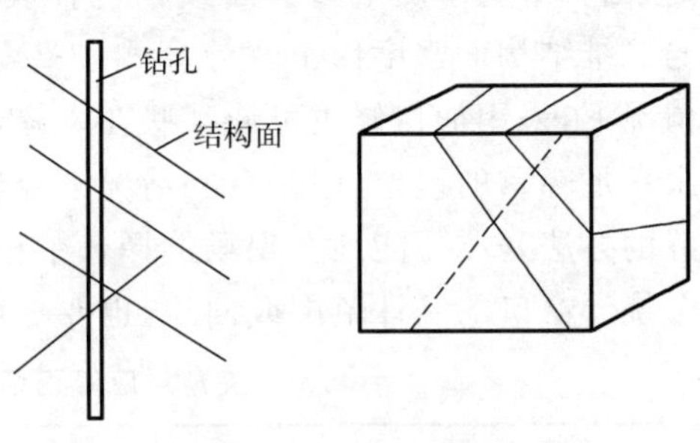

图2-11　一维与二维节理与测线或露头面的关系图

①人工测量法

对工程岩体中所涉及的不同尺度的结构面状态，均由现场地质人员测量获得。测量工具有罗盘、厚薄规、卷尺、标尺与数码相机等，这种方法虽然工作量大，但可以主观控制被测的结构面。

②图像摄录分析法

对现场岩体可见的露头面进行摄像，通过较为复杂的计算机图形处理，对摄录图像进行分析，得出结构面出露形态参数。这种方法对环境条件的要求较高，图像处理等技术环节复杂，但现场人员工作量相对较小，方法应用范围不广。

③立体相对摄录分析

利用立体相对成像原理，用双相机对现场岩体进行照相，然后进行立体相对图像匹配分析，得到现场岩体结构面的空间产状及迹长等形态参数的分布。这种方法自动化程度和精度较高，但需专业人士操作，成本较高。

(2)结构面平均间距及密度

结构面间距是反映岩体完整程度和岩石块体大小的重要指标，用线密度条表示。结构面间距可以根据同一组结构面中相邻两条结构面与某测线钻孔的交点位置来推算。如图2-12中所示的并不是结构面间的真实间距，必须要根据测线或钻孔的方位进行换算，关系式如下：

$$x = l\cos\theta \quad 或 \quad x = l\sin\delta \tag{2-1}$$

式中：θ——测线或钻孔与结构面法线间的夹角，或者可以通过测线或钻孔与结构面参数的三角函数转换而得。

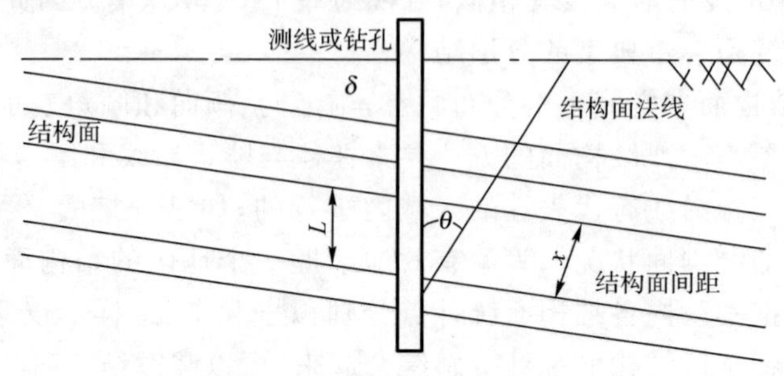

图 2-12　结构面间距的计算示意图

一般情况下，根据钻孔与平面露头上测得的结构面情况而推断出来的结构面间距是有误差的，因为平行于测量露头面或钻孔轴线的结构面是看不见的。Palmstrom(1995)给出了一维与二维结构面密度修正的计算式(2-2)与式(2-3)，并建议了修正系数的取值，见表 2-1。一般情况下，采用加权修正可使某些在未修正的密度等值线中处于不重复重要地位的结构面表现出举足轻重的地位，但是有些情况下经加权修正后的结果并不理想。为了获得理想的结果，最好的办法是尽可能地在现场选择几个相互正交的结构面统计窗口分别进行量测统计，而且几个统计窗口的统计范围或面积，也要尽可能地相近。

夹角对应修正系数建议值(Palmstrom，1995)　　表 2-1

节理与露头或钻孔夹角 δ(°)	修正系数值 f_i	节理与露头或钻孔夹角 δ(°)	修正系数值 f_i
＞60	1	16～20	2.5
21～60	1.5	＜16	6

$$w_{JD} = \frac{1}{L}\sum\frac{1}{\sin\delta_i} - \frac{1}{L}\sum f_i \tag{2-2}$$

$$w_{JD} = \frac{1}{\sqrt{A}}\sum\frac{1}{\sin\delta_i} - \frac{1}{\sqrt{A}}\sum f_i \tag{2-3}$$

式中：w_{JD}——结构面密度修正值；

L——测线长度；

A——测区面积；

f_i——修正系数(见表 2-1)。

通常求取结构面密度有两种方法，一种是采用声波测试法，另一种是现场结构面调查方法。结构面密度一般分为 3 种，第一种是线密度，即单位长度内结构面的条数，也称结构面的频数，常用它的倒数表示出结构面的平均间距；第二种为面密度，即单位面积内的结构面条数；第三种为体密度，即单位体积的岩体内含有的结构面条数，也称为体积结构面数。

岩块大小可用单位体积结构面数来表示。它的测定方法有两个：一是选择相互垂直的两个岩体壁面，测出结构面的组数，然后测量每一组结构面的间距，用式(2-4)确定。

$$J_V = \frac{1}{S_1} + \frac{1}{S_2} + \frac{1}{S_3} + \cdots + \frac{1}{S_n} \tag{2-4}$$

二是通过单位面积的节理数 J_S 求算 J_V，在二维的岩面上选出具有代表性的一定面积 M，求出此面积范围之内的节理数 N，用下式计算：

$$J_S = \frac{N}{M} \quad (条/\mathrm{m}^2) \tag{2-5}$$

$$J_V = (1.3 \sim 1.5) J_S \tag{2-6}$$

或者，对含有随机节理的岩体，应用概率的方法，假设节理迹线长度服从概率密度函数，得出了节理的面密度 λ 的计算式：

$$\lambda = \frac{k + \sum_{i=1}^{l} [P_1(w)]_i + \sum_{j=1}^{m} [P_0(w)]_j}{A} \tag{2-7}$$

式中：k、l、m——分别为观测面内的全迹线、半迹线和删节线的条数；

A——观测面的面积；

$P_1(w)$、$P_0(w)$ 分别用下列两式计算：

$$P_1(w) = 1 - e^{-a/\mu} \tag{2-8}$$

$$P_0(w) = e^{a/\mu}/\mu \int_0^{\frac{1}{2a}} \frac{a}{x-a} e^{-x/\mu} \mathrm{d}x + P_1(w) \tag{2-9}$$

式中：a——迹线出露长度；

μ——平均迹长。

根据 Karlin S(1966)的观点，体积节理密度 $\rho = \lambda^{3/2}$ 。

这里论述的结构面间距和密度均是多组结构面的总值，反映的是岩体中结构面数多少定量指标的综合信息，如果要具体分析每一组结构面的特征时，就需要独立进行计算及修正。

(3)结构面迹长的确定

出于测试条件的限制或各种功能的需要，工程中仍多用人工方法对结构面进行测量。虽然工作量大，但其具有思路清晰、直观和简便的优点。目前，用于结构面野外调查的人工测量方法主要有统计窗法和测线法。

目前，岩体结构面测量方法可分为两大类：即面测量和线测量（测线统计法），下面分别介绍。

①面量测法（即统计窗法）。

统计窗法——在岩体露头面上布置一长为 w、宽为 h 的矩形范围（图 2-13），利用测线（卷尺）统计与该窗口呈包容、相切、相交关系的所有节理，记录如下数据：相对窗口的空间坐标、测量窗口的长度、宽度、倾向、倾角；量测窗口内不连续面迹线的空间方位、迹长、结构面的倾向、倾角和出露类型等；结构面的张开程度、充填情况，岩脉的类型、发育程度或特征等。为测量的方便进行，尽可能使测线与结构面的走向斜交。用此法可获得比测线统计法更多、更详细的结构面描述资料。

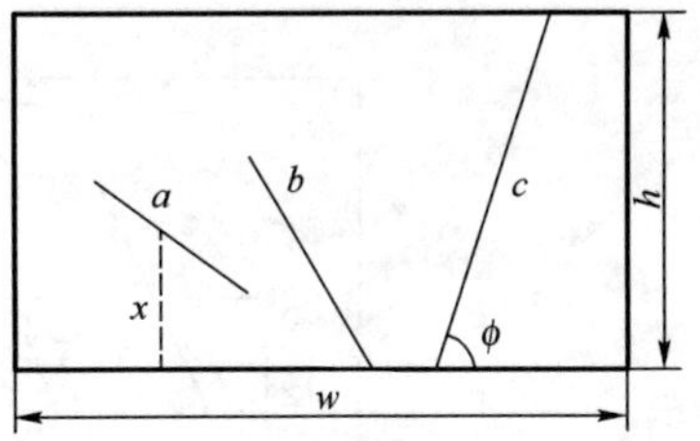

图 2-13　结构面与测窗交切关系

a. 迹长的估算

迹长是岩体结构面与揭露面相交迹线的长度，是表征结构面延续性的一项指标。由于各个结构面出露的迹长之间差别较大，所以通常利用其均值即平均迹长来作为衡量结构面延续性的一个测度。

P. J. Pahl(1991)、黄国明(1999)考虑到不连续面平均迹长是窗口尺寸的函数，从不连续面与窗口交切的充要条件出发，建立交切事件发生概率与平均迹长的关系，推导出了统计窗法测量不连续面平均迹长的估算公式：

$$l = \frac{n_1 + 2n_0}{2N} \cdot \frac{\pi w}{w + h} \tag{2-10}$$

式中：l——窗口中节理面平均迹长；

n_1——一端可见的节理面条数；

n_0——两端均不可见的节理面条数；

N——总的节理面条数；

w、h——分别为窗口的宽度和高度。

b. 结构面连通率的确定

连通率是反映结构面延伸程度及连通状况的重要参数，对工程结构面岩体稳定性的评价起着重要的控制作用。由于结构面连通率的确定要涉及结构面迹长和断距，目前尚无严密的计算公式来计算，大多是根据经验来确定。结构面连通率的几何定义一般用结构面的平均长度和评价长度与平均间距之和的比值来表示。但是由于露头开挖面的限制，在实际中做到这一点是比较困难的，目前大多数用间接的方法来确定连通率，比如利用结构面的力学强度来推断连通率的大小。

由于结构面在空间发育上具有很强的模糊性、不确定性及不均匀性，再加上测量露头或岩壁范围的局限性，导致要精确地估计结构面的三维连通情况非常困难。现阶段仍主要以二维的线连通率为主要研究对象。

②线测量法

测线统计法——这是目前测取数据最方便、最实用的方法，由国际岩石力学协会所推荐。即在岩体出露处布设一定长度的直线，然后测量与直线相交结构面的几何参数，并描述各不连续面的交点位置、产状、可见迹长、张开度、充填情况、水流情形等。那些在该露头上出露但没有与测线相交的节理不予测量，这有可能会在实际统计测量过程中漏掉许多节理信息。而且，实际操作中由于测线位置、方向、长度等的变化，露头情况的好坏，会出现一定的量测误差。测线法原理及各种迹长示意图详见图 2-14 所示。

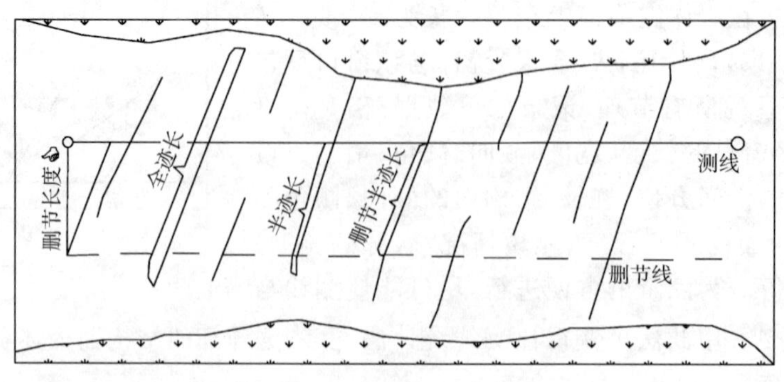

图 2-14 测线法和各种迹长术语示意图

a. 测线法求迹长

Cruden(1977)、Priest S. D. 和 Hudson J. A. (1981)借助概率统计理论，导出了适用于迹长为负指数分布的迹长测线统计法，迹长的平均值由下式确定：

$$l = \frac{-c}{\ln\left(1 - \frac{r}{n}\right)} \tag{2-11}$$

式中：l——结构面平均迹长；

c——删节长度，测线到平行于测线的删节线之间的距离；

n——与测线相交的迹线总条数；

r——与测线相交的迹线中，半迹线长度小于全迹长的迹线条数(或仅与测线交切而不与删节线交切的迹线)。

半迹线长度定义为迹线与测线的交点至迹线端点的距离(向删节线方向)。

在实际的测量过程中，测线法需要至少布置两条正交或大角度的测线，以保证测得更多地在岩体中发育的结构面。但是，一般情况下沿垂直方向的测线量测比较困难，即使可以量测，距离也较短。

b. 平均迹长与平均直径的关系

相对于节理的方位、间距等几何参数，节理长度是一个最难描述、最难测量的几何参数，原因有二：一是因为节理的形状是未知的，不能确定用何参数来描述、定义节理面的大小；二是因为节理面的长度不像节理方位、间距等参数能直接在岩石暴露面上测出来，体现在岩面上的节理长度只是节理面与岩面的交切线长度，它与节理长度是何关系取决于节理面的形状以及岩面与节理面的相对位置。因此，欲确定节理迹长与节理长度的关系，首先要确定节理面的形状。

由于节理深埋于岩体之中，人们很难观测节理面的形状，Robertson 曾收集过节理走向方向与倾向方向的长度数据，发现它们近似相等，因而认为节理面是圆形的，这也得到了很多学者的论证。

真正能够表示节理面延展性的节理面的面积，对于圆盘状节理，真正能表达节理面规模的是其直径而不是迹长。节理面的迹长和节理面的直径是两个不同的概念，迹长是节理面与天然露头或人工开挖面的交线，一般假定节理面为圆盘形时，迹长为圆盘的弦长或直径。窦铁生(1996)根据弦至圆心的距离 x 、迹长 l 及直径 D 三者间的关系：$x^2 + (l/2)^2 = (D/2)^2$ ，推导出了迹长与节理面直径的关系为(图 2-15)：

$$D = l/\sqrt{1 - h^2} \tag{2-12}$$

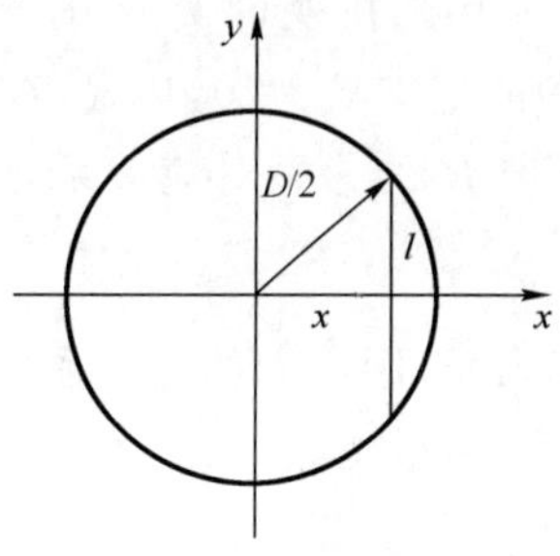

图 2-15　结构面与测线的关系示意图

式中：$h = x/(D/2)$ ，介于 0 与 1 之间。

因节理面形心在三维空间里是完全随机分布的，圆的弦长即为节理面与岩体露头面交切的长度 l ，不连续面迹长与直径的关系就转化为圆的弦长与直径的概率关系。

$$l = \frac{1}{D}\int 2\sqrt{\left(\frac{D}{2}\right)^2 - x^2}\,dx = \frac{\pi}{4}D \tag{2-13}$$

如果节理迹长服从负指数分布，可推出：

$$\overline{D} = \frac{4}{\pi}l^2 \tag{2-14}$$

结构面直径与迹长的关系极其复杂，不过普遍认为，结构面平均直径比结构面平均迹长要小，这是因为直径大的结构面比直径小的结构面与开挖面交切的可能性大，所以测量到的是直径较大的结构面，另外在迹长测量中存在有截断偏差，因此，平均迹长比平均直径大是合理的。

③体量测法

由于野外露头和结构面采样范围的局限性以及天然结构面网络的复杂性，现实中一般很难直接获取三维结构面网络的几何学参数（如密度、形状、规模、大小等）。因而，只能从局部区域的测量与采样，统计出结构面几何学特征，运用数学方法和计算机技术，模拟与构造出三维结构面网络图像。随着计算机和图形技术的快速发展，结构面网络模拟技术在岩体结构、岩体质量、岩体力学参数等研究中得到了广泛应用，各种模型应运而生，并日趋完善。而这种三维结构面网络模拟常被称为“体量测法”。

2.3.2 结构面网络的计算机模拟

(1)结构面网络模拟方法

岩体结构面的计算机模拟是在进行现场结构面调查和测量的基础上，应用统计概率模型，统计分析得出结构面参数的分布函数。采用蒙特卡罗（Monte Carlo）等方法产生一系列概率分布的随机数，用这些随机数代替结构面的几何参数（如倾向、间距、迹长等），便得到一系列的模拟结构面，由模拟结构面形成与岩体等效的结构面网络图。利用这种等效的结构面网络图，可以模拟真实岩体的性质，并进而对岩体进行工程分级。

随机数的产生方法一般有两种：一是利用随机变量 x 的分布函数 $F(x)$的反函数 $F'(x)$ 来推算随机函数变量，该方法适用于随机变量服从均匀分布或负指数分布；二是近似法，该方法适用于概率密度函数服从正态分布或对数正态分布。

①反函数法

利用随机变量 x 的分布函数 $F(x)$的反函数 $F'(x)$来推求随机变量的方法。分布函数 $F(x)$的定义域为(0,1)，故在(0,1)区间上总存在一个均匀随机系数，且有：$F(x)=R$，由此建立 x 与 R 的一一对应关系，即：

$$x = F^{-1}(R) \tag{2-15}$$

因而，用不同的分布函数 $F(x)$，就可以求出不同的随机函数变量。

a.均匀分布

在$[a,b]$上均匀分布的随机变量 x 的概率密度函数 $f(x)$ 为：

$$f(x) = \begin{cases} \dfrac{1}{b-a} & (a \leqslant x \leqslant b) \\ 0 & (\text{其他}) \end{cases} \tag{2-16}$$

其累积概率密度分布函数 $F(x)$ 为：

$$F(x) = \int_a^x \frac{1}{b-a}\mathrm{d}x = \frac{x-a}{b-a}$$

故：

$$x = (b-a)F(x) + a \tag{2-17}$$

式(2-17)表明，变量 x 值等于区间宽度乘以 x 的函数值再加上低限值。

b. 负指数分布

若随机变量 x 服从负指数分布，其分布密度函数为：

$$f(x)=\begin{cases}\lambda e^{-\lambda x} & (x>0)\\ 0 & (x\leqslant 0)\end{cases} \tag{2-18}$$

则其分布函数为：

$$F(x)=\int_{-\infty}^{x}f(x)\mathrm{d}x=1-e^{-\lambda x} \tag{2-19}$$

令 $F(x)=R$，则得：

$$e^{-\lambda x}=1-R=u \tag{2-20}$$

此处 u 同样是[0,1]区间上均匀分布的随机函数，由式可得：

$$x=-\frac{1}{\lambda}\ln u \tag{2-21}$$

由式(2-21)可得到[0,1]区间上服从负指数分布的随机函数 x。

②近似法

若概率密度函数为正态分布或对数正态分布时，因其概率密度函数为非可积函数，只能用近似法求伪随机数，对数正态分布和正态分布概率函数分别为：

$$f(x)=\frac{1}{\sigma x\sqrt{2\pi}}\exp\left[-\frac{1}{2}\left(\frac{\ln x-\mu}{\sigma}\right)^2\right] \quad (x>0) \tag{2-22}$$

$$f(x)=\frac{1}{\sigma x\sqrt{2\pi}}\exp\left[-\frac{1}{2}\left(\frac{x-\mu}{\sigma}\right)^2\right] \quad (-\infty<x<+\infty) \tag{2-23}$$

式中：μ——期望值；

σ——方差。

其分布函数分别为：

$$F(x)=\int_{-\infty}^{x}f(t)\mathrm{d}t=\frac{1}{\sigma\sqrt{2\pi}}\int_{-\infty}^{x}e^{-\frac{1}{2}\left(\frac{t-\bar{t}}{}\right)^2}\mathrm{d}t \tag{2-24}$$

$$F(x)=\int_{-\infty}^{x}f(t)\mathrm{d}t=\frac{1}{\sigma\sqrt{2\pi}}\int_{-\infty}^{x}\frac{1}{t}e^{-\frac{1}{2}\left(\frac{\ln t-\bar{t}}{}\right)^2}\mathrm{d}t \tag{2-25}$$

式(2-24)、式(2-25)都是非可积函数，提不到 $F(x)$ 的解析显式，只能利用李雅普诺夫中心极限定理作近似解，其表达式为：

$$\frac{x-\mu}{\sigma}=\sqrt{\frac{12}{n}}\left(\sum_{i=1}^{n}R_i-\frac{n}{2}\right) \tag{2-26}$$

利用式(2-26)即可求得数学期望值为 μ，方差为 σ 的正态分布随机变量。式中 R_i 为[0,1]区间上的均匀随机数。一般取 $n=6$，即可满足精度要求。但对于对数正态分布的随机变量，则需要按下式

$$\left.\begin{aligned} y &= \ln x \\ \sigma' &= \left\{\ln\left[\left(\frac{\sigma}{x}\right)^2 + 1\right]\right\}^{\frac{1}{2}} \\ \mu' &= \ln\mu - \frac{1}{2}\sigma^2 \end{aligned}\right\} \tag{2-27}$$

将以 μ 和 σ 为参数的对数正态分布随机变量 x 变换为以 σ' 和 μ' 为参数和正态分布随机变量 y 后，再按式(2-27)求解。

(2)结构面网络模拟结果

按上述随机数的产生方法，采用有关结构面网络模拟软件将结构面的分布参数按上述随机数的产生方法来生成。

在模拟中有如下基本假设条件：

①二维模型网络图中的直线代表裂隙面迹线，其产状由方向角 e 确定，e 角的定义为自 x 轴逆时针旋转至迹线。

②模拟区裂隙迹线服从均匀分布，即区内裂隙出现的概率相等。

③方向角服从正态分布，或对数正态分布，或负指数分布。

④迹长服从正态分布，或对数正态分布，或负指数分布。

模拟运行所需要的数据全部从数据文件中自动读取。数据文件中的数据包括：取样区和产生区各角的点坐标、每组裂隙的方向角、迹长、隙宽的概率密度分布函数形式及相应的平均值和方差。

运行结果全部以数据文件和图形两种形式输出，输出的数据文件包括：裂隙的组号、编号、方向角、迹长、端点坐标。

上述方法可以从整体上概化模型，掌握工程岩体的结构特征，且在方向、岩体水力学特性及结构面连通网络的搜索等方面表现出强大的生命力，但是其在工程应用尤其是地下工程应用中受到一定的限制，原因在于：

a. 一些结构面参数的分布形式可能非常复杂，很难寻找到满足精度要求的数学表达式来描述其分布特征；

b. 对于复杂的分布形式，不能保证利用计算机再现的结构面参数随机数具有足够的精度，即统计分布特征可能与样本存在严重误差；

c. 每个样本的随机观测值应不少于 100 个，在一些露头和有限的取样域内有时不易满足这一要求，满足地下工程围岩要求难度更大；

d. 生成的含有随机网络的岩体模型很难有效地用来作为实际工程数值计算的地质模型；

e. 对岩体结构的描述往往较为笼统，不够具体，有时也会将原本是具体的对象模糊化。

但不管怎样，对岩体结构面的统计与模拟，会大大加深对岩体结构的了解，其确定的结构面参数，会对工程设计和施工产生重要影响。

各种规模的不连续面如构造节理、劈理、原生节理、层理、层间错动面、卸荷裂隙及次生剪切裂隙等，本文统称之为“结构面”。这些结构面同时存在于岩体之中，在进行数值分析或物理相似模型试验时，要严格模拟所有这些不连续面，实际上是不可能的，必须根据研究对象的尺度和具体情况有侧重地区别对待。例如，在研究一个工程场址的岩体时，重点要注意长达几百米至几公里的大断层。研究一个建筑物范围的岩体时，长几十米到几百米的断层、成组的节理面和岩层层面是影响岩体性状的主要因素。在一个试验平洞或试验场地内，几米至几十米长的节理裂隙对试验成果的影响最为明显。影响室内岩块力学性质试验的则是更小规模的裂隙和细观微裂隙。因此为了发展一个岩体强度准则，测量不连续面的几何与力学特性是必需的，在过去数十年内，其是从事这方面研究的工程师与科学家面对的最富有挑战性的工作之一。从定量表达各种地质特征建立岩体的地质模型的角度来看，搞清岩体的结构模型是至关重要的。

2.4 岩体结构力学特征

由于结构面的存在，岩体与岩石的力学特征之间有很大的差异。一般情况下，岩体比岩石易于变形，其强度也低于岩石的强度，造成这种差别的根本原因在于，岩体中存在各种类型不同、规模不等的结构面，并受到天然应力和地下水等环境因素的影响。正因为如此，岩体在外力的作用下其力学属性往往表现出非均质、非连续、各向异性和非弹性等特征。

岩体组成不连续程度的不同，对岩体强度的影响也大不一样。图 2-16 所示是在一定围压条件下，新鲜完整的花岗岩块、节理裂隙发育的花岗岩试件和断裂破碎带试件的应力—应变示意曲线图示。从图 2-16 可以看出，同种岩石含不同节理裂隙试件的强度特征有如此大的差别，究其原因在于其内在不连续面结构的本质不同。

2.4.1 结构面对岩体不均匀性的影响

岩体不均匀性是指岩体物理力学性质随空间位置的不同而具有差异的性质。

①结构面方向与不均匀性。结构面一般均以一定的优势方向分布，这就造成了结构面岩体的物理力学性质在方向上的差异，一般沿着结构面优势方向，岩体的物理力学性质较差，而垂直结构面优势方向，岩体物理力学性质相对较好。结构面的方向性越强，岩体的不均匀性越明显。

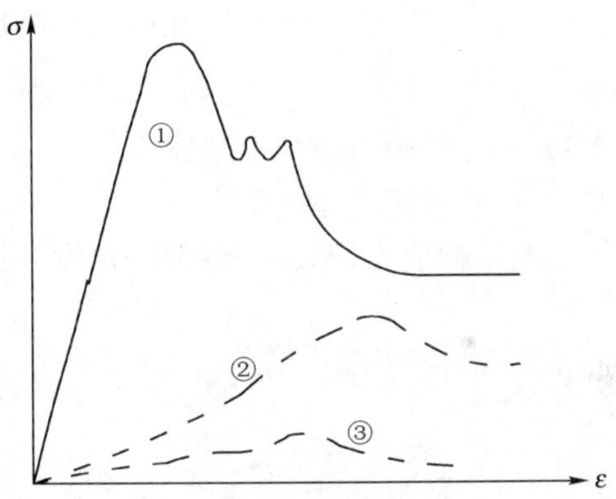

图 2-16 一定围压状态下试件的应力—应变曲线示意图(谷德振，1976)

①完整花岗岩体试件；②裂隙发育的花岗岩试件；③花岗岩体的破碎带试件

②结构面密度与不均匀性。结构面的密度一般用间距来表征，间距越大，密度越小，则岩体被结构面分割得越严重，其物理力学性质越差，不均匀性就更明显。

③结构面规模与不均匀性。当岩体结构面的规模和岩体实际工程的规模相当时，结构面对岩体工程的影响大；反之，结构面规模和岩体实际工程规模差别越大，结构面影响相对越小。

④结构面类型的影响。结构面的类型按其力学性质分为张性结构面和剪切结构面。它们对岩体的影响各不相同；另外，结构面内的充填物的性质也是决定岩体性质的重要因素。

2.4.2 结构面对岩体各向异性的影响

岩体的各向异性是指岩体物理力学参数在不同方向具有明显差异的性质，影响岩体各向异性的因素很多，其中结构面是引起岩体各向异性的主要原因之一。

①结构面方向的影响。结构面一般沿某一优势方向延伸，结构面方向与其他方向上岩体的性质呈不同程度的差异，结构面的方向性越强，岩体的各向异性就越明显。

②结构面密度的影响。当某一优势方向的结构面密度越大，岩体的各向异性越明显。但当结构面均匀分布时，结构面密度越大，岩体的各向异性越不明显。作为极限情况，当岩体相当完整或结构面密度足够大且岩体破碎时，岩体往往被等效当作各向同性均质体来处理。

③结构面类型的影响。由于张结构面和剪结构面的形成机理不同，形态各不一致，有的平直，有的弯曲，有的呈台阶状，从而造成的影响也有差异。

结构面除了对岩体的均匀性与各向异性有影响外，还直接引起了岩体内部的非连续性，并对岩体的变形及强度特性有显著的影响。

2.4.3 结构面的强度特性

从理论上讲，结构面强度也有抗拉强度和抗剪强度，但由于结构面的抗拉强度非常小，甚至为零，常常可以忽略不计，所以一般认为结构面是不能抗拉的。另外，在工程荷载作用下，岩体破坏常以沿着某些结构面的滑动破坏为主，因此，在结构面的强度研究中重点是研究它的抗剪强度。确定结构面抗剪强度分下列 2 种情况。

(1)对于平直光滑无充填物的结构面，其抗剪强度为：

$$\tau = \sigma\tan\varphi \tag{2-28}$$

(2)对于粗糙起伏无充填物的结构面的抗剪强度，有两种情况。

①当法向应力较小时，存在所谓的爬坡效应。

$$\tau = \sigma\tan(\varphi_b + i) \tag{2-29}$$

式中：φ_b——结构面的基本摩擦角；

i——齿面的起伏角。

②当法向应力较大时，将剪断锯齿。

$$\tau = \sigma\tan\varphi + c \tag{2-30}$$

由式(2-29)和式(2-20)相等，可求得剪断时的法向应力：

$$\sigma_T = \frac{c}{\tan(\varphi_b + i) - \tan\varphi} \tag{2-31}$$

对于不规则起伏的结构面，据 N. R. Barton：

$$\tau = \sigma\tan\left(\mathrm{JRC}\log\frac{\mathrm{JCS}}{\sigma} + \varphi_b\right) \tag{2-32}$$

式中：JRC——结构面的粗糙度系数，从平滑到最粗糙取 0～20；

JCS——结构面两侧岩石的抗剪强度。

有充填物结构面的抗剪强度，主要取决于充填物的成分、结构、厚度及充填程度等。对不同结构面，抗剪强度范围变化较大。如粗糙的卸荷节理面内聚力 c 在 0～0.4MPa 范围，内摩擦角 φ 在 20°～25°范围；泥化夹层的内聚力 c 在 0～0.5MPa 范围，内摩擦角在 10°～20°范围；有些微小或粗糙结构面的存在可能对岩体强度影响很小。因此，数据只能作为一定的参考，因为即使结构面的类型相同，出现在不同的实际工程中，其特征也可能不同，所以结构面的抗剪强度指标用现场勘测的方式更能体现结构面的实际特征。

2.4.4 岩体的变形特征

岩体由岩石和结构面构成，因此其强度必然受到岩石和结构面强度及其组合方式(岩体结构)的控制。如果岩体中结构面不发育,呈整体或完整结构时,岩体的强度与岩石强度大致接近。如果岩体将沿某一特定结构面滑动破坏时,则岩体的强度将取决于该结构面的强度。这是两种极端的情况,比较好解决,难以处理的是结构面相互切割、纵横交错的岩体强度问题。

和岩石一样,岩体强度也有抗压强度、抗拉强度和抗剪强度之分,人们研究的重点是岩体的抗压强度和抗剪强度,通常采用原位测试获得力学参数。

(1)单轴压缩条件下岩体变形特征(变形阶段划分)(图 2-17)

①第一变形阶段为图中 OA 段曲线,属于微裂隙压密阶段。

②第二变形阶段为图中 AB 段曲线,属于弹性变形阶段。

③第三变形阶段为图中 BC 段曲线,属于初级膨胀阶段。

④第四变形阶段为图中 CD 段曲线,属于破坏阶段。

⑤第五变形阶段为图中 DE 段曲线,属于峰值后的变形与破坏阶段。

其变形指标有:变形模量 E_0、静弹性模量 E_e、动弹性模量 E_d。

(2)岩体压力作用下的变形特征

岩体在压力作用下呈现 3 种变形特征(图 2-18):

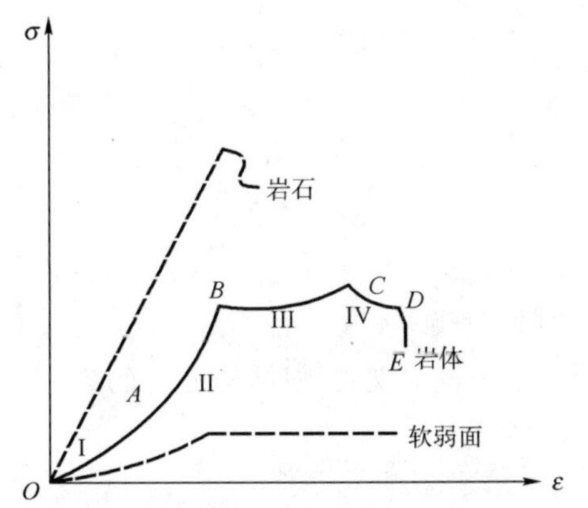

图 2-17 岩石、岩体与结构面的应力—应变关系曲线

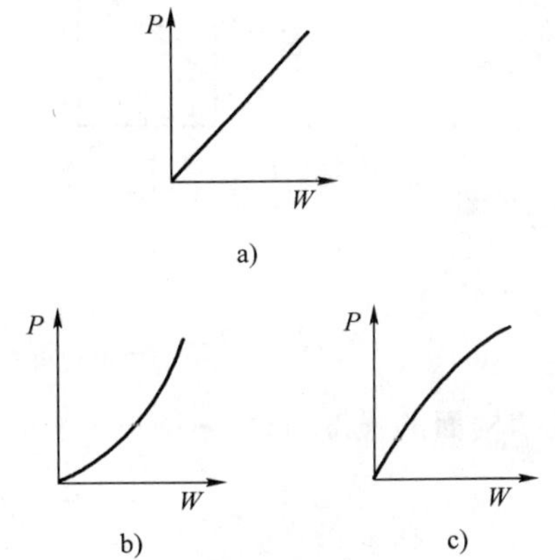

图 2-18 岩体压力—变形曲线的 3 种基本类型

a)直线形;b)上凹形;c)上凸形

①直线形:岩体变形为线弹性特征。

②上凹形:随着压力增加,岩体变形速率加大。

③上凸形:随着压力增加,岩体变形速率减小。

(3)岩体的流变特征

岩体的流变特征包括:

①蠕变:指在应力一定的条件下,变形随时间的持续而逐渐增长的现象(图 2-19)。

②松弛:变形保持一定时,应力随时间的增长而逐渐减小的现象。

岩体的长期强度:出现蠕变破坏的最低应力值。

岩体流变特征多出现在软岩地层中,尤其是岩石矿物成分中含伊利石和蒙脱石成分时,围岩更易产生蠕变。

(4)单结构面和多结构面的力学效应

①单结构面的力学效应(图 2-20)

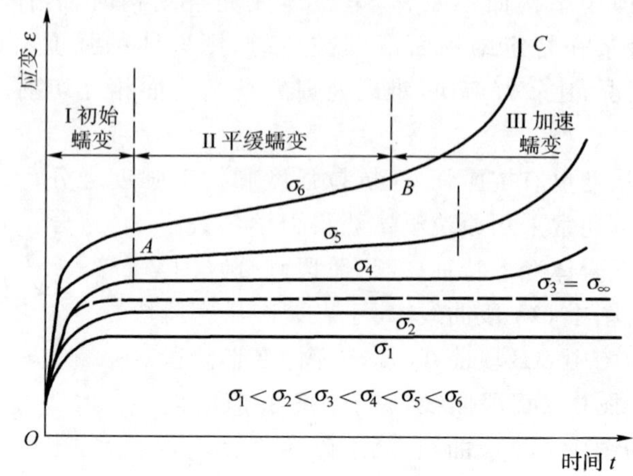

图 2-19　不同应力条件下岩体的蠕变曲线

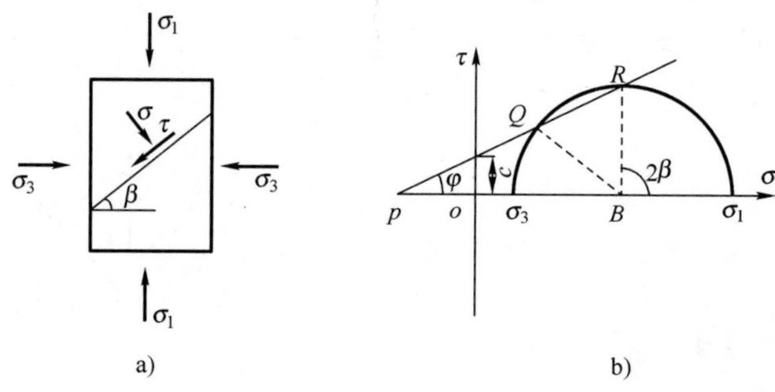

图 2-20　结构面的力学效应

a)单组结构面力学模型;b)单组结构面莫尔圆

设结构面的强度条件：$\tau = c + \sigma\tan\varphi$ 及结构面的方向角为 β，则结构面上的应力：

$$\sigma = \frac{\sigma_1 + \sigma_3}{2} + \frac{\sigma_1 - \sigma_3}{2}\cos2\beta = \sigma_m + \tau_m\cos2\beta \tag{2-33}$$

$$\tau = \frac{1}{2}(\sigma_1 - \sigma_3)\sin2\beta = \tau_m\sin2\beta \tag{2-34}$$

所以，强度准则：$\tau_m(\sin2\beta - \tan\varphi\cos2\beta) = c + \sigma_m\tan\varphi$

令：$f = \tan\varphi$

则：

$$\sigma_1 - \sigma_3 = \frac{2c + 2f\sigma_3}{(1 - f\cot\beta)\sin2\beta} \tag{2-35}$$

由式(2-35)和图 2-20 可知：

a. 当 $\beta = \varphi\sigma_1 - \sigma_3 \to \infty$，结构面的存在不影响岩体的强度；

b. 当 $\beta = \frac{\pi}{2}\sigma_1 - \sigma_3 \to \infty$，可见 $\varphi < \beta < \frac{\pi}{2}$；

c. 对 β 求一阶导数，并令其为零得：$\tan2\beta = -\frac{1}{f} \to \beta = 45° + \frac{\varphi}{2}$，此时结构面对岩体的强度削弱最大，岩体有最小强度：

$$(\sigma_1 - \sigma_3)_{\min} = 2(c + f\sigma_3)[\sqrt{1+f^2} - f]$$

d. 岩体的最大强度 $(\sigma_1 - \sigma_3)_{max}$ ，表示结构面的存在不削弱岩块强度；

e. 确定对岩体强度有影响的结构面方位角的范围：$\beta_1 \leqslant \beta \leqslant \beta_2$ ，直接在图 2-20 中量取，也可以由正弦定理推出：

$$2\beta_1 = \pi + \varphi - \sin^{-1}\{[(\sigma_m + c\cot\varphi)/\tau_m]\sin\varphi\}$$

$$2\beta_2 = \pi + \sin^{-1}\{[(\sigma_m + c\cot\varphi)/\tau_m]\sin\varphi\}$$

σ_1 与 β 的关系曲线见图 2-21。

f. 方向角 β 变形的几点讨论：

(a)当 $\beta > \beta_1$ 或 $\beta < \beta_2$ 时，岩块先破坏，岩体强度大于岩块强度；

(b)当 $\beta_1 \leqslant \beta \leqslant \beta_2$ 时，结构面先破坏，岩体强度小于岩块强度；

(c)当 $\beta = \beta_1$ 或 $\beta = \beta_2$ ，岩块结构面同时破坏，岩体强度等于岩块强度。

②多结构面的力学效应(叠加效应)

岩体中有两组及两组以上的结构面(图 2-22)，按同样的方法处理，不过岩体总是沿一组最有利破坏的结构面首先破坏。

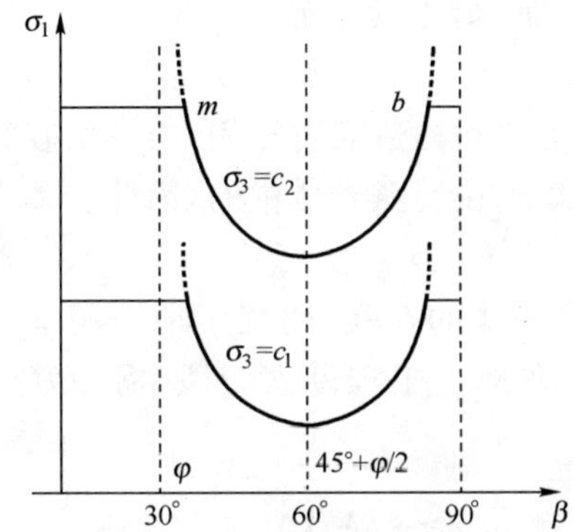

图 2-21 σ_1 与 β 的关系曲线

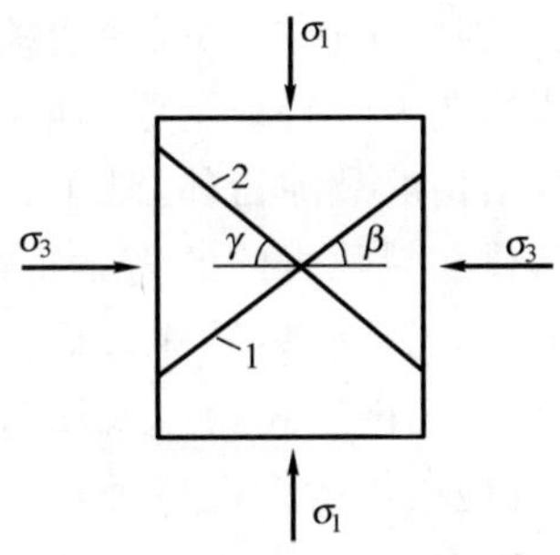

图 2-22 两组结构面力学模型

③当 $c=0$ 时结构面的力学效应

按库仑准则 $\tau = \sigma\tan\varphi$ ，由式(2-24)推导得：

$$\frac{\sigma_1}{\sigma_3} = \frac{\tan\beta}{\tan(\beta - \varphi)}$$

对于洞室围岩体，此时岩体的强度只靠碎块之间的摩擦力来提供，已知围岩环向应力 σ_1 时，由此式可计算出维持岩体极限稳定的侧向挤压力 σ_3 ，岩体所需的最小支护力：

$$\sigma_3 = \sigma_1 \frac{\tan(\beta - \varphi)}{\tan\beta}$$

结构面抗剪强度作为表征结构面力学性质的重要指标之一，通常在现场或实验室内测定。对于起伏较大的粗糙结构面，按 Barton 公式计算时，JRC 值往往是根据结构面产状与标准轮廓线(ISRM 轮廓线)对比来确定的，由于视觉上的判断易造成较大的误差，国内外学者经过大量的研究，采用各种测量仪表观测和计算机处理。如 Barr 等人使用粗糙位形标测仪和数字化坐标记录仪测定，得出标准曲线 JRC 值和分维值 D 的关系，应用分形理论从一个崭新的角度描述了结构面粗糙系数 JRC 和 JRC 尺寸效应的特征。

2.4.5 岩体结构构造与地下工程围岩稳定的关系

(1)岩体结构与地下工程围岩稳定的关系

岩体结构力学特征与地下工程围岩稳定性及结构设计关系密切。任何一项地下工程设计与施工，首先必须对所处的地质环境、特别是岩体结构进行详细的调查，了解岩体中结构面的分布情况，主要内容包括方位、间距、迹长、起伏度、张开度、粗糙度和充填物等。一方面要研究结构面的成因类型、产状和形态；另一方面还要研究其力学机制。这样在研究过程中可以推断出构造应力场及其对地下工程布局的影响。因为围岩之所以失稳，影响因素很多，但最关键的问题在于岩体内存在着一些软弱结构面。对岩体而言，结构面的分布非常普遍，数量多，分布呈随机性，规模不一。按其大小可分为微裂隙、中等规模的宏观裂隙和大的断裂构造。岩体中主要分布连续性较好的微裂隙，普遍采用连续介质力学的理论和方法研究。大的断裂构造一般数量有限，延伸几百米乃至几公里，它们对地质区域的稳定具有一定的控制作用，因其数量较少，一般采用简化方式或非连续介质力学进行分析。

另外，同样岩体结构条件下，地下工程断面大小也是影响其围岩稳定性的重要因素，如图2-23所示，a 洞为大断面，易产生变形或塌方，b 洞为小断面，则比较稳定。

(2)地下围岩构造与工程稳定关系

从岩体构造力学特征上看，地层岩体经过多次地质运动和构造应力作用，岩体由较完整体变成含多组结构的裂隙岩体，地下工程在多数情况下是修筑在裂隙岩体中的，因此岩体力学的研究重点都放在裂隙岩体的力学特征上。

地层中含向斜、背斜及褶皱等构造型结构体，这种结构体的存在，改变了地下洞室围岩应力场，产生很高的围岩压力或偏压(图 2-24～图 2-30)。在地下工程勘察阶段，需做好区域地质调查，了解地质体的构造特征。

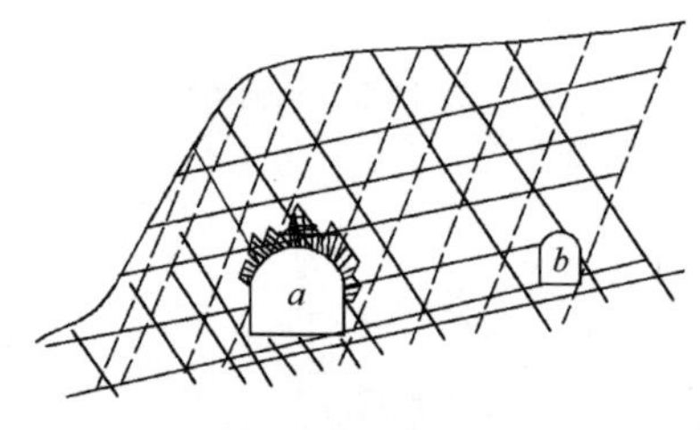

图 2-23 工程规模与岩体结构类型的关系

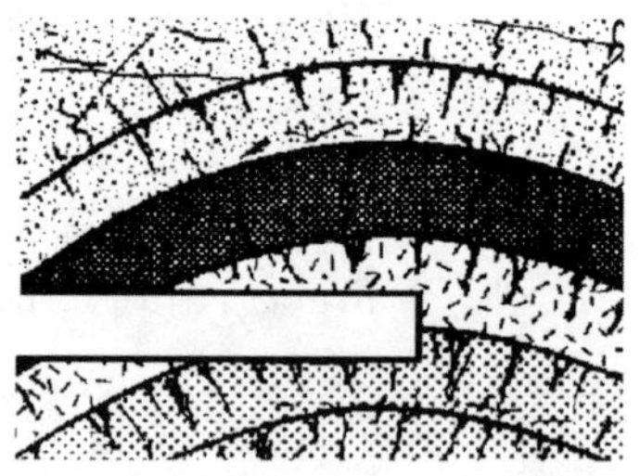

图 2-24 在背斜地层中隧道掘进

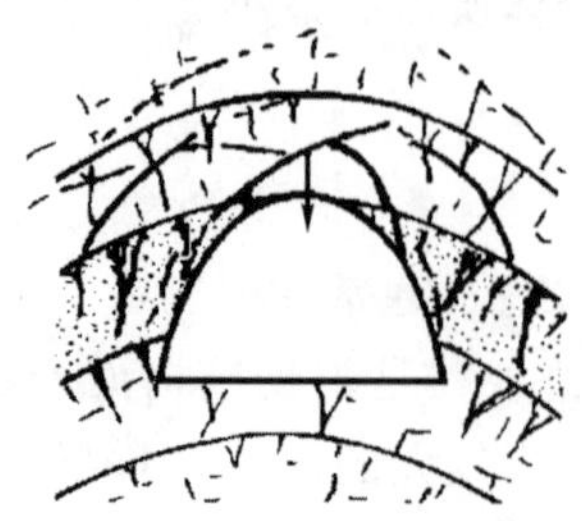

图 2-25 在背斜地层中隧道围岩受力与破坏示意图

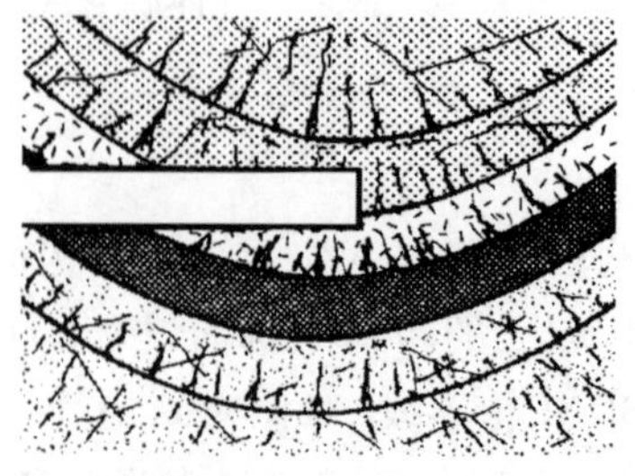

图 2-26 在向斜地层中的隧道掘进

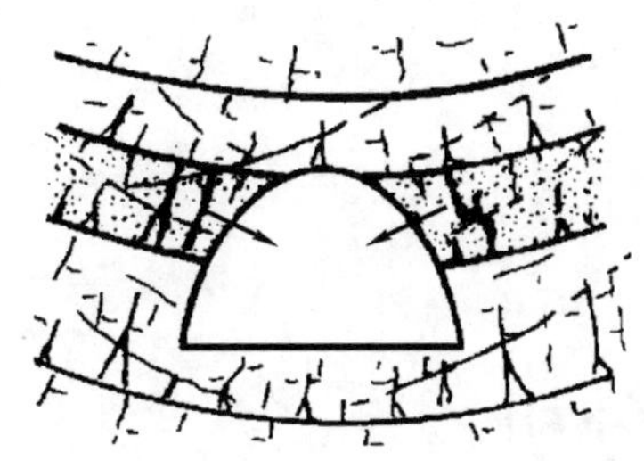

图 2-27　在向斜地层中隧道围岩受力与破坏示意图

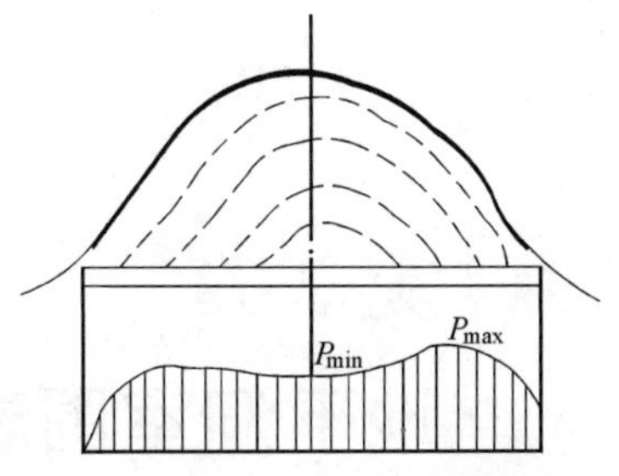

图 2-28　背斜对自重应力场的影响

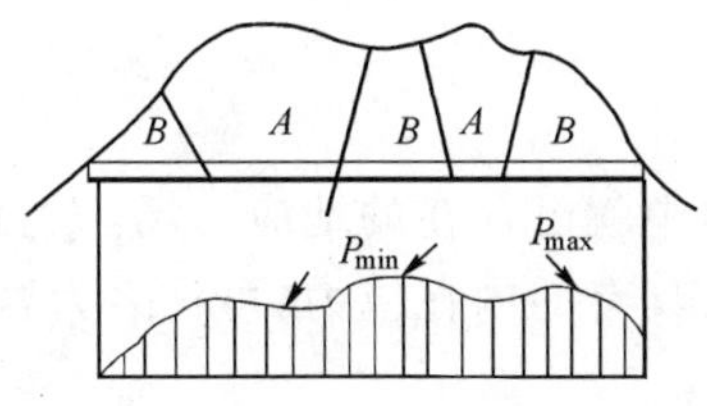

图 2-29　断层构造中的自重应力场

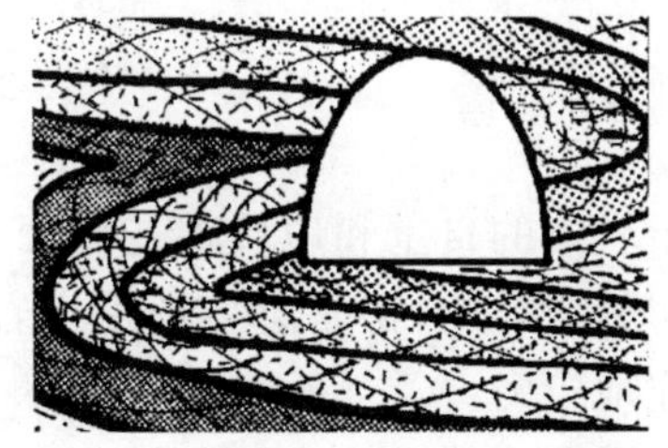

图 2-30　在褶皱地层中的隧道掘进

思　考　题

1.岩体的基本概念是什么？按照工程地质学的原理，可以将岩体划分为哪几种结构类型？

2.什么叫岩体的结构面？按照发育程度和规模，可将结构面分为哪几级？每级结构面的特征是什么？

3.岩体结构面测量方法可分为哪几大类？各自的特点是什么？

4.说明结构面网络模拟方法的基本思路，随机数的产生有哪几种方法？

5.试分析结构面的力学特征，并说明岩体结构构造对地下工程围岩稳定的影响。

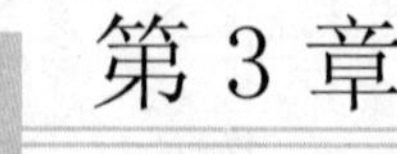

第3章 地下洞室围岩稳定性分析

3.1 概　述

由于岩体的自重和地质构造作用，在开挖隧道前岩体中就已存在的地应力场，人们称之为围岩的初始应力场；初始应力场是指岩体在天然状态下所具有的内在应力，可称之为岩体的初始应力或地应力。

地下洞室开挖后，在洞室周围的岩体天然应力的相对平衡状态受到破坏，围岩也受到损伤和破坏，围岩体将向洞室周边开挖空间松胀变形，使围岩中的应力产生重分布作用，形成新的应力状态，称为重分布应力状态(有人称为二次应力状态，其实，从开挖到支护过程中，围岩可能形成二次、三次或四次应力状态，本文统称为重分布应力状态)，形成的应力称为围岩应力。

在重分布应力作用下，洞室围岩将向洞内变形位移。如果围岩重分布应力超过了岩体的承受能力，围岩将产生破坏。

围岩变形与破坏将给地下洞室的稳定性带来危害，因而，需对围岩进行支护衬砌，变形破坏的围岩将对支护结构施加一定的荷载，称为围岩压力(或称山岩压力、地压等)。

3.2 围岩的初始应力场

因为地下工程是修筑在有一定的应力履历和应力场的岩体中，所以，岩体应力状态会极大地影响在其中所发生的一切力学现象。可以说，不了解围岩的初始应力状态就无法对洞室开挖后的一系列力学过程和现象作出正确的评价。

由于产生地应力的原因与岩体构造、性质、埋藏条件及构造运动的历史有密切的关系，非常复杂，以至于到目前为止，仍不能完全认识它的规律而给出明确的定量关系，还有待于继续探索。

3.2.1 初始应力场的组成

根据地应力场的成因将其分为自重应力场和构造应力场两大类，这两类应力场的基本规律有明显的差异。

所谓自重应力场是指上覆岩体自重所产生的应力场，它是地心引力和离心惯性力共同作用的结果；所谓构造应力场是指地壳各处发生的一切构造变形与破裂所形成的地应力，其成因比较复杂，按形成的时间，可以分为：

①由过去的地质构造运动，比如断层、褶曲、层间错动等引起的，虽然外部作用力移去之后有了部分恢复，但现在仍残存在岩体中的应力，以及岩石在形成过程中，由于热力和构造作用

引起的，虽经过风化、卸载部分释放，但现在仍残存着的原生内应力。这两部分都称为构造残余应力。

②现在正在活动和变化的构造运动，如地层升降、板块运动等引起的应力，称为新构造应力，地震的产生正是新构造应力的反映。

一般情况下，岩体内的垂直应力主要是由自重作用引起，水平应力则是由岩体的泊松效应引起，其值最大只能等于垂直应力（即取泊松比为 0.5）。但现今大量的量测资料表明，围岩初始应力场中水平应力与竖直应力的比值常常大于 1，有时甚至高 7～8 倍，而且，主应力的方向与当地区域构造的迹象非常一致。这说明地质构造运动不仅改变了岩体的原生结构特征，而且也改变了岩体原生的应力状态。这一切说明围岩的初始应力场中构造残余应力不可小视。只有在埋深很浅而又比较破碎的岩体中，才是以自重应力场为主。当然，在那些从未遭受过较大构造运动的沉积岩中，也可能是自重应力场占主要地位。目前主要研究的是由岩体的重力形成的应力场，而其他因素只认为是改变了由重力造成的初始应力状态。

3.2.2 初始应力场的变化规律

(1)自重应力场

在具有水平岩层、地面平坦的岩体条件如图 3-1 所示，岩体沿 z 方向是非均质的。在以自重应力场为主的岩体中，地表以下任一深度 H 处的垂直应力等于单位面积上上覆岩体的重力。

这里以压应力为正；γ 为岩体的密度；H 为埋深。

当上覆岩体为多层不同的岩石时，则：

$$\sigma_z^0 = \gamma_1 H_1 + \gamma_2 H_2 + \cdots + \gamma_n H_n = \sum_{i=1}^{n} \gamma_i H_i \tag{3-1}$$

式中：γ_i ——第 i 层岩体的重度；

H_i ——第 i 层岩体的厚度。

该点的水平应力 σ_x^0、σ_y^0 主要是由岩体的泊松效应引起的，按弹性理论应为：

$$\sigma_x^0 = \sigma_y^0 = \frac{\mu}{1-\mu}\sigma_z^0 \tag{3-2}$$

或

$$\sigma_x^0 = \sigma_y^0 = \frac{\mu_n}{1-\mu_n}\sum_{i=1}^{n} \gamma_i H_i \tag{3-3}$$

式中：μ_n ——计算应力处岩体的泊松比。

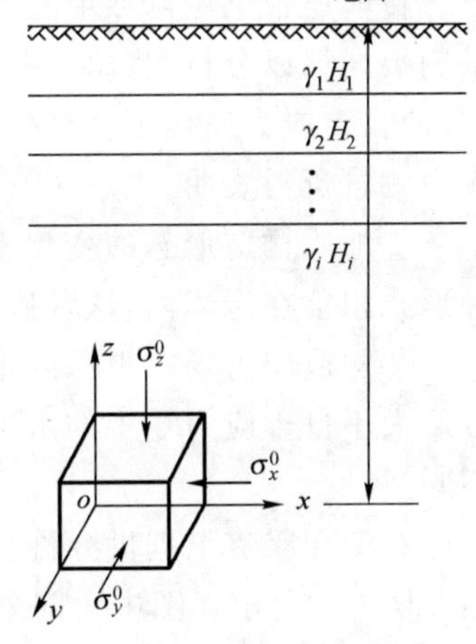

图 3-1 地层水平时的自重应力场

设 $\lambda = \mu/(1-\mu)$，并谓之侧压力系数，则上式可以写成

$$\sigma_x^0 = \sigma_y^0 = \lambda\sigma_z^0$$

瑞士地质学家海姆(A. Haim)认为，和静水压力一样，岩体的水平应力等于垂直应力。实质上等于将岩体的泊松比取为 0.5，则式(3-2)、式(3-3)就成为：

$$\sigma_x^0 = \sigma_y^0 = \sigma_z^0 = \gamma H \tag{3-4}$$

显然，当垂直应力已知时，水平应力的大小取决于围岩的泊松比。大多数围岩的泊松比变化在 0.15～0.35 之间。因此，在自重应力场中，水平应力通常是小于垂直应力的。

从上述各式可以看出，岩体自重应力场的变化规律为：

①地应力是随深度呈线性增加的。

②水平应力总是小于垂直应力，最多也只能与其相等。

上述各式表达的应力场仅当地面为水平面，且岩体为各向同性（$\mu_x=\mu_y$）的半无限弹性体时才有效。当隧道穿越山体时，上覆岩体厚度是多变的，因而，各区段应力场在不断发生变化。加上岩体内各种结构构造作用，确定自重应力场要考虑各种影响因素。

研究资料表明，地应力中，竖向主应力在深度不大（$H<500$m）时，方向与铅直方向的偏斜不超过30°。所以，基本上可以认为竖向主应力是垂直的。而垂向主应力的量值大致等于上覆岩层的重力（γH），即随深度线性增加。

深度对初始应力状态有重大影响。随着深度的增加，σ_z^0 和 σ_x^0（σ_y^0）都增大。但围岩本身的强度是有限的，因此当 σ_z^0 和 σ_x^0 增大到一定值后，各向受力的围岩将处于隐塑性状态。在这种状态下，围岩的物性值（E 和 μ）是变化的，λ 值也是变化的。并随着深度的增加，λ 值趋于1，即与静水压力相似。此时围岩接近流动状态。其应力状态可视围岩的不同分别处于弹性的、塑性的及流动的3种状态。围岩的塑性状态在坚硬岩中约出现在距地面10km以下，也可能在浅处出现，如在岩石临界强度低（如泥岩等）的地段。通常情况下，在地下工程所涉及的范围内，都可视初始地应力场为弹性的，这一点可由部分量测资料所证实。

（2）构造应力场

由于形成构造应力场的原因非常复杂，因而，它在空间的分布极不均匀，且随时间的推移还不断发生变化，属于非稳定的应力场。但对工程结构物的使用期限来说，可以忽略时间因素，将它视为稳定的。

目前还很难用函数形式表达出构造应力场，它在整个初始应力场中的作用只能通过某些量测数据加以分析，找出一些规律性。通过这些实测数据的分析，只能了解由于构造应力的存在，使自重应力发生了什么样的变化，以及它在整个应力场中所起的作用。据已发表的一些地应力测量资料表明：

①地质构造形态的变化不仅改变了自重应力场，除了以各种构造形态获得释放外，还以各种形式积蓄在岩体内，这种残余应力将对地下工程产生重大影响。

②构造应力场在不深的地方已普遍存在，最大构造应力的方向多近似为水平，且水平应力普遍大于自重应力场中的水平应力分量，甚至也大于垂直应力分量。这与自重应力场有很大不同。

布朗和霍克根据世界许多地区测定的平均水平应力 σ_h^0 与垂直应力 σ_z^0 的比值和深度的关系如图3-2所示。图中大部分测点均在下列范围内：

$$\frac{100}{H}+0.3<\lambda<\frac{1\,500}{H}+0.5 \tag{3-5}$$

式中，$\lambda=\dfrac{\sigma_h^0}{\sigma_z^0}$。

图3-2表明，埋深较小时，水平应力和垂直应力的比值 λ 很大；随埋深的增加，λ 随之减小。这个临界深度大约在1 000～1 500m，如在日本约为600m，在美国约为1 000m，我国为1 000m以上。当埋深大于1 000m时，逐步接近静水压力分布状态。

从我国现阶段积累起来的浅层（埋深 $H<500$m）实测资料看，$\lambda<0.8$ 的占27.5%，在0.8～1.25之间的占42.3%，$\lambda>1.25$ 的占30.2%，即我国大部分地区的水平主应力都大于上覆岩层重力。

③构造应力场很不均匀，它的参数无论在空间上、时间上都有很大变化，特别是它的主应

力轴的方向和绝对值有很大变化。

最后应该指出，具体到一个矿山或隧道工程的小范围、初始应力的大小和方向都可能与上述的不一致，但就大的区域来说，它的变化是不大的。

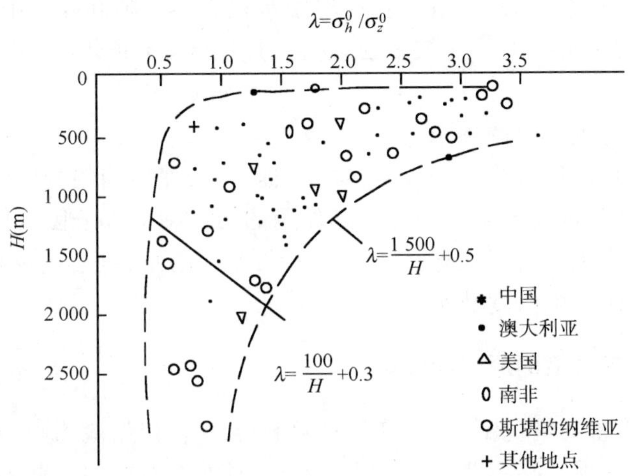

图 3-2　垂直应力与平均水平应力随深度的变化

3.2.3　影响岩体初始应力状态的因素

(1)地形对自重应力的影响

从实践的结果证明，山体内沿着水平面上的自重应力分布状况并不和地表形状完全一致，并且其数值太小，比岩体重度与山顶到岩层中各点的高差的乘积要小得多。这说明，岩体的自重应力并不只是埋深 y 的函数，还很大程度受到构造的影响。

(2)地质构造对自重应力的影响

当岩层经受构造作用而产生变形后，其自重应力的分布亦发生了变化。例如，背斜构造的地层，褶曲两翼由于重力的传递而使应力增大；而在褶曲的中部则应力减小，如图 3-3 所示。

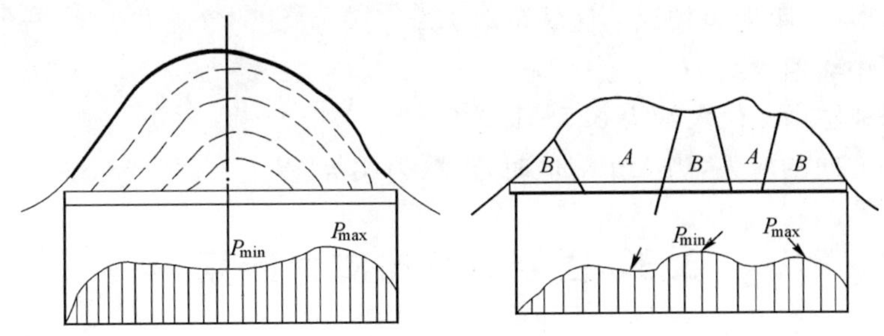

图 3-3　地质构造及结构面对自重应力场的影响示意图

(3)岩体不连续面对自重应力的影响

岩体往往由于构造面的存在，把整体的岩体分割成若干不连续的块体。例如断层将岩体分割成若干形状不一的楔块(如图 3-3 所示)，楔块间相互传递应力，对于上大下小的楔块 A，为左右楔块 B 所支持而起卸载作用，自重应力降低。而上小下大的楔块 B 则相反地起加载作用，其自重应力升高。

(4)岩性对自重应力的影响

岩体的不均匀性、各向异性、裂隙性或孔洞性、节理性，以及软硬不同、容重不同等都会使自重应力的分布不均匀。

(5)地下水压力对岩体自重应力的影响

静水压力只是起到减轻岩体重量的浮力作用,会降低岩体的自重应力。

动水压力是指地下水在水头差的作用下,迫使水在岩体裂隙和孔隙中流动,给予周围岩块表面的动水摩擦力和动水流向力。一般来说,这种力对岩体自重应力的影响是很小的,可以不予考虑。

(6)热应力对岩体自重应力的影响

有时由于地壳运动,使得岩浆在侵入岩体的过程中,会使周围的岩体受热而膨胀。随着时间的推移,又冷却而收缩,这就产生了一种相互作用的力。除一部分因为形成岩体裂隙而消耗以外,还会保留部分的残余应力。此外。随着岩体的埋深增加,地温也逐渐上升,温度的升高有利于岩体塑性增长,使极限深度减小。

3.2.4 确定初始应力值的原则和经验

在以自重应力场为主的情况下,可以通过计算确定围岩初始应力。条件许可时或存在较大的构造应力时,可通过现场实测获得地应力。但实测工作费时、费钱,不可能大量进行。而且,由于仪器设备不完善,操作过程不标准等原因,实测的围岩初始应力也不是绝对正确的。根据我国实践经验来看,比较可行的是实地量测和地质力学分析相结合的方法,一般应考虑下述原则和经验。

①有当地实测地应力数值时,应以实测值作为工程设计的计算参数。虽无实测值,若已测得洞壁位移,则可通过试算或反演计算确定原岩应力。

②无量测数值时,垂直原岩应力可根据自重应力计算,但应当注意,埋深很浅时可能会出现偏差。

③无量测数据时,侧压系数 λ 应视下列情况确定:

a. 有邻近工程的实测数据时,可参考采用邻近工程的数值;

b. 无明显构造应力地区、孤山地区以及河谷谷坡附近处取 $\lambda<1$;

c. 构造应力地区、距地表较深的区域可取 $\lambda\geqslant1$;

d. 黄土地层中 λ 值大约为 0.5~0.6;

e. 松散软弱地层中 λ 值大约为 0.5~1.0。

④两个水平方向的应力,当无实测值时,可取为相等。

3.3 围岩重分布应力计算

洞室开挖后,围岩内部发生应力重分布,其应力可采用弹塑性力学理论进行计算。

3.3.1 弹性围岩重分布应力

围岩为坚硬致密的块状岩体,当天然应力大约等于或小于其单轴抗压强度的一半时,围岩呈弹性变形,可近似视为各向同性、连续、均质的线弹性体,其围岩重分布应力可根据弹性力学计算。

(1)圆形洞室重分布应力的大小

如果洞室半径(R_0)相对洞长很小,按平面应变问题考虑,简化为两侧受均布压力的薄板中心小圆孔周边应力分布的计算问题(图 3-4)。

根据弹性力学理论,σ_v 和 σ_h 同时作用时圆形洞室围岩某点 $M(\gamma,\theta)$ 重分布应力可表示为:

$$\begin{cases}\sigma_r=\sigma_v\left[\dfrac{1+\lambda}{2}\left(1-\dfrac{R_0^2}{r^2}\right)-\dfrac{1-\lambda}{2}\left(1+\dfrac{3R_0^4}{r^4}-\dfrac{4R_0^2}{r^2}\right)\cos2\theta\right]\\ \sigma_\theta=\sigma_v\left[\dfrac{1+\lambda}{2}\left(1+\dfrac{R_0^2}{r^2}\right)+\dfrac{1-\lambda}{2}\left(1+\dfrac{3R_0^4}{r^4}\right)\cos2\theta\right]\\ \tau_{r\theta}=\sigma_v\dfrac{1-\lambda}{2}\left(1-\dfrac{3R_0^4}{r^4}+\dfrac{2R_0^2}{r^2}\right)\sin2\theta\end{cases}\tag{3-6}$$

(2)圆形洞室重分布应力的特征

①洞壁上的重分布应力

为考察洞壁上重分布应力的特点,把 $r=R_0$ 代入上式,得洞壁上的重分布应力为:

$$\begin{cases}\sigma_r=0\\ \sigma_\theta=\sigma_k+\sigma_v-2(\sigma_k-\sigma_v)\cos2\theta=\sigma_v[1+\lambda+2(1-\lambda)\cos2\theta]\\ \tau_{r\theta}=0\end{cases}\tag{3-7}$$

由上式可知,洞壁上的重分布应力具有下列特点:

a. 洞壁上的 $\tau_{r\theta}=0,\sigma_r=0$,为单向应力状态;

b. σ_θ 大小与洞室尺寸 R_0 无关;

c. 当 $\theta=0°$、$180°$,$\sigma_\theta=3\sigma_v-\sigma_h=(3-\lambda)\sigma_v$;

d. 当 $\theta=90°$、$270°$,$\sigma_\theta=3\sigma_h-\sigma_v=(3\lambda-1)\sigma_v$;

e. 当 $\lambda=\sigma_h/\sigma_v<1/3$ 时,洞顶底将出现拉应力;

f. 当 $1/3<\lambda<3$ 时,σ_θ 为压应力且分布较均匀;

g. 当 $\lambda>3$ 时,洞壁两侧出现拉应力,洞顶底出现较高的压应力集中。

不同的断面形式,洞壁上的拉、压应力区位置与大小均有区别(图 3-5),壁面为非圆滑区域易出现应力集中破坏。

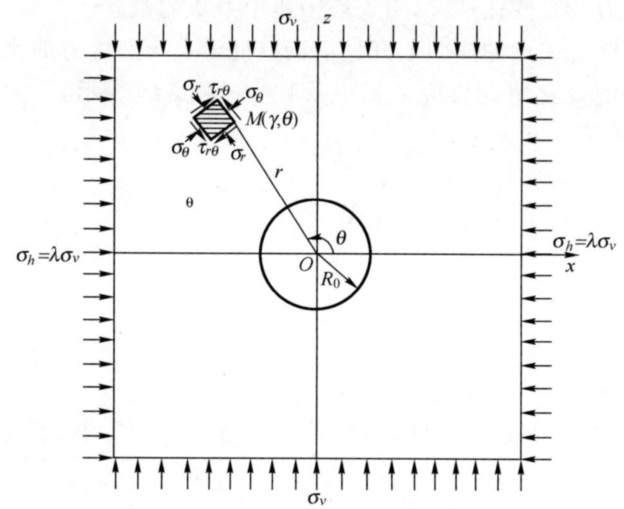

图 3-4 圆形洞室围岩重分布应力计算简图

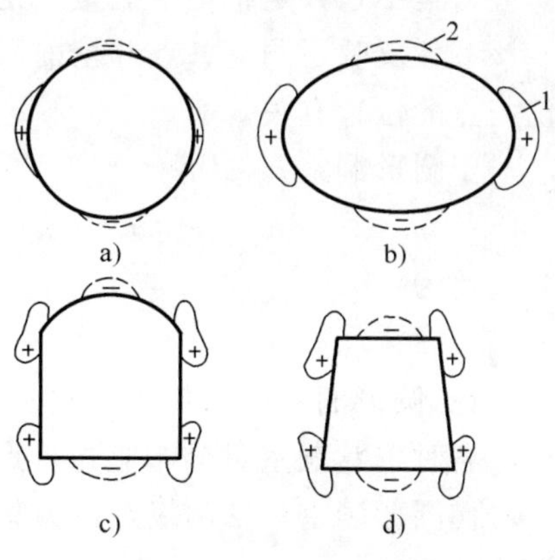

图 3-5 各种断面形状的洞体应力状态比较

1-压应力集中区;2-拉应力集中区

②天然应力场中的围岩重分布应力

岩体中的压力场可以看作静水压力应力场，指水平天然应力与铅直天然应力相等的应力场 σ_0，即 $\lambda=\sigma_h/\sigma_v=1$。把 $\lambda=1$ 代入上式，得静水压力式天然应力场中的围岩重分布应力为：

$$\begin{cases}\sigma_r=\sigma_0\left(1-\dfrac{R_0^2}{r^2}\right)\\ \sigma_\theta=\sigma_0\left(1+\dfrac{R_0^2}{r^2}\right)\\ \tau_{r\theta}=0\end{cases}\tag{3-8}$$

由上式可知，静水压力式天然应力场中的围岩重分布应力具有下列特点：

a.围岩内重分布应力与 θ 角无关，仅与 R_0 和 σ_0 有关；

b.由于 $\tau_{r\theta}=0$，则 σ_r、σ_θ 均为主应力，且 σ_θ 恒为最大主应力，σ_r 恒为最小主应力；

c.当 $r=R_0$（洞壁）时，$\sigma_r=0$，$\sigma_\theta=2\sigma_0$，可知洞壁上的应力差最大，且处于单向受力状态，说明洞壁最易发生破坏；

d.r 增大，σ_r 增大，σ_θ 减小，都渐趋于 σ_0 值；

e.从理论上，σ_r、σ_θ 要在 $r\to\infty$ 处才达到 σ_0 值，但实际上 σ_r、σ_θ 趋近于 σ_0 的速度很快，当 $r=6R_0$ 时，σ_r 和 σ_θ 与 σ_0 接近，如图 3-6 所示。

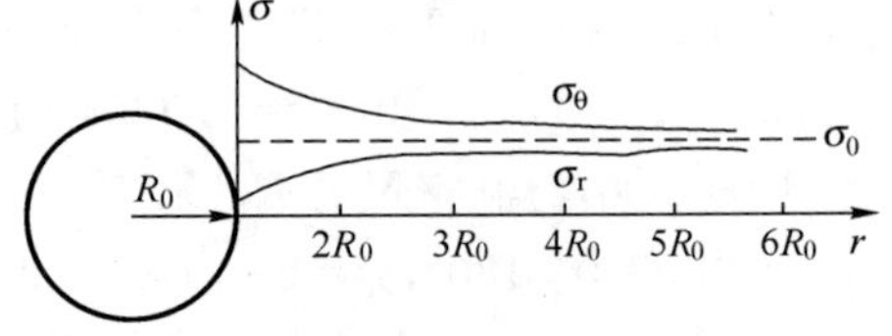

图 3-6　围岩 σ_r、σ_θ 随 r 的变化曲线

一般认为，地下洞室开挖引起的围岩分布应力范围为 $6R_0$，即三倍洞径范围。

(3)其他形状洞室重分布应力的特征

①应力集中系数的概念

为了最有效和经济地利用地下空间，地下建筑的断面常需根据实际需要，开挖成非圆形的各种形状。但非圆形洞室的围岩应力很难用解析解表示。

由圆形洞室围岩重分布应力分析可知，重分布应力的最大值在洞壁上，且仅有 σ_θ，因此只要洞壁围岩在重分布应力 σ_θ 的作用下不发生破坏，那么洞室内部围岩也是稳定的。

为了研究各种洞形洞壁上的重分布应力及其变化情况，引进应力集中系数的概念。

应力集中系数是指地下洞室开挖后洞壁上一点的应力与开挖前洞壁处该点天然应力的比值。该系数反映了洞壁各点开挖前后应力的变化情况。应力集中系数一般用 α、β 表示，其大小仅与点的位置有关。

对于圆形洞室：

$$\sigma_\theta=\sigma_k(1-2\cos2\theta)+\sigma_v(1+2\cos2\theta)\tag{3-9}$$

改写为：

$$\sigma_\theta=\alpha\sigma_k+\beta\sigma_v\tag{3-10}$$

所以，圆形洞室应力集中系数 $\alpha=1-2\cos2\theta$，$\beta=1+2\cos2\theta$。

②各种形状洞室重分布应力特点：

a.椭圆形洞室长轴两端点应力集中最大，易引起压碎破坏；短轴两端易拉应力集中，不利于围岩稳定。

b.各种形状洞室的角点或急拐弯处应力集中最大，如正方形或矩形洞室角点等。

c.长方形短边中点应力集中大于长边中点，而角点处应力集中最大，围岩最易失稳。

d.当岩体中天然应力 σ_h 和 σ_v 相差不大时，以圆形洞室围岩应力分布最均匀，围岩稳定性最好。

e. 当岩体中天然应力 σ_h 和 σ_v 相差较大时，则应尽量使洞室长轴平行于最大天然应力的作用方向。

f. 在天然应力很大的岩体中，洞室断面应尽量采用曲线形，以避免角点上过大的应力集中。

3.3.2 塑性围岩重分布应力

地下开挖后，洞壁的应力集中最大，当它超过围岩屈服极限时，洞壁围岩就由弹性状态转化为塑性状态，并在围岩中形成一个塑性松动圈。随着距洞壁距离的增大，径向应力 σ_r 由零逐渐增大，应力状态由洞壁的单向应力状态逐渐转化为双向应力状态，围岩也就由塑性状态逐渐转化为弹性状态。弹性区以外则是应力基本未产生变化的天然应力区（或称原岩应力区）。

因此围岩中出现塑性圈、弹性圈和原岩应力区，见图 3-7。

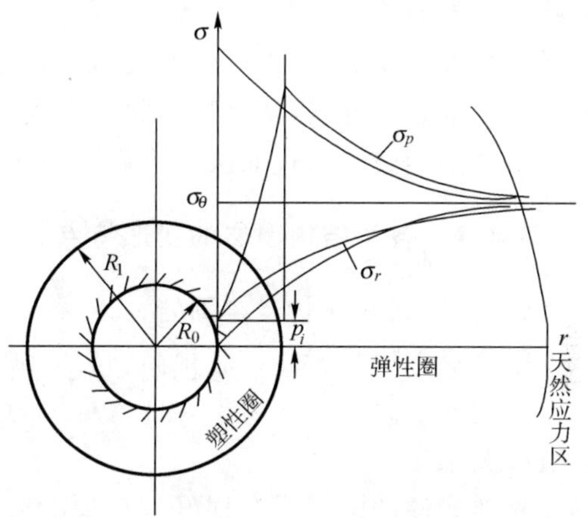

图 3-7 围岩弹、塑性区与应力变化图

塑性松动圈的出现，使圈内一定范围内的应力因释放而明显降低，而最大应力集中由原来的洞壁移至塑、弹圈交界处，使弹性区的应力明显升高。

一般采用弹塑性理论求解塑性圈内的围岩重分布应力。径向应力与环向应力分别为：

$$\sigma_r = (p_i + c_m \cot\varphi_m)\left(\frac{r}{R_0}\right)^{\frac{2\sin\varphi_m}{1-\sin\varphi_m}} - c_m \cot\varphi_m \tag{3-11}$$

$$\sigma_\theta = (p_i + c_m \cot\varphi_m)\frac{1+\sin\varphi_m}{1-\sin\varphi_m}\left(\frac{r}{R_0}\right)^{\frac{2\sin\varphi_m}{1-\sin\varphi_m}} - c_m \cot\varphi_m \tag{3-12}$$

由式(3-11)可知：

①塑性圈内围岩重分布应力与岩体天然应力（σ_0）无关，而取决于支护力（p_i）和岩体强度（c_m，φ_m）值。

②在洞室壁上（$r=R_0$）的径向应力与环向应力为：

$$\begin{cases}\sigma_{\mathrm{r}} = p_i \\ \sigma_\theta = p_i\dfrac{1+\sin\varphi_m}{1-\sin\varphi_m} + \dfrac{2c_m\cot\varphi_m}{1-\sin\varphi_m}\end{cases} \tag{3-13}$$

若支护力 $p_i=0$，则：

$$\begin{cases}\sigma_{\mathrm{r}} = 0 \\ \sigma_\theta = \dfrac{2c_m\cot\varphi_m}{1-\sin\varphi_m}\end{cases} \tag{3-14}$$

③塑性圈与弹性圈交界面（$r=R_1$）的应力由式(3-10)计算，在该面上，弹性应力等于塑性应力。

$$\begin{cases}\sigma_{\mathrm{rpe}} = \sigma_0(1-\sin\varphi_m) - c_m\cos\varphi_m \\ \sigma_{\theta\mathrm{pe}} = \sigma_0(1+\sin\varphi_m) + c_m\cos\varphi_m \\ \tau_{\mathrm{rpe}} = 0\end{cases} \tag{3-15}$$

由式(3-14)看出，塑、弹性圈交界面上的重分布应力取决于 σ_0 和 c_m 、φ_m ，而与 p_i 无关，这说明，支护力不能改变交界面上的应力大小，只能控制塑性松动圈半径(R_1)的大小。

3.4 围岩的变形分析

地下洞室开挖后，岩体中形成一个自由变形空间，使原来处于挤压状态的围岩向内空产生变形。围岩变形是不可避免的，因为围岩是弹塑性体，力学的作用会产生弹性变形、塑性变形，有些地层围岩为黏弹塑性体，还会产生蠕变。新奥法理论是希望围岩产生一定的变形，这样能够减小围岩的压力以及相关的支护压力，增加围岩的自承能力。在工程设计与施工中，关键是如何控制围岩变形，因为过大的变形会超过围岩本身所能承受的能力，支撑失去作用而使结构失稳并发生破坏，围岩从母岩中脱落形成坍塌、滑动或岩爆。

围岩变形破坏形式取决于围岩应力状态、岩体结构及洞室断面形状等因素。

3.4.1 各类结构围岩的变形特点

(1)整体状和块状岩体围岩

整体状和块状岩体具有很高的力学强度和抗变形能力，主要结构面是节理，很少有断层，含有少量的裂隙水。在力学属性上可视为均质、各向同性、连续的线弹性介质，应力应变呈近似直线关系。

这类岩体的围岩具有很好的自稳能力，其变形破坏形式主要有岩爆、脆性开裂及块体滑移等。块体滑移是块状岩体常见的破坏形式。它是以结构面切割而成的不稳定块体滑出的形式出现。其破坏规模与形态受结构面的分布、组合形式及其与开挖面的相对关系控制(图 3-8)。

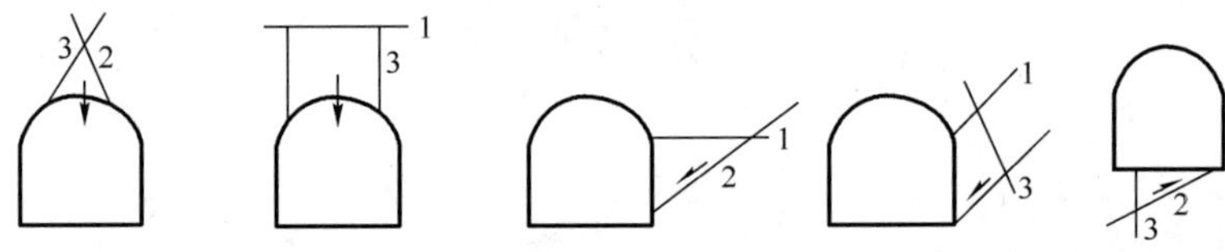

图 3-8 坚硬块状岩体中的块体变形破坏形式示意图

1-层面；2-断裂；3-裂隙

这类围岩的整体变形可用弹性理论分析，局部块体变形可用块体极限平衡理论分析。

(2)层状岩体围岩

常呈软硬岩层相间的互层形式。结构面以层理面为主，并有层间错动及泥化夹层等软弱结构面发育。

变形破坏主要受岩层产状及岩层组合等控制，破坏形式主要有：沿层面张裂、折断塌落、弯曲内鼓等。

在直立层状围岩中，当天然应力比值系数 $\lambda<1/3$ 时，洞顶将发生沿层面纵向拉裂，被拉断塌落。侧墙因压力平行于层面，发生纵向弯折内鼓，危及洞顶安全。

在水平层状围岩中，洞顶岩层可视为两端固定的板梁，在顶板压力下，将产生下沉弯曲、开裂；在倾斜层状围岩中，沿倾斜方向一侧岩层弯曲变形；另一侧边墙岩块滑移，形成不对称的变形或塌落拱(图 3-9)。

在分析这类围岩变形时，常可用弹性梁、弹性板或材料力学中的压杆平衡理论来分析。

(3)碎裂状岩体围岩

a)

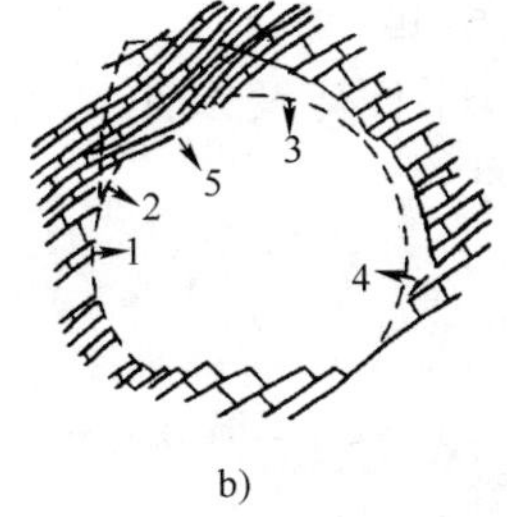

b)

c)

图 3-9　层状岩体张裂折曲破坏示意图

a)水平层状岩体；b)倾斜层状岩体；c)直立层状岩体

1-设计断面轮廓线；2-破坏区；3-崩塌；4-滑动；5-弯曲、张裂及折断

碎裂岩体是指断层、褶曲、岩脉穿插挤压和风化破碎加次生夹泥的岩体。其围岩变形形式常表现为大变形和滑动。在夹泥少、以岩块刚性接触为主的碎裂围岩中，不易产生大规模变形或塌方。当围岩中含泥量很高时，由于岩块间不是刚性接触，易产生大变形或大规模塌方。如图 3-10 所示，从 a)到 d)过程反映隧道遇到含裂隙岩体的破坏过程。

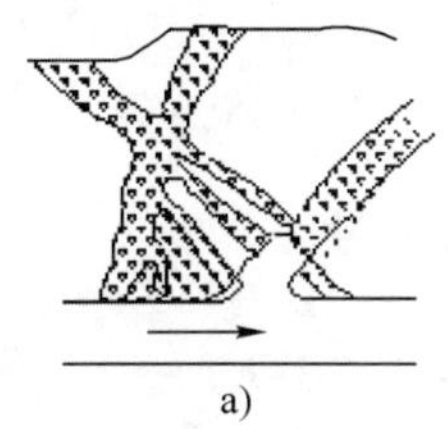

a)

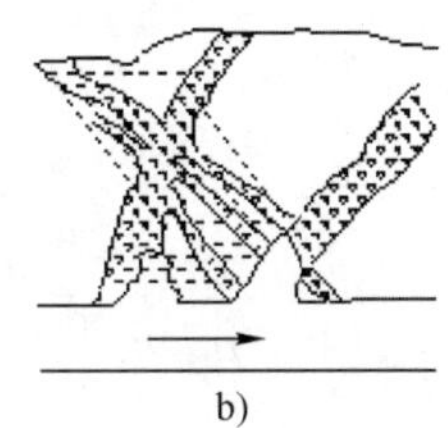

b)

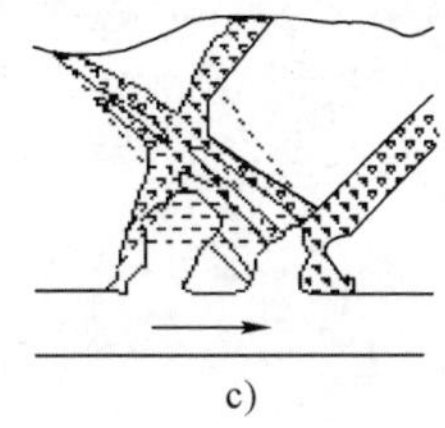

c)

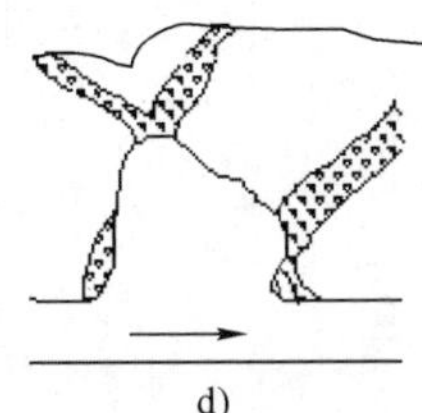

d)

图 3-10　碎裂岩体洞室垮塌过程示意图

这类围岩可用松散介质极限平衡理论来分析。

(4)散体状岩体围岩

散体状岩体是指强烈构造破碎、强烈风化的围岩体。常表现为弹塑性、塑性或流变性变形与破坏。

围岩结构均匀时，以拱顶冒落为主。当围岩结构不均匀或松动岩体仅构成局部围岩时，常表现为塑性大变形、局部塌方、底鼓及滑动等变形破坏形式(图 3-11)。

a)

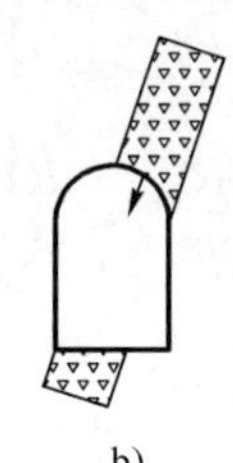

b)

c)

d)

图 3-11　洞室穿越散体岩体发生的破坏

a)软弱松动岩体塌方；b)、c)、d)软弱地层岩体塑性挤入与底鼓

对这类围岩可用松散介质极限平衡理论配合流变理论来分析。

3.4.2　围岩位移计算

(1)弹性位移计算

围岩处于弹性状态，位移可用弹性理论进行计算。分两种情况：

a.由重分布应力引起；

b. 由重分布应力与天然应力之差引起。

①由重分布应力引起的弹性位移(平面应变条件)

据弹性理论,平面应变与位移间的关系为:

$$\begin{cases}\varepsilon_r = \dfrac{\partial u}{\partial r} \\ \varepsilon_\theta = \dfrac{u}{r} + \dfrac{1}{r}\dfrac{\partial v}{\partial \theta} \\ \gamma_{r\theta} = \dfrac{1}{r}\dfrac{\partial u}{\partial \theta} + \dfrac{\partial v}{\partial r} - \dfrac{v}{r}\end{cases}$$

平面应变—应力的物理方程:

$$\begin{cases}\varepsilon_r = \dfrac{1}{E_{me}}[(1-\mu_e^2)\sigma_r - \mu_m(1+\mu_m)\sigma_\theta] \\ \varepsilon_\theta = \dfrac{1}{E_{me}}[(1-\mu_e^2)\sigma_\theta - \mu_m(1+\mu_m)\sigma_r] \\ \gamma_{r\theta} = \dfrac{2}{E_{me}}(1+\mu_m)\tau_{r\theta}\end{cases}$$

则:

$$\begin{cases}\dfrac{\partial u}{\partial r} = \dfrac{1}{E_{me}}[(1-\mu_e^2)\sigma_r - \mu_m(1+\mu_m)\sigma_\theta] \\ \dfrac{u}{r} + \dfrac{\partial v}{r\partial \theta} = \dfrac{1}{E_{me}}[(1-\mu_e^2)\sigma_\theta - \mu_m(1+\mu_m)\sigma_r] \\ \dfrac{\partial u}{r\partial \theta} + \dfrac{\partial v}{\partial r} - \dfrac{v}{r} = \dfrac{2}{E_{me}}(1+\mu_m)\tau_{r\theta}\end{cases} \tag{3-16}$$

解微分方程,得平面应变条件下的围岩位移:

$$\begin{cases}u = \dfrac{1-\mu_m^2}{E_{me}}\left[\dfrac{\sigma_h+\sigma_v}{2}\left(r+\dfrac{R_0^2}{r}\right) + \dfrac{\sigma_h-\sigma_v}{2}\left(r-\dfrac{R_0^4}{r^3}+\dfrac{4R_0^2}{r}\right)\cos 2\theta\right] \\ \qquad - \dfrac{\mu_m(1+\mu_m)}{E_{me}}\left[\dfrac{\sigma_h+\sigma_v}{2}\left(r-\dfrac{R_0^2}{r}\right) - \dfrac{\sigma_h-\sigma_v}{2}\left(r-\dfrac{R_0^4}{r^3}\right)\cos 2\theta\right] \\ v = -\dfrac{1-\mu_m^2}{E_{me}}\left[\dfrac{\sigma_h-\sigma_v}{2}\left(r+\dfrac{R_0^4}{r^3}+\dfrac{2R_0^2}{r}\right)\sin 2\theta\right] \\ \qquad - \dfrac{\mu_m(1+\mu_m)}{E_{me}}\left[\dfrac{\sigma_h-\sigma_v}{2}\left(r+\dfrac{R_0^4}{r^3}-\dfrac{2R_0^2}{r}\right)\sin 2\theta\right]\end{cases}$$

设 $r=R_0$,得洞壁的弹性位移:

$$\begin{cases}u = \dfrac{(1-\mu_m^2)R_0}{E_{me}}[\sigma_k+\sigma_v+2(\sigma_k-\sigma_v)\cos 2\theta] \\ v = \dfrac{2(1-\mu_m^2)R_0}{E_{me}}(\sigma_k-\sigma_v)\sin 2\theta\end{cases} \tag{3-17}$$

在 $\sigma_h=\sigma_v=\sigma_0$ 的天然应力状态的位移:

$$\begin{cases}u = \dfrac{2R_0\sigma_0(1-\mu_m^2)}{E_{me}} \\ v = 0\end{cases} \tag{3-18}$$

上式说明，在 $\sigma_h=\sigma_v=\sigma_0$ 的天然应力状态中，洞壁仅产生径向位移，而无环向位移。

②由重分布应力与天然应力之差引起

由天然应力引起的位移在洞室开挖前就已经完成了，开挖后洞壁的位移仅是重分布应力与天然应力的应力差引起的。

假设岩体中天然应力为 $\sigma_h=\sigma_v=\sigma_0$，开挖前洞壁应力为 $\sigma_{r1}=\sigma_{\theta1}=\sigma_0$，开挖后重分布应力为 $\sigma_{r2}=0$，$\sigma_{\theta2}=2\sigma_0$，应力差为：

$$\begin{cases}\Delta\sigma_r=\sigma_{r2}-\sigma_{r1}=-\sigma_0\\ \Delta\sigma_\theta=\sigma_{\theta2}-\sigma_{\theta1}=\sigma_0\end{cases}$$

洞壁围岩的径向位移为：

$$\frac{\partial u}{\partial r}=\frac{1}{E_{me}}[(1-\mu_e^2)\sigma_r-\mu_m(1+\mu_m)\sigma_\theta]$$

则：

$$\frac{\partial u}{\partial r}=\frac{1-\mu_e^2}{E_{me}}\left(\Delta\sigma_r-\frac{\mu_m}{1-\mu_m}\Delta\sigma_\theta\right)=-\frac{1+\mu_m}{E_{me}}\sigma_0$$

洞壁围岩的径向位移为：

$$u=\int_{R_0}^{0}-\frac{1+\mu_m}{E_{me}}\sigma_0\,\mathrm{d}r=\frac{1+\mu_m}{E_{me}}\sigma_0R_0 \tag{3-19}$$

支护力为 p_i，洞壁的径向位移：

$$u=\frac{1+\mu_m}{E_{me}}(\sigma_0-p_i)R_0 \tag{3-20}$$

(2)塑性位移计算

塑性位移采用弹塑性理论分析，基本思路是先求出弹、塑性圈交界面上的径向位移，然后根据塑性圈体积不变的条件求洞壁的径向位移，见图 3-12。

弹性圈内的应力等于 σ_0 引起的应力叠加上塑性圈作用于弹性圈的径向应力 σ_{R_1} 引起的附加应力之和。

由 σ_0 引起的应力：

$$\begin{cases}\sigma_{re1}=\sigma_0\left(1-\dfrac{R_1^2}{r^2}\right)\\ \sigma_{\theta e1}=\sigma_0\left(1+\dfrac{R_1^2}{r^2}\right)\end{cases}$$

由 σ_{R_1} 引起的附加应力：

$$\begin{cases}\sigma_{re2}=\sigma_{R_1}\dfrac{R_1^2}{r^2}\\ \sigma_{\theta e2}=-\sigma_{R_1}\dfrac{R_1^2}{r^2}\end{cases}$$

弹性圈内的重分布应力为上两式之和：

$$\begin{cases}\sigma_{re}=\sigma_0\left(1-\dfrac{R_1^2}{r^2}\right)+\sigma_{R_1}\dfrac{R_1^2}{r^2}\\ \sigma_{\theta e}=\sigma_0\left(1+\dfrac{R_1^2}{r^2}\right)-\sigma_{R_1}\dfrac{R_1^2}{r^2}\end{cases}$$

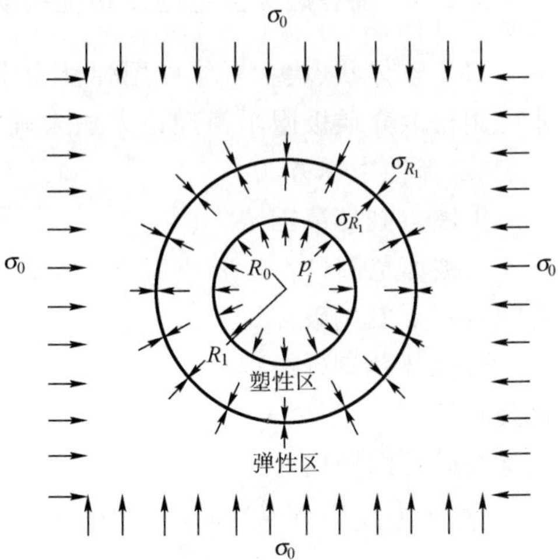

图 3-12　圆形洞室围岩弹塑性应力计算简图

开挖形成塑性圈后，弹、塑性圈交界面上的径向应力增量 $(\Delta\sigma_r)_{r=R_1}$ 和环向应力增量

$(\Delta\sigma_\theta)_{r=R_1}$ 为：

$$\begin{cases}(\Delta\sigma_r)_{r=R_1}=\sigma_0\left(1-\dfrac{R_1^2}{r^2}\right)+\sigma_{R_1}\dfrac{R_1^2}{r^2}-\sigma_0=\sigma_{R_1}-\sigma_0\\(\Delta\sigma_\theta)_{r=R_1}=\sigma_0\left(1+\dfrac{R_1^2}{r^2}\right)-\sigma_{R_1}\dfrac{R_1^2}{r^2}-\sigma_0=\sigma_0-\sigma_{R_1}\end{cases}$$

弹、塑性圈交界面上的径向应变 ε_{R_1}：

$$\varepsilon_{R_1}=\frac{\partial u_{R_1}}{\partial r}=\frac{1-u_m^2}{E_m}\left[(\Delta\sigma)_{r=R_1}-\frac{\mu_m}{1-\mu_m}(\Delta\sigma_\theta)_{r=R_1}\right]$$

$$=\frac{1+u_m}{E_m}(\sigma_{R_1}-\sigma_0)=\frac{1}{2G_m}(\sigma_{R_1}-\sigma_0)$$

弹、塑性圈交界面的径向位移 u_{R_1}：

$$u_{R_1}=\int_{R_1}^{0}\frac{\mathrm{d}r}{2G_m}(\sigma_{R_1}-\sigma_0)=\frac{R_1}{2G_m}(\sigma_{R_1}-\sigma_0)=\frac{1+\mu_m}{E_m}(\sigma_0-\sigma_{R_1})R_1$$

塑性圈作用于弹性圈的径向应力：

$$\sigma_{R_1}=\sigma_{rpe}=\sigma_0(1-\sin\varphi_m)-c_m\cos\varphi_m$$

代入上式，积分得：

$$u_{R_1}=\frac{R_1\sin\varphi_m(\sigma_0+c_m\cot\varphi_m)}{2G_m}$$

塑性圈变形前后体积不变：

$$\pi(R_1^2-R_0^2)=\pi[(R_1-u_{R_1})^2-(R_0-u_{R_0})^2]$$

略去高阶微量后，可得洞壁的径向位移：

$$u_{R_0}=\frac{R_1}{R_0}u_{R_1}=\frac{R_1^2\sin\varphi_m(\sigma_0+c_m\cot\varphi_m)}{2G_mR_0}\tag{3-21}$$

3.4.3 围岩破坏区范围及塑性松动圈半径的确定方法

对于整体状、块状岩体可用弹性力学或弹塑性力学方法确定其围岩破坏区厚度。松散岩体可用松散介质极限平衡理论方法来确定。

(1)弹性力学方法

①围岩破坏范围

a. 破坏范围($\lambda=\sigma_h/\sigma_v<1/3$)：洞顶、底将出现拉应力。若拉应力大于围岩的抗拉强度 σ_t，则围岩就要发生破坏。

b. 破坏范围($\lambda>1/3$)：洞壁围岩均为压应力集中，当大于围岩的抗压强度 σ_c 时，洞壁围岩就要破坏。

②破坏圈厚度

当 $r>R_0$ 时，在 $\theta=0,\pi/2,\pi,3\pi/2$ 四个方向上，$\tau_{r\theta}=0$，σ_r 和 σ_θ 为主应力，则围岩强度：

$$\sigma_1=\sigma_3\tan^2\left(45°+\frac{\varphi_m}{2}\right)+2c_m\tan\left(45°+\frac{\varphi_m}{2}\right)$$

$$\sigma_1=\sigma_r\tan^2\left(45°+\frac{\varphi_m}{2}\right)+2c_m\tan\left(45°+\frac{\varphi_m}{2}\right)$$

破坏准则：当 $\sigma_\theta \geqslant \sigma_1$ 时发生破坏；当 $\sigma_\theta < \sigma_1$ 时为不破坏。

(2)弹塑性力学方法

在裂隙岩体中开挖地下洞室时，将在围岩中出现一个塑性松动圈。围岩的破坏圈厚度为 $R_1 - R_0$，关键是确定塑性松动圈半径 R_1。

设岩体中的天然应力为 $\sigma_h = \sigma_v = \sigma_0$，弹性圈内的应力为：

$$\begin{cases}\sigma_{re} = \sigma_0\left(1 - \dfrac{R_1^2}{r^2}\right) + \sigma_{R_1}\dfrac{R_1^2}{r^2}\\[2ex] \sigma_{\theta e} = \sigma_0\left(1 + \dfrac{R_1^2}{r^2}\right) - \sigma_{R_1}\dfrac{R_1^2}{r^2}\end{cases}$$

弹、塑性圈交界面上的弹性应力为：

$$\begin{cases}\sigma_{re} = \sigma_{R_1}\\ \sigma_{\theta e} = 2\sigma_0 - \sigma_{R_1}\end{cases}$$

交界面上的塑性应力为：

$$\sigma_{rp} = (p_i + c_m\cot\varphi_m)\left(\frac{R_1}{R_0}\right)^{\frac{2\sin\varphi_m}{1-\sin\varphi_m}} - c_m\cot\varphi_m$$

$$\sigma_{\theta p} = (p_i + c_m\cot\varphi_m)\frac{1+\sin\varphi_m}{1-\sin\varphi_m}\left(\frac{R_1}{R_0}\right)^{\frac{2\sin\varphi_m}{1-\sin\varphi_m}} - c_m\cot\varphi_m$$

界面上弹性应力与塑性应力相等。

$$\sigma_{R_1} = (p_i + c_m\cot\varphi_m)\left(\frac{R_1}{R_0}\right)^{\frac{2\sin\varphi_m}{1-\sin\varphi_m}} - c_m\cot\varphi_m$$

$$2\sigma_0 - \sigma_{R_1} = (p_i + c_m\cot\varphi_m)\frac{1+\sin\varphi_m}{1-\sin\varphi_m}\left(\frac{R_1}{R_0}\right)^{\frac{2\sin\varphi_m}{1-\sin\varphi_m}} - c_m\cot\varphi_m$$

解出塑性松动圈半径 R_1，得到修正的芬纳—塔罗勃公式：

$$R_1 = R_0\left[\frac{(\sigma_0 + c_m\cot\varphi_m)(1-\sin\varphi_m)}{p_i + c_m\cot\varphi_m}\right]^{\frac{1-\sin\varphi_m}{2\sin\varphi_m}} \tag{3-22}$$

卡斯特纳(Kastner)公式：

$$R_1 = R_0\left[\frac{2}{\xi+1}\frac{\sigma_C + \sigma_0(\xi-1)}{\sigma_C + p_i(\xi-1)}\right]^{\frac{1}{(\xi-1)}}$$

$$\xi = \frac{1+\sin\varphi_m}{1-\sin\varphi_m} \tag{3-23}$$

地下洞室开挖后，围岩塑性圈半径 R_1 随天然应力 σ_0 增加而增大，随支护力 p_i、岩体强度 c_m 增加而减小。

3.5 围岩压力计算

3.5.1 基本概念

地下洞室围岩在重分布应力作用下产生过量的塑性变形或松动破坏，进而引起施加于支护衬砌上的压力，称为围岩压力(Pressure of Surrounding Rockmass)。图 3-13 为洞室围岩变形特性曲线。

围岩压力是围岩与支衬间的相互作用力，它与围岩应力不是同一个概念。围岩应力是岩体中的内力，而围岩压力则是针对支衬结构来说的，是作用于支护衬砌上的外力。

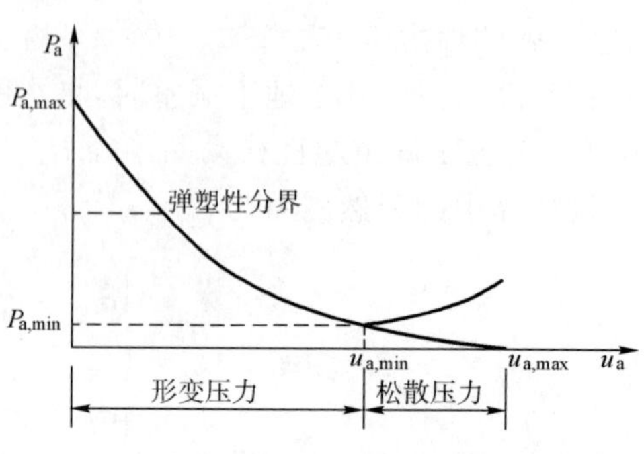

图 3-13 洞室围岩变形特性曲线

按围岩压力的形成机理，可将其划分为形变围岩压力、松动围岩压力和冲击围岩压力。

(1)形变围岩压力

形变压力是由于围岩变形受到与之密贴的支护结构(如锚喷支护等)的抑制，而使围岩与支护结构共同变形的过程中，围岩对支护结构施加的接触压力。或者是由于围岩塑性变形如塑性挤入、膨胀内鼓、弯折内鼓等形成的挤压力，产生这种形变围岩压力的条件：

①岩体较软弱或破碎，围岩应力超过岩体的屈服极限而产生较大的塑性变形；

②深埋洞室，围岩受压力过大引起塑性流动变形。

膨胀围岩压力是一种特殊的形变围岩压力，膨胀围岩由于矿物吸水膨胀产生的对支护结构的挤压力。膨胀围岩压力形成的基本条件：一是岩体中要有膨胀性黏土矿物(如蒙脱石等)；二是要有地下水的作用。

(2)松动围岩压力

松动围岩压力是由于围岩拉裂塌落、块体滑移及重力坍塌等破坏引起的作用在支护结构上的压力，这是一种有限范围内脱落岩体重力引起的压力。

松动围岩压力的大小取决于围岩性质、结构面交切组合关系及地下水活动和支护时间等因素。

松动围岩压力可采用松散体极限平衡或块体极限平衡理论进行分析计算。

(3)冲击围岩压力

冲击围岩压力是由岩爆或围岩脱空区块体坠落形成的一种特殊围岩压力。岩爆是强度较高且较完整的弹脆性岩体过度受力后突然发生岩石弹射变形所引起的围岩压力现象。

冲击围岩压力的大小与天然应力状态、围岩力学属性等密切相关，并受到洞室埋深、施工方法及洞形等因素的影响。其值目前无法进行准确计算，只能对冲击围岩压力的产生条件及其产生可能性进行定性的评价预测。

3.5.2 围岩压力计算

(1)形变围岩压力计算

支衬结构对围岩的支护力 p_i 就是作用于支衬上的形变围岩压力。

$$p_i = [(\sigma_0 + c_m \cot\varphi_m)(1 - \sin\varphi_m)]\left(\frac{R_0}{R_1}\right)^{\frac{2\sin\varphi_m}{1-\sin\varphi_m}} - c_m \cot\varphi_m \tag{3-24}$$

当 R_1 越大时，维持极限平衡所需的 p_i 越小。因此，在围岩不至失稳的情况下，适当扩大塑性区，可以减小围岩压力。

$$p_i = \sigma_0(1 - \sin\varphi_m)\left(\frac{R_0}{R_1}\right)^{\frac{2\sin\varphi_m}{1-\sin\varphi_m}} - c_m \cot\varphi_m\left[1 - (1 - \sin\varphi_m)\left(\frac{R_0}{R_1}\right)^{\frac{2\sin\varphi_m}{1-\sin\varphi_m}}\right] \tag{3-25}$$

因此，不仅处于弹性变形阶段的围岩有自承能力，处于塑性变形阶段的围岩也具有自承能力。p_i 取决于天然应力 σ_0 和岩体的 c_m 和 φ_m。

塑性围岩的这种自承能力是有限的，当 p_i 降到某一低值 $p_{i\min}$ 时，塑性圈就要塌落，这时围岩压力可能反而增大。

由式(3-20)可知：

$$\frac{R_0}{R_1}=\sqrt{\frac{R_0\sin\varphi_m(\sigma_0+c_m\cot\varphi_m)}{2G_m u_{R_1}}} \tag{3-26}$$

$$p_i=[(\sigma_0+c_m\cot\varphi_m)(1-\sin\varphi_m)]\left[\frac{R_0\sin\varphi_m(\sigma_0+c_m\cot\varphi_m)}{2G_m u_{R_0}}\right]^{\frac{\sin\varphi_m}{1-\sin\varphi_m}}-c_m\cot\varphi_m$$

在实际工程中，如果忽略支衬与围岩间回填层压缩位移的情况下，u_{R_0} 主要包括洞室开挖后到支衬前的洞壁位移 u_0 和支护衬砌后支衬结构的位移 u_2 两部分。

u_0 取决于围岩性质及其暴露时间，可通过量测获得。u_2 大小取决于支衬形式和刚度，对于混凝土衬砌的圆形洞室，假定围岩与衬砌共同变形，用厚壁筒理论：

$$u_2=\frac{p_i R_0(1-u_0^2)}{E_c}\left(\frac{R_b^2+R_0^2}{R_b^2-R_0^2}-\frac{u_c}{1-u_c}\right)$$

p_i 随 u_{R_0} 增大而减小，说明适当的变形有利于降低围岩压力，减小衬砌厚度。

当 u_{R_0} 达到塑性圈开始出现时的位移 R_1（即围岩开始出现塑性变形）时，围岩压力将出现最大值 $p_{i\max}$（图 3-14）。

随 u_{R_0} 增大 p_i 逐渐降低，到 B 点，p_i 达到最低值。之后，p_i 又随 u_{R_0} 的增大而增大。

因此，支护衬砌必须在 AB 之间进行，越接近 A 点，p_i 越大，越接近 B 点，p_i 越小。

(2)松动围岩压力

松动围岩压力是指松动塌落岩体重量所引起的作用在支护衬砌上的压力。

围岩过度变形超过了它的抗变形能力，就会引起塌落等松动破坏，这时作用于支护衬砌上的围岩压力就等于塌落岩体的自重或分量。

计算松动围岩压力的方法主要有：平衡拱理论、太沙基理论及块体极限平衡理论。

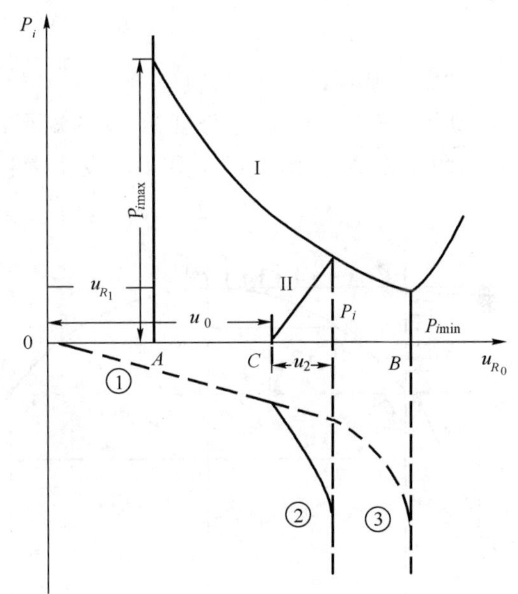

图 3-14 围岩支护变形特性曲线

①平衡拱理论（又称普氏理论）

该理论认为：洞室开挖以后，如不及时支护，洞顶岩体将不断跨落而形成一个拱形，称塌落拱。这个拱形最初不稳定，如果侧壁稳定，拱高随塌落不断增高；反之，如侧壁也不稳定，则拱跨和拱高同时增大。当洞的埋深较大时，塌落拱不会无限发展，最终将在围岩中形成一个自然平衡拱。作用于支护衬砌上的围岩压力就是平衡拱与衬砌间破碎岩体的重量，与拱外岩体无关。图 3-15 为平衡拱理论计算示意图。

图 3-15 中，曲线 LOM 为平衡拱，对称于 y 轴。在半跨 LO 段内任取一点 A，OA 段的受力状态为：半跨 OM 段对 OA 的水平作用力 R_x，R_x 对 A 点的力矩为 R_{xy}；铅直天然应力 σ_v 在 OA 上的作用力 σ_{vx}，它对 A 点的力矩为 $\sigma_{vx}/2$；LA 段对 OA 段的反力 W，它对 A 点的力矩为零。

拱的方程：

$$y = \frac{\sigma_v}{2R_x}x^2$$

设平衡拱的拱高为 h，半跨为 b，则：

$$R_x = \frac{\sigma_v b^2}{2h}$$

考虑半拱 LO 的平衡，LO 受 R_x、σ_v 作用，在拱脚 L 点受反力 T 和 N 作用。

$$R_x = T = Nf, \sigma_v b = N$$

$$R_x = \frac{1}{2}Nf = \frac{1}{2}\sigma_v bf$$

$$h = b/f$$

f 为岩体的普氏系数(或称坚固性系数)。

$$f = \tan\varphi_m + c_m/\sigma \approx \sigma_c/10$$

拱的方程则为：

$$y = x^2/fb$$

洞侧壁稳定：洞顶围岩压力为 LOM 以下岩体的重量。

$$p_1 = \rho g\int_{-b}^{b}(h-y)\mathrm{d}x = \rho g\int_{-b}^{b}\left(h - \frac{x^2}{fb}\right)\mathrm{d}x = \frac{4\rho g b^2}{3f}$$

②太沙基理论

如图 3-16 所示，假定跨度为 $2b$ 的矩形洞室，开挖在深度为 H 的岩体中。开挖以后侧壁稳定，顶拱不稳定，沿面 AA' 和 BB' 发生滑移。

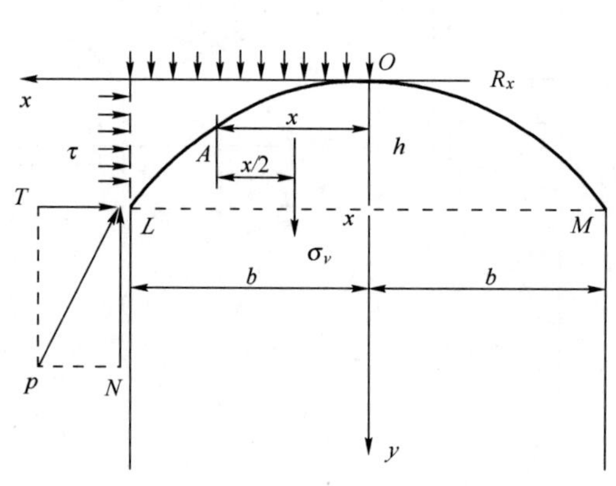

图 3-15　平衡拱理论计算示意图

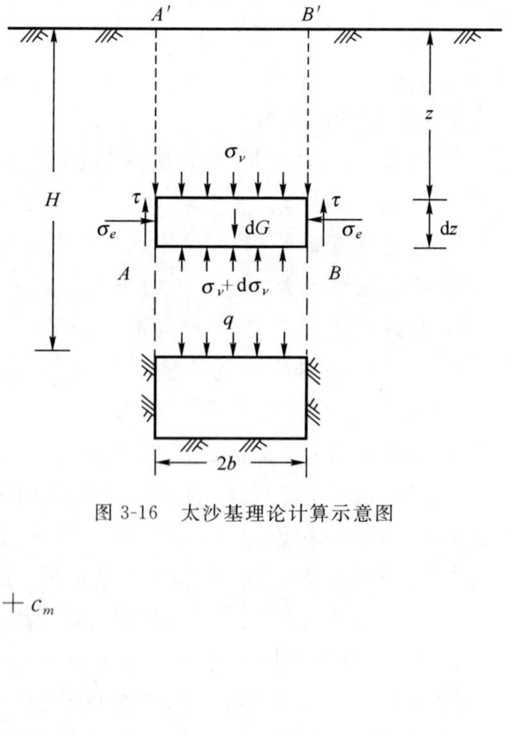

图 3-16　太沙基理论计算示意图

滑移面的剪切强度 τ 为：

$$\tau = \sigma_e \tan\varphi_m + c_m$$

式中：σ_e——滑移面上正应力；

c_m、φ_m——滑移面内黏聚力和内摩擦角。

岩体的天然应力状态为：

$$\sigma_v = \rho g z, \sigma_e = \lambda\rho g z$$

取厚度为 dz 的薄层分析，薄层的自重 $dG=2b\rho g dz$，极限平衡条件：

$$2b\rho g dz - 2b(\sigma_v + d\sigma_v) + 2b\sigma_v - 2\lambda\sigma_v \tan\varphi_m dz - 2c_m dz = 0$$

则：

$$d\sigma_v = \left(\rho g - \frac{\lambda\rho g}{b}z\tan\varphi_m - \frac{c_m}{b}\right)dz$$

当 $z=0$ 时，$\sigma_v=0$

当 $z=H$ 时，$\sigma_v = \rho g z\left(1 - \frac{\lambda}{2b}z\tan\varphi_m - \frac{c_m}{b\rho g}\right)$

σ_v 即为作用于洞顶单位面积上的围岩压力，用 q 表示为：

$$q = \rho g H\left(1 - \frac{\lambda}{2b}H\tan\varphi_m - \frac{c_m}{b\rho g}\right) \tag{3-27}$$

③块体极限平衡理论

地下洞室开挖后，围岩中的某些块体在自重作用下向洞内滑移。作用在支护衬砌上的压力就是这些滑体的重量或其分量。

其计算步骤如下：

a. 找出结构面的组合形式及其与洞轴线的关系；

b. 确定围岩中可能不稳定楔形体(或分离体)的位置和形状；

c. 确定不稳定体塌落或滑移的滑动方向、可能滑动面的位置、产状和力学强度参数；

d. 对楔形体进行稳定性计算；

e. 如果楔形体处于稳定状态，其围岩压力为零；如果不稳定，就要具体地计算其围岩压力。

如图 3-17 所示，作用在楔形体的力有：

a. 围岩重分布应力；

b. 结构面剪切强度产生的抗滑力；

c. 楔形体的自重 G_1。

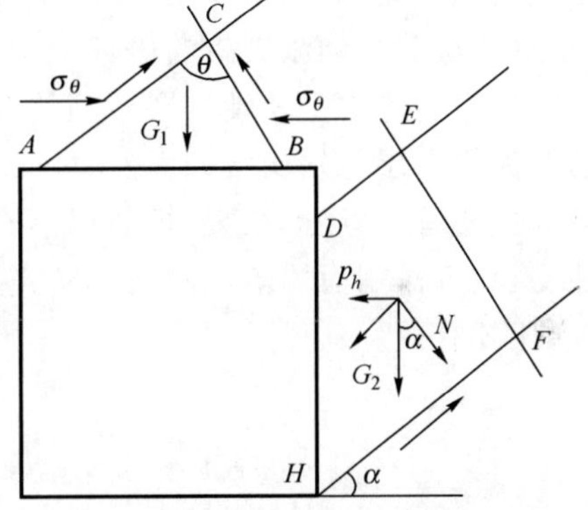

图 3-17 块体极限平衡理论计算示意图

楔形体满足平衡条件：

$$G_1 < 2\left(lc_m + \sigma_\theta\cos\frac{\theta}{2}\tan\varphi_m + \sigma_\theta\sin\frac{\theta}{2}\right)\cos\frac{\theta}{2}$$

如果楔形体不稳定，则作用于洞顶支衬上的围岩压力 p_v 就是该楔形体的自重。

$$p_v = G_1 = \frac{1}{2}Sh\rho g = \frac{S^2\rho g}{2(\cot\alpha + \cot\beta)}$$

如果侧壁不稳定，楔形体 $DEFH$ 所形成的侧壁围岩压力 p_h 等于楔形体的重量在滑动方向上的分力减去滑动面的摩阻力后，在水平方向上的分力。

$$G_2\cos\alpha\tan\varphi_m + c_m l_{FH} - G_2\sin\alpha > 0$$

则该楔形体产生的侧向围岩压力 p_h 为：

$$p_h = (G_2\sin\alpha - G_2\cos\alpha\tan\varphi_m - c_m l_{FH})\cos\alpha \tag{3-28}$$

3.6　岩体破坏机理分析

围岩由于应力重分布而出现变形,在一定条件下,变形发展导致围岩破坏失稳。根据岩石力学应力分布分析,洞壁应力受侧压作用的影响,在洞顶部或侧部产生拉应力,岩体受拉应力破坏。另外,岩体受不规则洞形影响,在角尖处产生应力集中而发生破坏。我们知道,岩石力学应力分析是以各向同性、均质材料为前提,而岩体实质是含丰富而大量的结构面,结构面的存在是围岩发生破坏的主要因素,所以分析地下洞室的破坏类型与机理主要应考虑结构面因素。

3.6.1　围岩岩体破坏类型与特征分析

(1)局部落石破坏

即使在稳定的围岩中,也不能排除围岩中出现局部的落石,这种破坏主要是由地质和施工原因造成的。例如岩体2组或2组以上的结构面和临空面的不利组合、结构面的风化潮解,施工中的爆破松动作用,以及开挖面的不规则形状等。就其受力原因来说,落石破坏主要是由于围岩自重所造成,围岩应力属次要因素,一般情况下,围岩应力还有利于阻止落石形成。

就其破坏部位来说,主要位于洞顶,其次位于两侧。其破坏形式表现为岩块沿弱面拉断或滑移,落石坍落或滑落。图3-18为局部落石变形破坏的例子。防止这种破坏,以锚杆为主的锚喷支护(锚杆的悬吊作用机理)是优先选择的方案。

(2)层状岩体张裂折曲破坏

这类岩体常呈软硬岩层相间的互层形式出现。岩体中的结构面以层理为主,并有层间错动及泥化夹层等软弱结构面发育。此类破坏主要受岩层产状及岩层组合等因素控制,其破坏形式主要有:沿层面张裂、折断塌落、弯曲内鼓等,见图3-19所示。从力学角度分析,破坏点往往受拉、弯作用而塌落或内鼓。防止这种破坏,以锚杆为主的锚喷支护(锚杆的组合梁作用机理)比较有效。

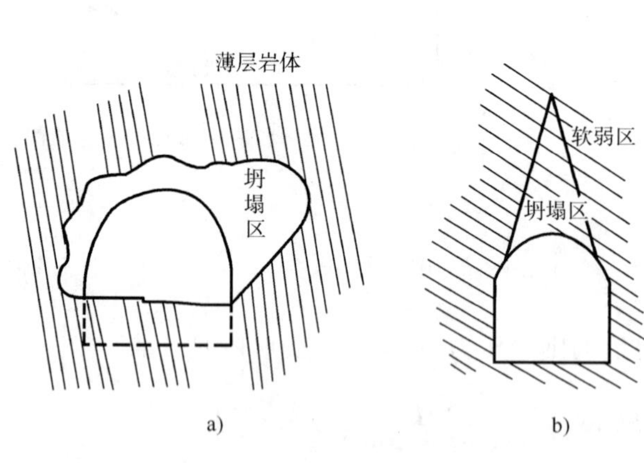

图3-18　剪切破坏示意图

a)由围岩应力引起的剪切破坏;b)由自重引起的剪切破坏

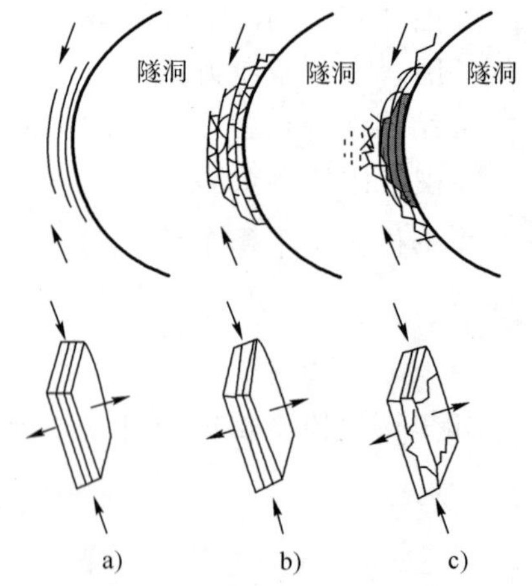

图3-19　岩爆渐进破坏过程示意图

a)劈裂;b)剪断;c)弹射

(3)剪切破坏

剪切破坏是由于弱面中的剪应力超过弱面抗剪强度而造成的,它是软弱围岩中最常见的破坏形式。所以破坏一般沿弱面发生,并主要发生在岩性坚硬、弱面发育的岩体中(图3-18),

但在高应力作用下，坚硬完整的岩体也会出现这种破坏。剪切破坏主要是由围岩应力和自重引起的，因此破坏部位受原岩应力场及弱面强度、密度、方位和组数支配。破坏范围要比落石破坏范围大得多，所以，一般采用多种支护方法组合的综合支护，如格栅喷混凝土加锚杆或锚索支护、二次衬砌等。

围岩应力侧压系数 λ 的大小决定了剪切破坏位置，当$\lambda<1$时，围岩中剪切破坏出现在洞两侧；当 $\lambda>1$ 时，破坏出现在洞顶，严重时底部也出现鼓胀；$\lambda=1$ 时围岩相应稳定。

(4)岩爆

地下工程中，岩爆是在具有高地压的硬岩围岩区域经常发生的围岩破坏行为。

①岩爆的产生条件

a. 应力条件

判断岩爆发生的应力条件有两种方法：

一是用洞壁的最大环向应力 σ_θ 与围岩单轴抗压强度 σ_c 之比值作为岩爆产生的应力条件；二是用天然应力中的最大主应力 σ_1 与岩块单轴抗压强度 σ_c 之比进行判断：按经验公式，当 $\sigma_1/\sigma_c>0.165\sim0.35$ 时的脆性岩体最易发生岩爆。

b. 岩性条件

当岩性变形能系数 ω(即岩石被加载到 $0.7\sigma_c$ 后再卸载至 $0.05\sigma_c$ 时，卸载释放的弹性变形能与加载吸收的变形能之比的百分数)$>70\%$时，会产生岩爆。ω 越大，发生岩爆的可能性越大。

②影响岩爆的因素

a. 地质构造

岩爆大都发生在褶皱构造中。岩爆与断层、节理构造密切相关。当掌子面与断裂或节理走向平行时，容易触发岩爆。

岩体中节理密度和张开度对岩爆有明显的影响。据南非金矿观测表明，节理间距小于40cm，且张开的岩体中，一般不发生岩爆。掌子面岩体中有大量岩脉穿插时，易发生岩爆。

b. 洞室埋深

随着洞室埋深增加，岩爆次数增多，强度也增大。发生岩爆的临界深度 H 可按下式估算：

$$H>1.73\frac{B\sigma_c}{\rho gC}$$

其中：

$$B=\left[1+\frac{\sigma_3}{\sigma_1}\left(\frac{\sigma_3}{\sigma_1}-2\mu\right)\right],C=\frac{(1-2\mu)(1+\mu)^2}{(1-\mu)^2} \tag{3-29}$$

③岩爆形成机理和围岩破坏区分带

岩爆的渐进性破坏过程很短促，各阶段在演化的时序和发展的空间部位，都是由洞壁向围岩深部依次重复更迭发生的。因此，岩爆引起的围岩破坏区可分为弹射带、劈裂-剪切带和劈裂带，见图 3-19。

a. 劈裂成板阶段(岩爆孕育)

垂直洞壁方向受张应力作用而产生平行于最大环向应力的板状劈裂。仅在洞壁表部，部分板裂岩体脱离母岩而剥落，而无岩块弹射出现。

b. 剪切成块阶段(岩爆的酝酿)

劈裂岩板向洞内弯曲，发生张剪复合破坏。该阶段处于爆裂弹射的临界状态。

c. 块、片弹射阶段

当发生劈裂、剪断岩板时，产生响声和振动。岩块发生弹射，岩爆形成。

(5)潮解膨胀破坏

潮解膨胀破坏是由于围岩遇水而引起的破坏，表现为岩体软化崩解或强烈膨胀。但某些潮解膨胀岩体在天然状态下含有很高的水分，尤其是在地下水位以下的膨胀性岩体，只要不发生风干脱水作用，在水的作用下不会发生膨胀变形，表明风干脱水对形成围岩潮解膨胀的重要作用。

潮解膨胀岩层的主要岩石类型有泥岩、黏土岩、页岩、凝灰岩、泥灰岩和硬石膏等。膨胀性岩层含有大量的活动性矿物蒙脱石，吸水后可扩大体积几倍到几十倍，因而具有强烈的膨胀性。

潮解膨胀岩层具有流变性，易风化潮解，遇水泥化、软化而丧失围岩强度。因而加速支护，尽快封闭围岩，这是防止潮解膨胀破坏的有效措施，锚喷支护是一种有效的支护措施。

综上所述，岩体破坏具有下列特征。

①破坏原因的多样性

岩体在强度和结构方面存在很大的差异，这种差异使洞室围岩的破坏存在着多种原因。脆性破裂可造成岩体破坏；块体滑动与塌落也可造成岩体失稳；层状岩体的弯曲折断、碎裂岩体的松动解脱、塑性变形和膨胀都能造成岩体失稳与破坏。洞室破坏有可能是其中的一种原因造成的，也有可能是多种原因造成的，其中有的与地应力有关，有的与地下水有关，有的与岩体结构面有关。从发生的快慢来说，有瞬间发生的，如岩爆等，也有较长时间发生的，如流变破坏、围岩的膨胀等。

②破坏形式的多样性

洞室围岩破坏从部位来说，有拱顶悬垂与塌落破坏、侧壁突出与滑移破坏以及底拱鼓胀与隆起破坏。破坏形式从块度上分析，有楔体破坏、层状剥离以及松散体破坏。

③围岩破坏具有突发性

洞室岩体开挖之后，处于一种动态的平衡过程，岩体内部各种因素相互作用，彼此消涨，当演化到临界点附近时，微小的扰动可能起到不可估量的作用，原来的平衡状态被打破，岩体发生失稳，失稳的发生是在瞬间完成的，从这个意义上说，围岩破坏具有突发性。

④围岩从变形到破坏，其过程具有难以预见性，即失稳的进程可能会停止下来，也可能发展下去，视影响失稳的因素而定。

3.6.2 围岩失稳分析方法

从上述可知，围岩破坏多数为局部失稳。在锚喷支护设计中，国内锚喷支护技术规范规定，必须对围岩进行局部失稳的分析计算，并当原设计采用的锚喷支护不足以维持不稳定块体的稳定时，必须对不稳定块体进行局部加固。此外，为及时预报出现围岩局部塌落事故，也要求在施工中对围岩中不稳定块体的稳定性进行分析。

一般，围岩中被几组节理所切割成的小块岩体，由设计中用以整体加固的锚喷支护就足以承受，不需另行局部加固。当然，若施工过程中有可能出现坍塌，仍应施作临时支护。这里研究的不稳定块体是指由软弱结构面、临空面以及新形成的切割面所组成的较大规模的不稳定块体。因为可能出现的新的切割面往往事先难以估计，因而需要人们事先作出准确判断才能确保安全。所以不稳定块体的锚喷支护计算绝不是单纯数学运算问题，而是一个复杂的工程问题。

通常，围岩局部失稳分析方法是通过下述步骤来进行的。

(1)不稳定块体的几何分析

不稳定块体的几何分析是指确定结构面面积、结构体体积和重量等，这些都是稳定分析中的必要数据。不稳定块体的几何分析是以地质勘察工作所获得的地质结构面产状和测点坐标，以及工程设计开挖的几何参数为前提的，有了这些参数就可以通过解析法或图算法来确定不稳定块体的几何参数。

(2)失稳方式的运动学分析

运动学分析的主要任务是判断不稳定块体的位移运动趋势和失稳方式。运动学分析是在上述几何分析的基础上，再考虑荷载矢量的作用。荷载力一般包括重力、地应力及动态力(地震力、爆破松动力等)。不过，这里只研究静态力，动态力不予考虑。地应力引起的围岩应力场，对岩体的稳定是有影响的，但一般的地下工程常常不给出地应力数据，而且不考虑地应力影响常是偏于安全的。因此，锚喷支护设计中，一般不考虑由地应力引起的围岩应力的作用。由于不稳定块体边界切割面的情况不同，初始位移趋势可能有多种发展结果，即可能有多种失稳方式。

①由于受到边界切割面的限制，结构体不能向临空面位移，而在某一结构面上压紧，或者所有结构面不能脱开，则结构体是稳定的。

②由于切割面的影响，产生沿结构面或结构面交线滑动，位移方向指向临空面，这时形成滑动失稳。

③当合力矢量作用于边界面以外，或是结构体受力位移后形成一定力矩时，若指向临空面，则可能发生转动或倾倒。

④不受切割面影响，结构体的初始位移即造成所有结构面上的拉开，这时形成崩落或抛出。归纳起来，岩石结构体的运动状态可能为稳定、崩落、滑动、转动、倾倒等。常见的失稳运动是崩落和滑动，因而这里不考虑转动和倾倒的失稳方式。失稳方式不同，其稳定的评价和分析也就不同。可见运动学分析是进一步稳定分析的前提。

(3)稳定系数的计算分析

稳定分析是根据岩石结构体受力运动和阻抗力的对比关系，确定相对于极限状态时的稳定程度，作出稳定性评价。

当运动学解析指出有可能滑动时，应根据滑动面的构成，采用抗剪强度进行滑动稳定分析，求取滑动稳定系数。

对于崩落或抛出的不稳定块体，则直接求其崩落可抛出力。

(4)不稳定块体的加固计算和锚喷支护强度计算

锚喷支护是当前加固不稳定块体的主要支护方式。尤其是采用锚杆加锚索支护，其加固效果远优于其他支护形式。对可能失稳的不稳定块体需进行局部加固计算和锚喷支护的强度计算，以确定喷层厚度、锚杆根数和参数以及锚杆的布置方案。一般情况下，喷层厚度按整体加固要求确定，局部加固主要是计算锚杆的根数和参数。

常用的不稳定块体的稳定分析方法有图解法和数解法，图解法应用很广，既适用于手算，也适用于电算，还可以图示分析不稳定块体。数解法计算量大，一般只在电算情况下才采用。图解法需要赤平极射投影知识，本书不作详细介绍。

3.6.3 围岩的稳定因素与支护作用

设计支护时，首先要了解影响围岩稳定的因素，这种因素是多种多样的。

工程地质条件是影响围岩稳定的主要因素；施工中的许多决策上的失误，特别是盲目追求施工进度、忽视围岩监测，往往是加速围岩失稳的主观原因。此外，洞室的用途、开挖方法、支护方式以及支护时间等对围岩的稳定和变形都有直接的影响。

(1)洞室用途的影响

在确定支护压力和不支护跨度时,应考虑洞室用途这个因素。挪威工程地质研究院引入支护比 ESR(Excavation Support Ratio)表示不同工程类别的影响,即:

$$B = 2\mathrm{ESR}Q^{0.4} \quad 或 \quad B = Q\left(\frac{B}{2\mathrm{ESR}}\right)^{2.5} \tag{3-30}$$

上两式中:B——计算跨度,或称不支护跨度,m;

Q——岩体质量指标;

ESR——支护比,见表 3-1。

支护比 ESR 值 表 3-1

洞室类型	ESR	洞室类型	ESR
探洞	3～5	地下电站厂房,隧道交叉段	1.0
施工支洞,引水隧道	1.6	地下核电站,地下工厂	0.8
永久交通洞,调压井	1.3		

工程设计中,不同用途的工程,对支护结构的要求是不同的,重要工程或者洞室破坏会产生重大损失的工程,其支护的要求要远高于临时性或不重要的工程。

(2)开挖方法的影响

这实质上是不同爆破方法或机械开挖方法对围岩的扰动程度及其对围岩稳定性的影响。

当采用定量的围岩分类方法计算岩石质量指标 RQD 及节理的点数时,可乘以折减系数,反映不同开挖方法对围岩稳定性的影响。折减系数如表 3-2 所示。

折减系数 表 3-2

开挖方法	折减系数	开挖方法	折减系数
掘进机掘进	1.0	好的传统爆破	0.94
光面爆破	0.97	差的传统爆破	0.80

按照法国的工程实践经验,不同开挖方法对普氏坚固系数 f 的影响如表 3-3 所示。

开挖方法对 f 值的影响 表 3-3

掘进机			7～13	5～7	3～5	1.3～3	0.9～1.3	0.7～0.9
光面爆破	13～20	7～13	5～7	3～5	1.3～3			
传统爆破	7～20	5～7	3～5	1.3～3				

从表 3-3 中可看出,与传统爆破方法相比较,光面爆破方法的 f 值可提高 1.7～2.0,采用掘进机时可提高 2～5。

(3)支护方式的影响

鉴于喷混凝土和锚杆可及时加固围岩,能有效地控制随时间增大的围岩松弛延伸范围。当 RQD 大于 50%时,采用喷锚支护可使围岩松脱荷载控制在 $P_i=(0.10\sim0.25)B\gamma$ 范围内,此处 B 为跨度。若采用钢支撑时,围岩松脱荷载可达到$(0.6\sim1.3)B\gamma$(传统爆破方法)或$(0.4\sim1.0)B\gamma$(掘进机方法)。

采用系统的预应力锚杆时,在 II～III 级《公路隧道设计规范》(JTG D70—2004)围岩中,还可形成一层岩石拱的压缩带,有利于保持围岩的自承稳定作用。

(4)支护时间的影响

在开挖洞室时，总想了解不支护的洞室可以停留多久，迄今没有满意的解决办法，因为不支护时间与岩石条件和洞的跨度等多种因素有关。图 3-20 是 Bieniawski 根据南非资料绘成的曲线图，供参考。该图实际上是把岩体的工程分类用来预估隧洞的稳定条件。上下两曲线间包括了预估不支护跨度的范围，这个范围又按岩体评分线划分出几个区域，在已知岩体评分和跨度时，图 3-20 可用来预估破坏时间。

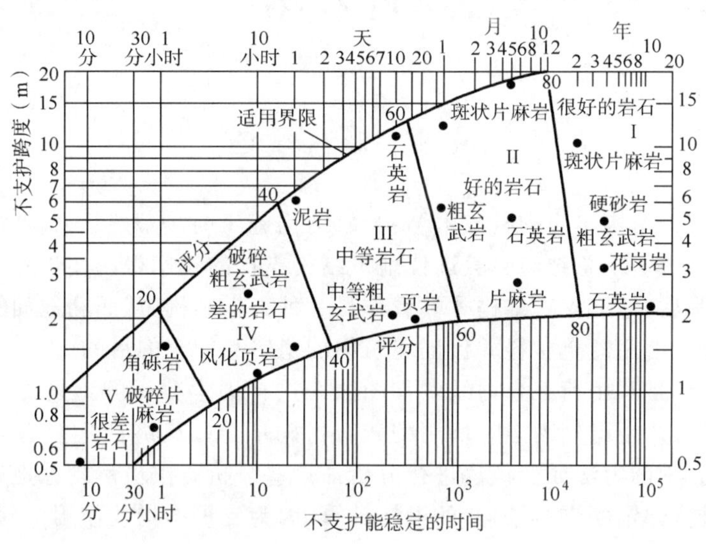

图 3-20 预估洞室不支护时间曲线

对于需要支护的岩体，支护时间要及时，特别是在 II～IV 级围岩中，如果能及时加固围岩，则可防止围岩的变形和松弛范围的延伸发展。在基本稳定或稳定性较差的围岩洞室施工中，往往由于忽视了及时支护，结果导致不应发生的塌方事故。

由于围岩本身是一种很难用定量方法准确描述的物质，因此在进行支护时可采用逐步加强与围岩变形观察相结合的方法，从而达到既保持围岩稳定，又节约支护造价的效果。

思考题

1. 说明围岩初始应力场的概念、初始应力场的组成、变化规律及影响因素。

2. 什么是围岩的二次应力场？其特征和影响因素是什么？

3. 说明洞室开挖后，当围岩处于塑性状态时，围岩二次应力场和位移场的特征；当施做支护后，其二次应力场和位移场有什么变化？

4. 说明无支护洞室的破坏形态及与围岩结构特征的关系。

5. 说明围岩特征曲线、支护特征曲线的基本概念；并利用这 2 种曲线说明围岩与支护形成平衡状态的力学过程；影响最终平衡状态的因素是什么？

6. 解释围岩压力，根据围岩压力作用的不同性质，将围岩压力分为哪几种类型？每种压力作用的特点是什么？

7. 影响洞室围岩稳定性的因素有哪些？

第 4 章
地下建筑结构设计方法

4.1 概　　述

早期的地下支护结构多为砌石或木结构,故结构施工时一般未经力学分析和设计而直接施工。人们在实践中不断总结经验教训使地下结构支护的技术得以逐步完善。直到近代结构力学原理逐步阐明后,地下支护结构才被看作是一种力学结构,从而和地面结构一样进行力学分析,以求达到合理使用建筑材料并保证建筑物的稳定与安全的目的。

最早,结构设计是利用荷载合力线的作图法来进行力学分析的。只要合力线位于衬砌各截面的三分中部以内,便可判断当时所用的砖石衬砌不会因砌缝产生拉力而失去稳定。其后才发展为用结构力学的力法或变位法进行分析。这些分析方法虽然理论性很强,但计算繁琐。对于初期支护结构(如锚喷支护结构)的设计计算,因为支护结构的作用机理十分复杂,难以用目前的计算理论进行分析计算,所以,目前多采用工程类比法或简化法计算;对于洞室混凝土衬砌结构计算,目前仍采用力学分析法及位移法的混合法分析,因为利用了电子计算机,使计算工作得以简便可行;近年来,随着计算机技术和有限元方法的发展,采用有限元法进行地下建筑结构的分析设计已成为一种必然的趋势。

4.2 地下建筑结构计算理论的发展历史

地下建筑结构计算理论的发展历史至今已有百余年,它与岩土力学的发展有着密切的关系。土力学的发展促使了松散地层围岩稳定和围岩压力理论的发展,而岩石力学的发展促使了围岩压力和地下工程支护结构理论的进一步飞跃。随着新奥法理论的出现以及岩土力学、测试技术、计算机技术和数值分析方法的发展,地下建筑结构计算理论逐渐完善,成为一门区别于地面结构的学科。

早期的地下建筑结构理论实质是地下支护结构理论,因为早期理论中没有考虑围岩的承载能力问题。地下支护结构理论的重要问题是如何确定作用在地下支护结构上的荷载及如何计算结构内力。

从地下建筑结构计算理论的发展历程来看,其发展大概可分为 4 个阶段。

(1)刚性结构阶段

19 世纪的地下建筑物大都是以砖石材料砌筑的拱形结构,这类建筑材料的抗拉强度很低,且结构物中存在有较多的接触缝,容易产生断裂。为了维护结构的稳定,当时的地下结构截面尺寸都拟定得很大,结构受力后产生的弹性变形较小,因而最先出现的计算理论是将地下结构视为刚性结构。

(2)弹性结构阶段

19 世纪后期，混凝土和钢筋混凝土材料陆续出现，并用于建造地下工程，使地下结构具有较好的整体性。从这时起，地下结构弹性连续拱形框架开始按超静定结构力学方法计算结构内力。作用在结构上的荷载是主动的地层压力，并考虑了地层对结构产生的弹性反力的约束作用。由于有了比较可靠的力学原理为依据，故至今在设计地下结构时仍时有采用。

松动压力理论是基于当时的支护技术发展起来的。当时的开挖和支护所需的时间较长，支护结构与围岩之间不能及时紧密相贴，致使围岩最终有一部分破坏、塌落，形成松动围岩压力。但当时并没有认识到这种塌落并不是形成围岩压力的唯一来源，也不是所有的情况都会发生塌落，更没有认识到通过稳定围岩，可以发挥围岩的自身承载能力。

对于围岩自身承载能力的认识又分为以下 2 个阶段。

①假定弹性反力阶段

假定弹性反力理论认为：地下结构衬砌是埋设在岩土内的结构物，它与周围岩土体相互接触，衬砌在承受岩土体所给的主动压力作用产生弹性变形的同时，将受到地层对其变形的约束作用。地层对衬砌变形的约束作用力就称之为弹性反力。

②弹性地基梁阶段

由于假定弹性反力法对其分布图形的假定有较大的任意性，人们开始研究将边墙视为弹性地基梁的结构计算理论，将地下支护结构边墙视为支承在侧面和基底地层上的双向弹性地基梁，即可计算在动荷载作用下拱圈和边墙的内力。

(3)连续介质阶段

由于人们认识到地下支护结构与围岩结构是一个受力整体，人们用连续介质力学理论计算地下建筑结构内力。

这种计算方法以岩体力学原理为基础，认为洞室开挖后向洞室内变形而释放的围岩应力将由支护结构与围岩结构组成的地下建筑结构体系共同承受。一方面围岩本身由于支护结构提供了一定的支护阻力，从而引起它的应力调整达到新的平衡；另一方面，由于支护结构阻止围岩变形，它必然要受到围岩给予的反作用力而发生变形，这种反作用力和围岩的松动压力极不相同，它是支护结构与围岩共同变形过程中对支护结构施加的压力，称为变形压力。

这种计算方法的重要特征是把支护结构与岩体作为一个统一的力学体系来考虑。两者之间的相互作用则与岩体的初始应力状态、岩体的特性、支护结构的特性、支护结构与围岩的接触条件以及参与工作的时间等一系列因素有关，其中也包括施工技术的影响。

这种计算方法将围岩假定为理想的连续介质、各向同性体，使计算结果与实际有较大的出入，这是其不足之处。

(4)数值分析与信息反馈阶段

随着计算机技术的推广和岩土介质本构关系研究的进步，有限元法、边界元法及离散元法等地下建筑结构的数值计算方法有了很大发展。这些理论都是以支护与围岩共同作用和需得知地应力及施工条件为前提的，比较符合地下工程的力学原理。然而，计算参数还难以准确获得，如原岩应力、岩体力学参数及施工因素等。另外，人们对岩土材料的本构模型与围岩的破坏失稳准则还认识不足。因此，目前根据共同作用所得的计算结果，一般也只能作为设计参考依据。

与此同时，以新奥法理论为基础，采用锚杆与喷射混凝土支护工艺、控制爆破和监控量测技术，将支护与围岩共同作用、信息反馈原理应用在地下工程中，形成现代信息化支护理论与技术。

信息化设计与施工理念不但适用于钻爆法工程，对盾构法、TBM 法工程也一样适用，其理论与技术也是今后地下工程的发展方向。

目前，工程中主要采用的工程类比设计法，也正在向着定量化、精确化和科学化的方向发展。

地下建筑结构理论的另一类内容，是岩体中由于节理裂隙切割而形成的不稳定块体失稳，一般应用工程地质和力学计算相结合的分析方法，即岩石块体极限平衡分析法。这种方法主要是在工程地质的基础上，根据极限平衡理论研究岩块的形状和大小及其塌落条件，以确定支护参数。

与此同时，在地下建筑结构设计中应用可靠性理论，推行概率极限状态设计研究方面也取得了重要进展。采用动态可靠度分析法，即利用现场监测信息，从反馈信息的数据预测地下工程的稳定可靠度，从而对支护结构进行优化设计，是改善地下工程支护结构设计的有效途径。考虑各主要影响因素及准则本身的随机性，可将判别方法引入可靠度范畴。

在计算分析方法研究方面，随机有限元(包括摄动法、纽曼法、最大熵法和响应面法等)、Monte-Carlo 模拟、随机块体理论和随机边界元法等一系列新的理论分析方法近年来都有了较大的发展。

地下建筑结构理论正在不断发展，各种设计方法都需要不断提高和完善，尤其是能较好地反映地下工程特点的现场监控设计方法，更迫切需要在近期内形成比较完善的量测体系与计算体系。从发展趋势看，新奥法开创的理论—经验—量测相结合的“信息化设计”体现了地下建筑结构设计理论的发展方向。

应该指出，地下建筑结构计算理论的上述几个发展阶段在时间上并没有截然的先后之分，后期提出的计算方法一般也并不否定前期的研究成果，鉴于岩土介质的复杂多变，这些计算方法都各有其比较适用的一面，又各自带有一定的局限性。但是，各种新方法的不断出现，意味着地下建筑结构的计算理论将日益趋于完善。

4.3 地下建筑结构的设计内容

地下建筑结构设计时，首先要根据地下建筑结构的功能、作用及服务年限确定其类型、净空限界，再根据洞室周围和沿线的地质、水文情况确定断面形状，结合所选定的施工方法，进行洞室衬砌断面的初步拟定。

由于洞室结构是超静定结构，不能直接用力学方法计算出应有的截面尺寸，而必须先采用经验类比或是推论的方法，拟定衬砌结构尺寸。按照这个截面尺寸计算在荷载作用下的截面内力并检算其强度。如果截面强度不足，或是截面富余太多，就得调整截面尺寸，重新计算，直至合适为止。

初步拟定结构形状和尺寸需要考虑以下 3 个方面：

①衬砌的内轮廓必须符合前述的地下建筑使用或运营要求和净空限界，同时要选择符合施工方法的结构断面形式。断面要平顺圆滑，最好设计成封闭式的，围岩稳定性差时一般都应有仰拱。因为封闭式结构具有最佳的抵抗变形的能力，即使在厚度较小时，亦能提供较大的支护阻力。

②结构轴线应尽可能地重合在荷载作用下所决定的压力线上。若两线重合，结构的各个

截面都只承受单纯的压力而无拉力，当然最为理想，但事实上很难做到。一般总是结构的轴线接近于压力线，使各个截面主要承受压力，而极少断面承受很小的拉力，从而充分地利用混凝土材料的性能。

③截面厚度是结构轴线确定以后的重点设计内容，要判断设计厚度的截面是否有足够的强度。从施工的角度出发，截面的厚度要满足最小厚度要求，太薄将使施工操作困难和质量不易保证。

由于地下建筑结构的建设费用昂贵，如隧道衬砌的费用往往要占整个工程费用的30%～40%，故要求地下工程的衬砌结构必须根据安全可靠、经济合理的原则进行选择。太沙基(Terzaghi，1883～1963)认为：无论从结构或经济考虑，衬砌厚度在满足承载要求的基础上"尽可能薄一些"。

对于抗拉性能较差的混凝土支护结构，不应一味增加截面厚度来获得满意的安全系数，而应通过配筋或掺钢纤维等方式来解决。也可以在地层条件容许的情况下，在支护结构中设置铰接接头，增加支护结构的柔性，减小弯矩，但必须结合隧道的防水要求一并考虑。目前，支护结构中防水问题仍是个难点。

4.4 常用的地下建筑结构设计方法

4.4.1 力学分析法

目前，地下现浇混凝土结构设计仍采用结构力学方法，其方法包括以下几个步骤。

(1)力学分析过程

结构分析(包括构件单独分析→构件组合分析→建立分析模型)→求解→计算应力值→确定允许极限与安全系数→确定结构尺寸。

(2)模型形式

结构模型有几种形式，数学模型或计算机模型(一般要比光弹模型或三维物理模型节省费用和时间)。一旦确定一种模型，就可建立方程式，其解应是独立的、存在的、充分的和合适的。

(3)地下建筑结构形式

混凝土结构一般看作连续结构体。

(4)荷载特征

作用在衬砌结构体上的荷载可能是不变的，也可能是变化的，或呈与时间有规律性变化。其次，荷载的大小、方向、作用点可能与时间有关，也可能与时间无关。结构材料可能是脆性的、韧性的、弹塑的或黏弹塑性的，并表现为线性或非线性特征。

地下衬砌结构力学分析模型如图4-1所示。

在现阶段某些结构力学的分析方法中，对围岩荷载、岩体参数的选取及弹性抗力的假定与取值大都未臻完善，这主要是受现代岩土力学及地质勘探技术水平限制的影响，填补这些空白有待于我们今后的努力。

4.4.2 工程类比法

在现代地下建筑结构设计方法中，工程类比法仍是首要选择的方法，对于满足设计的可靠性起着十分重要的作用。

工程类比法首先对工程围岩进行分类，然后根据有关规范、标准或参照同类工程进行设计；这种设计方法常用于锚喷支护参数设计。

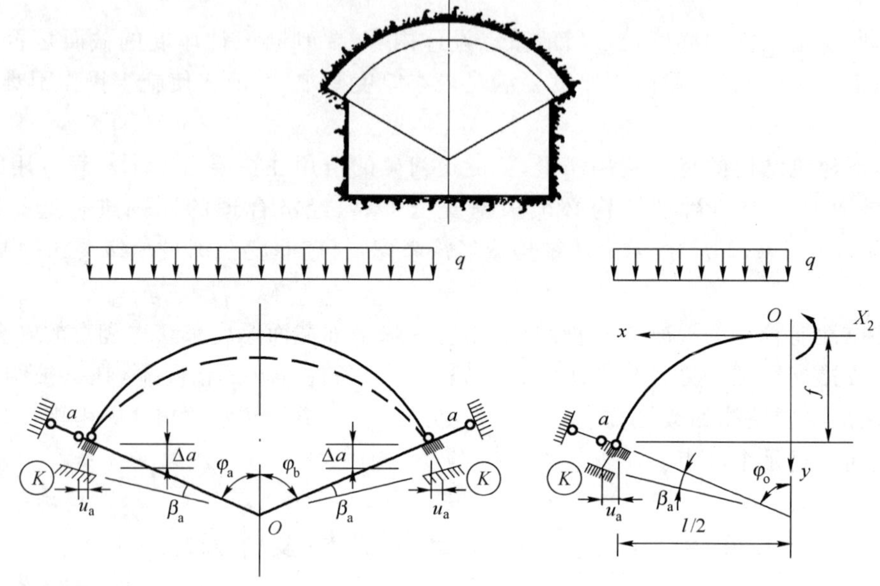

图 4-1　地下衬砌结构力学分析模型

工程类比法设计的关键是正确合理地确定围岩类别。在国外比较常用的方法是 Q 质量指标法、RMR 法和 RSR 法，在国内常根据洞室功能选用适用的部门规范进行围岩分级，也可用国标《锚杆喷射混凝土支护技术规范》进行设计应用。若按新奥法施工，工程类比法设计所提出的参数，还必须根据量测反馈信息作适当修正，才能应用于实际。目前工程类比法还是国内外应用最广的设计方法。

4.4.3　新奥法思想与信息化设计法

新奥法(New Austria Tunneling Method，简称 NATM)思想是一种设计与施工理念，其思想以工程类比法为主，并通过现场监控量测确认和修正，必要时可辅以理论验算。

新奥法设计分施工前预设计和信息反馈设计两个阶段。目前新奥法的设计方法以工程类比法应用最广，并以现场监控量测进行工程检验。考虑到地下工程地质条件的复杂性，在某些特殊地层地质条件(如浅埋、偏压、通过严重湿陷性黄土层、原始应力过大的地层等)下，以及大跨度地下洞室和连拱隧道等，无相似工程可类比或仅凭工程类比尚不足以保证设计的合理性时，宜采用解析法加以验算，进行综合分析研究。

施工前预设计是在认真研究量测资料基础上进行的。在该阶段，一般很难完全详细地掌握实际的工程地质和水文地质条件，常常会有一定幅度的变动，故通过施工中的地质调查和现场监控量测，确定和修正预设计是极为重要的。因此，新奥法的设计必然要有信息反馈修正设计阶段。

但是，对施工组织和支护结构进行大规模的变更造成工期和工程费的变动，因此要求施工前地质调查内容的精度必须满足预设计要求。新奥法设计程序如图 4-2 所示。

工程建设中，信息化设计与施工是一个新颖的发展方向，也是未来工程建设将采取的主要方法之一，其具有方便、简单、快捷、适用等优点。信息化设计与施工在隧道中应用的基本原理

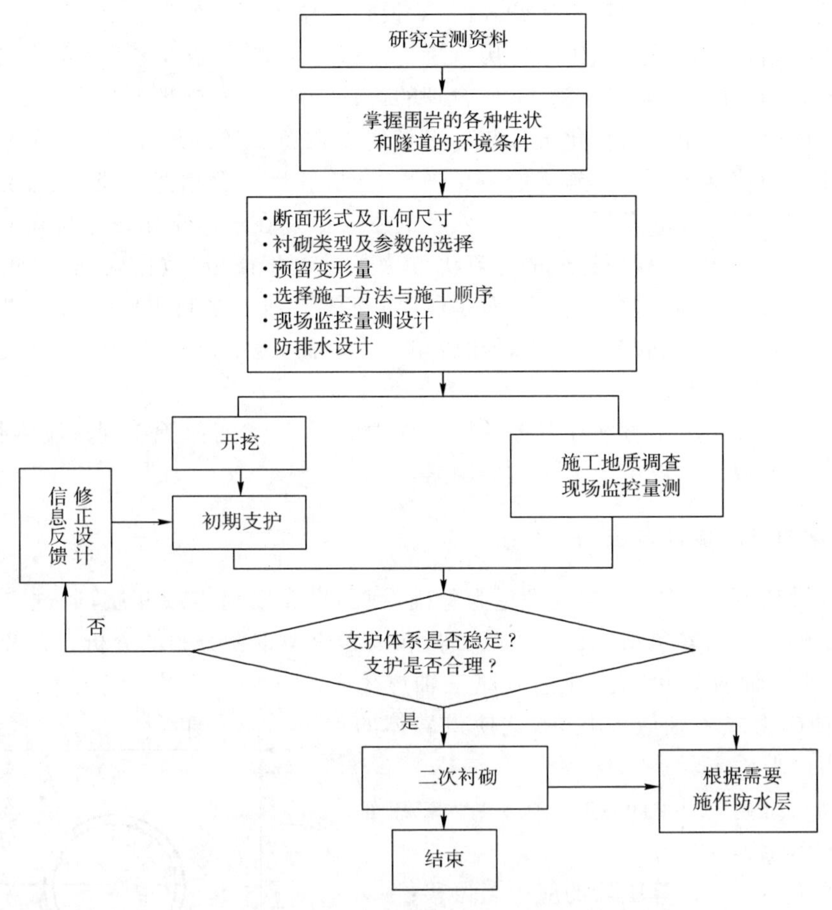

图 4-2　新奥法设计程序图

是：利用初步勘察得到地质的资料，采取经验类比、理论计算和数值模拟技术确定初步的设计方案，通过施工现场监测获得地质资料、围岩力学状态、支护工作状态的有关数据以及施工技术状态(信息)，再采取多种手段对这些数据进行整理与力学分析，来判断围岩及支护结构体系的稳定性和工作状态，反馈于设计与施工，从而选择和修正开挖、支护参数，使隧道的设计施工达到优化。信息化设计与施工的核心是信息的采集、整理和反馈。

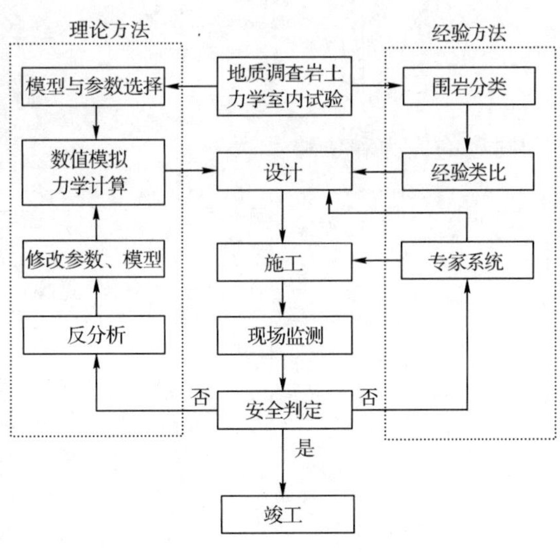

图 4-3　信息化设计与施工流程图

地下建筑结构的信息化设计与施工流程可以概括为图 4-3。与地面工程不同的是，在地下建筑结构的设计与施工过程中，勘察、设计、施工等环节允许有交叉、反复。在初步地质调查的基础上，根据经验、力学计算和数值模拟分析进行预设计，初步选定支护参数；然后，在施工过程中根据监测得到关于围岩稳定性和支护力学、工作状态的信息，对初步设计和施工方案进行调整。大量的工程实践表明，对设计和施工所作的调整和修正十分必要。

在地下建筑结构的设计与施工中经历了近半个世纪发展的“新奥法”核心就在于把围岩看作是一种受力结构，并通过监控量测，采取合理的设计与施工，有效地调节围岩变形，以最大限度地发挥围岩的自承作用。信息化设计与施工是建立在新奥法的思路之上，新奥法三大准则之一的现场监测同信息化设计与施工的信息采集、分析和反馈有相似之处，可以说信息化设计与施工是新奥法在现阶段的发展与完善。两者的主要区别在于信息化设计与施工应用了大量的现代信息工具和手段，如利用先进的计算机方法进行数值模拟、数据处理，因此在信息的获得与处理、反馈途径等方面讲究多渠道、多手段；而新奥法则主要利用传统的量测工具进行数据的获得与反馈，信息的获取与反馈途径比较单一。因而，地下建筑结构信息化设计与施工方法比过去的新奥法更优越。

然而信息化设计与施工方法在目前地下工程中应用并不广泛，除工程建设体制因素外，人们没有对此充分了解及重视也是一个重要因素。

4.4.4 解析计算设计方法

解析计算设计方法是以弹、塑性理论为基础，视围岩介质为连续介质，通过应力应变的概念达到设计目的。其内容包括原位应力的分析和围岩应力重新分布的分析。在开挖前的地质条件下，岩体处三轴应力状态。开挖后原三轴应力状态减为二轴应力或单轴应力状态，这使得岩体的承载能力大大降低。

求解模型二维与三维的问题。图 4-4 为二维轴对称计算模型示意图。

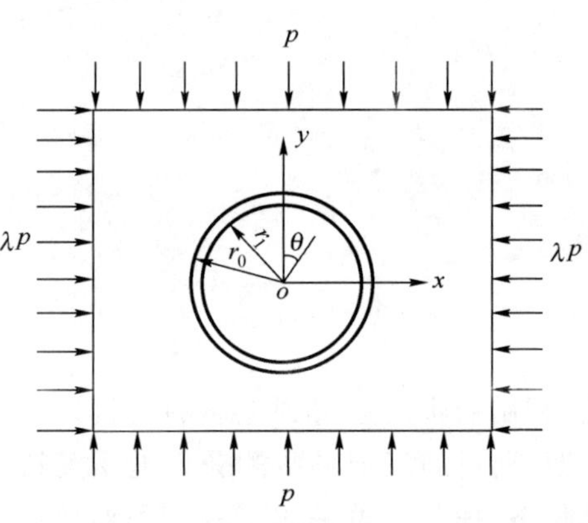

图 4-4 二维轴对称计算模型示意图

根据弹性力学理论计算围岩的应力与位移：

$$\begin{cases} \sigma_r = p\left(1-\gamma\dfrac{r_0^2}{r^2}\right) \\ \sigma_\theta = p\left(1+\gamma\dfrac{r_0^2}{r^2}\right) \\ u = \dfrac{pr_0^2}{2Gr}\gamma \end{cases} \tag{4-1}$$

衬砌的应力和位移：

$$\begin{cases} \sigma_{cr} = p(1-\gamma)\dfrac{r_0^2}{r_0^2-r_1^2}\left(1-\dfrac{r_1^2}{r^2}\right) \\ \sigma_{c\theta} = p(1-\gamma)\dfrac{r_0^2}{r_0^2-r_1^2}\left(1+\dfrac{r_1^2}{r^2}\right) \\ u_c = \dfrac{p}{4G_c}(1-\gamma)\dfrac{r_0^2}{r_0^2-r_1^2}\left[(K_c-1)r+\dfrac{2r_1^2}{r}\right] \end{cases} \tag{4-2}$$

$$\gamma = \frac{G[(K_c-1)r_0^2+2r_1^2]}{2G_c(r_0^2-r_1^2)+G[(K_c-1)r_0^2+2r_1^2]}$$

式中：p——围岩压力；

r——计算半径；

r_1——洞衬砌后的半径；

r_0——洞开挖后的半径；

σ_r——围岩的径向应力；

σ_θ——围岩的切向应力；

σ_{cr}——衬砌的径向应力；

$\sigma_{c\theta}$——衬砌的切向应力；

G——围岩的剪切模量；

G_c、K_c——支护结构材料的剪切模量与体积模量。

上式说明：

a. $\gamma<1$，有支护时（$\gamma=1$ 时为无支护）：u 下降，σ_r 增大；σ_θ 降低；$\sigma_r-\sigma_\theta$ 减小；

b. γ 随 G_c 和支护厚度 $t=r_0-r_1$ 的增大而减小，但达到一定值后，减小的速率明显减小。所以，继续提高支护结构的弹性模量或增加支护结构的截面厚度，并不能有效地减少围岩的位移和应力差，因此试图通过采用高弹性模量的支护材料和增加支护厚度，以保证隧道的稳定性的做法，不会产生明显的效果。

4.4.5 不连续面分析方法

岩体中存在不连续体，如层理面、节理、断层、褶皱、剪切区、矿层、矿脉和裂缝等结构。这些不连续体与洞室开挖面可能形成一个不稳定并会滑落的块体，若使用锚杆或其他外部支护或注水泥浆将该块体稳固在它的初始位置，就能增加该块体与其他块体接触面间的自锁能力和剪切力。图 4-5 所示为带有两组节理的开挖洞室。

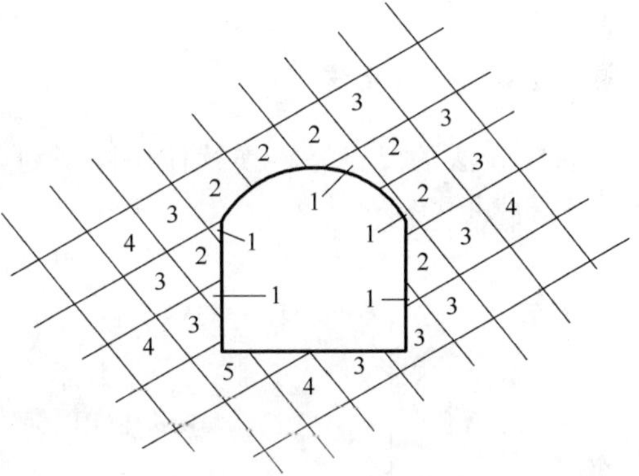

图 4-5 开挖洞室与结构面

若图中不存在与洞轴线垂直的第三组结构面，则所有的块体都是稳固的。对于无限块体，稳定是不成问题的。在图 4-5 中，标号为 1 的块体为至少有 3 组或 3 组以上的结构面相交而成。如果相交面上的摩擦力不能阻止块体滑动，该块体就会塌落洞内。1 号块体滑落，2 号块也将滑落。3 号、4 号和 5 号块只有在静水压力作用下才可能塌入洞内。

对定向取芯进行地质描述，可了解存在的各种结构面，然后结合洞室开挖面分析这些结构面，鉴别出哪些块体有滑落趋势。这些块体只有保持在原位才能确保围岩稳定，这常需要进行外部支护。一旦确定有滑落趋势的岩块，则可设计合适的锚杆能锚住块体。

Goodman(1988)指出，使围岩稳定，需要确定对稳定起关键作用的块体"Key block"，他认为，关键块体是一个单个块体，去掉它，会使得受他控制的几个其他块体产生无法控制的滑动。在软岩中，必须用锚杆或其他支护系统控制有滑动趋势的块体，在应力作用下，软岩块体会产生新的裂缝，因而就产生新的关键块体。

不连续面分析方法应用于地下工程分析的主要特点有：

①三维分析，这更能反映地下工程的实际特点。

②可以直接指出洞室中最危险的关键块体位置，并估算支护力。因此可直接用于施工过程的及时分析。

③无需划分精确的网格和单元。

④只考虑结构面的剪切强度，而不考虑岩体的本身强度和变形。

⑤分析方法以矢量运算和赤平投影为主，使用简单而方便，易于编制有关程序。

关键块体理论把存在于裂隙岩体中的块体分为如图 4-6 所示的 5 种可能的类型。

分析过程和步骤如下：

①通过结构面的产状、间距、岩芯长度等几何因素的分析，采用有限性定理和可动性定理排除第 V 类和第 IV 类块体。

②进行运动学分析，确定块体在重力和外力作用下的运动形式（脱离岩体，沿单面滑动和沿双面滑动等），排除第 III 类块体。

③根据滑动面的物理力学特性进行力学分析，求出各可移动块体的净滑动力。若净滑动力小于零，则说明是第 II 类块体；大于或等于零，则说明该块体是关键块体（I 类）。这种分析可采用空间矢量运算法和赤平投影法作图求解。

④设计支护方案，使支护力大于净滑力。

对这种理论的一个新发展是边边接触块体理论，它除了与关键块体理论具有相同的假定之外，还假定块体之间接触可以沿结构面全长或部分长度分布，实验结果证实这种假定是可行的。

4.4.6 有限元法

有限元法的要点是将连续体用网络划分成若干个有限数目的单元体，如图 4-7 所示。

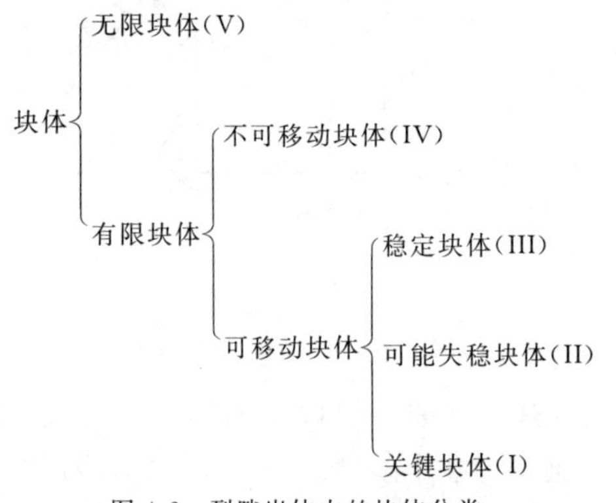

图 4-6　裂隙岩体中的块体分类

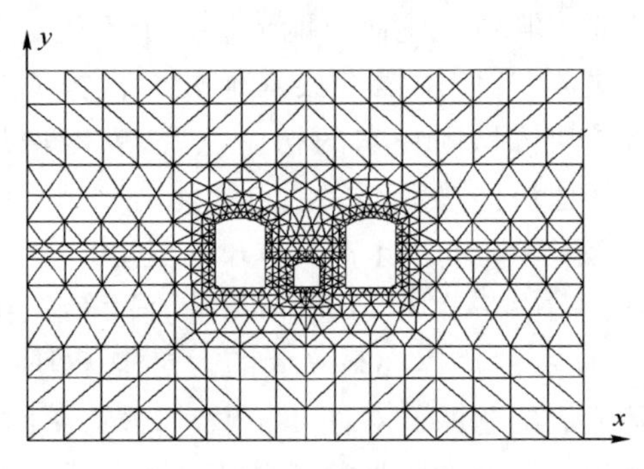

图 4-7　有限元法网络划分示意图

这些单元体只在角点处相互连接，这些角点称为节点，而这些有限大小的单元体就称为有限单元或有限元件。将荷载移植作用于有限单元的节点上，成为节点荷载。通常求解时取节点位移作为基本未知量，也就是采用位移法求解。

采用有限元法分析计算时，应力与位移的关系可表达为：

$$\{\sigma\} = [S]\{\delta\}^e \tag{4-3}$$

式中：$[S]$——应力矩阵；

$\{\delta\}^e$——节点位移。

节点力 $\{F\}^e$ 用节点位移 $\{\delta\}^e$ 表示：

$$\{F\}^e = [K]\{\delta\}^e \tag{4-4}$$

式中：$[K]$——单元的刚度矩阵。

若用 $[R]$ 表示节点荷载，那么用位移表示的节点平衡方程为：

$$[K]\{\delta\} = \{R\} \tag{4-5}$$

解方程式(4-3)可求得位移,从而可推导应变$\{\varepsilon\}$和应力$\{\sigma\}$的分布。

以上步骤是有限元法求解的基本要点,这实际上是微分方程的一种数值解法。

在有限元计算过程中,在确定边界条件后,重要的是岩体物理力学参数的获得与选取,如果参数获得与选取不当,则计算结果将不会有参考价值。

用有限元模拟计算,可以进行施工过程模拟,可以考虑围岩中岩体结构面模拟,使得计算与实际更接近。

思考题

1. 简要阐述地下建筑结构计算理论发展的4个阶段,以及代表性的理论。
2. 说明一般地下结构的设计内容与步骤,如何确定结构的断面尺寸?
3. 以围岩分类为基础的工程类比设计的基本概念及其设计原则是什么?
4. 新奥法的主要思想是什么?说明地下结构信息反馈设计方法的基本概念和实施过程。
5. 试述关键块理论的分析过程和步骤。

第5章 围岩分级与初期支护结构设计

5.1 围岩分级概述

地下洞室岩体质量分级是对地下工程岩体工程地质特性进行综合分析、概括及评价的方法，是评价围岩稳定性及设计系统支护的重要方法，是工程支护设计必不可少的前期阶段。通过围岩分级可以确定支护参数与支护类型。

国外地下洞室围岩质量评价研究开展较早，大致始于20世纪40年代，最早提出隧道围岩分类的是Terzaghi(1946)，根据Alps山公路隧道金属支架施工的经验，从描述各种岩层的特征入手，总结出适用于拱形金属支架隧道的围岩分类，在北美的隧道掘进中广泛采用。60年代的岩体质量分类则以美国Deer的岩石质量指标(RQD)分类为代表。这些分类方法多偏重于单指标的定性或定量分类。自70年代以来，岩体分类逐步由单一因素向多因素、由定性向定量方向发展，采用多个指标复合，即岩体质量复合指标定量评分的方法并指导开挖与支护的阶段。其中，在国际上较为通用的是以巴顿(Barton)岩体质量Q系统分类为代表的综合乘积法分类和以比尼奥斯基(Bieniawski)地质力学RMR分类为代表的和差计分法分类。

我国围岩分类在20世纪50～60年代中期主要采用普氏分级法。1972年以后，具有我国特色的围岩分类方案逐步提出，其中有代表性的为中国科学院地质研究所谷德振教授等根据岩体结构划分岩体类别的岩体质量系数Z、杨子文的岩体质量指数R.M.Q等。我国岩体质量分级方法的研究，真正取得重大进展是在80年代。到目前为止，国标《工程岩体分级标准》(GB 50218—94)早已颁发全国执行，国家标准和部颁规范以及通过部级以上鉴定的标准、规范中包括有岩体质量分级内容的达十余个，如《水工隧道设计规范》(SD 134—84)，《铁路隧道设计规范》(TBJ 3—85)，《水利水电工程地质勘察规范》(GB 50287—99)中的围岩工程地质分类等。

目前，我国高速公路隧道围岩分类方法(JTG D70—2004)执行时主要依据《工程岩体分级标准》，根据岩石的坚硬程度和岩体完整程度两个基本因素的定性特征和定量的岩体基本质量指标BQ，综合进行初步分级；对围岩进行详细定级时，在岩体基本质量分级基础上考虑修正因素的影响，修正岩体基本质量指标值；按修正后的岩体基本质量指标[BQ]，结合岩体的定性特征综合评判、确定围岩的详细分级。这种围岩分类方案具体应用时受人为因素影响较大。迄今为止，国内外尚无专门为高速公路制定的隧道围岩定量分类方案。

随着对岩体力学特性认识的不断深入、地下工程经验的积累和地下工程施工技术的发展，围岩分类的原则和系统在不断地改进和完善。它经历了由岩石分类向岩体分类、从单指标岩体分类到多指标综合分类及从定性分类到定量分类的转变过程。据不完全统计，国内外已提出的围岩分类方法超过百余种，分级的方法和表达形式各异，根据围岩分级的发展历史，归纳起来大致上有以下几类。

(1)单因素单指标的岩体分级

这种分级仅考虑岩体的单一影响因素，采用某一项物理力学指标为主要依据，如岩石单轴抗压强度 P、弹性模量 E、坚固系数 $f(f=R_b/100$，对于破碎岩石 $f=\tan\varphi$)。这种分级形式简单，但不能反映多个因素的影响。

(2)多因素综合指标的岩体分级

这种分级主要采用勘测或开挖后围岩的稳定状态观测某一项指标，作为综合指标的分级，如岩石质量指标 RQD，岩体弹性纵波波速 V_p，岩石荷载 P 等。这种方法形式简单，有一定实用性，但有明显的局限性，一般不能单独使用，应结合其他因素指标进行分级。

(3)多因素定性、定量指标结合的岩体分级

这种分级是把多种因素、多个指标并列起来进行分级，较过去的单因素、单指标的分级方法前进了一步，但没有区分各因素或指标在分级中的主次关系或权重关系，而且，这种简单地将所有岩体特性指标都罗列叠加在围岩分级中，造成判别复杂繁琐，难以实施。

(4)多因素复合指标——岩体质量系数的岩体分级

这种方法是选取起支配作用的指标的分级评分作为参数，列出其函数关系式，从而得出岩体质量系数——复合指标，根据其值的大小，即可定量地评价岩体的质量。

近几十年来，岩体的稳定性分级一直是困扰岩体力学研究工作者的问题之一。其主要原因：一方面人们进行岩体工程活动的目的和要求不同；另一方面岩体本身的不确定性和随机性因素太多。所以，试图用一种静态的模式和标准去衡量每一个工程范围岩体的稳定性，可能有一定困难。

由于岩体稳定与否并没有截然的界限、岩体各项测试指标值离散性很大以及各项指标的重要程度(权值)也是不确定的。随着电子计算机等先进手段的迅速发展，出现了一些运用数理统计、聚类分析、模糊数学等数学理论来进行岩体质量分级的新方法，如：模糊综合评判法、神经网络方法、专家系统、灰色理论、分形理论等方法。自王靖涛、陶振宇等学者尝试将模糊理论应用于岩体工程分类以来，不少学者对其在围岩稳定分类中的应用进行了探讨，发现模糊数学方法的优点是它把模糊数学的概念引进到围岩稳定分类中更符合实际情况，因为表征岩体质量的各个数据指标的变化具有连续性，它给出某段岩体在某种程度上属于哪一类岩体，实际上体现了岩体质量的动态分级。

模糊数学分析的理论和方法解决了围岩分类中围岩类别和评定指标之间的模糊性问题，为研究复杂地质条件下高速公路隧道围岩分级开创了新思路，并在实际工程应用中取得了较为理想的效果，符合和代表国际高速公路隧道围岩分类研究的趋势。但就模糊理论而言，仍存在着隶属度、权重难以确定，不同评判模型评判结果不一等缺陷。

5.2 Q 系统围岩分级法与经验设计

1974 年，挪威岩土工程研究所(Norwegian Geotechnical Institute)的 N. Barton、R. Lien 和 J. Lunde 等人，根据地下开挖工程稳定性的大量实例，提出了确定岩体的隧道开挖质量指标——Q 分级法，以及 Q 和上覆荷载值 P_{roof} 的关系。Q 分级法在欧美国家应用极广，由于最近几十年支护技术的发展，特别是高质量的钢纤维喷射混凝土技术的开发，该法应用取得了很

大的进展。

该法根据 Q 值将围岩分为 9 级（Q=0.001～1 000），并确定了合理的支护结构参数。该法的分级和参数的确定是通过大量的工程实践、施工中的观察和量测数据得到的，具有广泛的代表性和实用性。支护体系设计的最大特点是把初期支护作为永久支护，只是在运营后，如果有涌水、冰霜等危害的情况下，才修筑衬砌支护。通常永久支护是采用高质量（σ=40～50MPa）的钢纤维喷射混凝土和全长黏结型高拉力、耐腐蚀的锚杆。

5.2.1 Q 系统分级与分级系数的关系

Q 分级法中的 Q 值实质是地下洞室开挖的岩体质量值，由等式(5-1)给出。

$$Q=\frac{\mathrm{RQD}}{J_n}\cdot\frac{J_r}{J_a}\cdot\frac{J_w}{\mathrm{SRF}} \tag{5-1}$$

式中：RQD——岩体质量指标，其值为大于 10cm 的岩芯柱（不包括软弱层）总长度与钻进总长度之比的百分数；Palmstrom(1982)提出，当取不到岩芯时，RQD 可通过公式 RQD=115－3.3 J_v 确定，其中，J_v 代表每 m^3 岩体中的结构总数，当 J_v <4.5 时，采用 RQD=100；

J_n——结构面组数系数，一般情况下，结构面间距相同，结构面组数越多，岩体越破碎，因而岩体质量越差，围岩稳定性越差；

J_r——结构面粗糙度系数，该系数表示结构面的接触情况和结构面间的粗糙和起伏情况；结构面的成因不同，其粗糙程度也不同，在分析时要选取对工程稳定性最不利的软弱结构面加以考虑；

J_a——结构面蚀变系数，该系数表示结构面风化变质及充填情况，包括节理面是否蚀变，蚀变矿物的成分和性质等；J_r、J_a 反映了结构面的抗剪强度，一般选用 J_r/J_a 的最小值或选用最不利稳定性产状结构面的 J_r/J_a 值；

J_w——裂隙水折减系数，反映岩体中裂隙水量的大小和水压力大小以及水对节理充填物的冲刷情况等；

SRF——地应力影响折减系数，反映岩体中软弱带发育程度、开挖深度、天然应力状况、围岩岩性和变形特征、岩石的强度等。

上述 6 个系数的确定要根据洞室围岩岩体条件对照特定的列表参数及说明进行，见表 5-1～表 5-4。确定系数时，设计者所具备的经验十分重要。

参数 RQD、J_n 和 J_r 的说明和等级 表 5-1

岩 石 质 量	RQD(%)	备 注
A. 坏的	0～25	1. 当调查和量测的 RQD≤10(包括 0)时，用以代入式(5-1)计算 Q 值，可采用标准值 10。 2. RQD 每级差为 5，即 100、95、90 已有足够精度
B. 不良	25～50	
C. 中等	50～75	
D. 良好	75～90	
E. 优良	90～100	

续上表

节理组数目	J_n	备　注
A. 整体，没有或很少节理	0.5～1.0	1. 岔洞处采用(3.0×J_h) 2. 洞门处采用(2.0×J_h)
B. 1组节理	2	
C. 1组节理且节理不规则	3	
D. 2组节理	4	
E. 2组节理且节理不规则	6	
F. 3组节理	9	
G. 3组节理且节理不规则	12	
H. 4组或更多节理，不规则，严重节理化，"糖精状"等	15	
J. 破碎岩石，类似土	20	

节理糙度系数	J_r	备　注
1. 节理沿壁面接触以及岩壁面在剪切10cm前仍接触		1. 如有关节理的平均间距大于3m，则加1 2. 对具有节理的光滑平面节理，如节理方向有利，可采用J_r=0.5
A. 不连续节理	4	
B. 粗糙或凹凸不平，起伏的	3	
C. 平整、起伏的	2	
D. 光滑、起伏的	1.5	
E. 粗糙或凹凸不平、平面的	1.5	
F. 平整、平面的	1.0	
G. 光滑、平面的	0.5	
2. 剪切后岩壁面没有接触		
H. 夹含黏土矿物带、厚度足以阻止岩壁面接触	1.0	
I. 平砂化、砾化或破碎带，厚度足以阻止岩壁面接触	1.0	

注：A～J的情况都是指节理面的情况。

参数 J_a 的说明和等级 表5-2

结构面的锐化变质及充填情况	J_a	φ_r	备　注
1. 岩壁面接触			
A. 密接合，夹坚硬、不软化、不透水充填物等，如石英或绿帘石	0.75	—	
B. 结构面未蚀变，仅表面有污物	1.0	25°～35°	
C. 结构面轻微蚀变，夹不软化矿物薄层，砂质颗粒，无黏土的破碎岩等	2.0	25°～35°	
D. 夹粉质或沙质黏土薄层，小的黏土碎片(不软化)	3.0	20°～25°	
E. 夹软化或低摩擦黏土矿物薄层，即高岭土、云母、还有绿泥石、滑石、石膏、石墨等以及少量膨胀性黏土(夹层不连续，厚度1～2mm或更薄)	4.0	8°～16°	

续上表

结构面的锐化变质及充填情况	J_a	φ_r	备　注
2. 岩壁面在剪切10cm前仍接触			
F. 夹砂质颗粒，无黏土破解岩	4.0	25°～30°	
G. 填充强烈过分固结，不软化黏土矿物(连续，厚度＜5mm)	6.0	16°～24°	
H. 填充中等或轻度过分固结，软化黏土矿物(连续，厚度＜5mm)	8.0～12.0	12°～16°	
I. 填充膨胀性黏土，如蒙脱土(连续、厚度＜5mm)J_a值取决于膨胀性黏土的尺寸，颗粒的百分数和是否能浸入水等	8.0～12.0	6°～12°	φ_r值在这里是作为蚀变产物矿物性质的一个近似指标
3. 剪切后岩壁面没有接触			
J. K. L. 破碎的岩石带和黏土带(见G. H. I等条对黏土条件的说明)	6.0、8.0或8.0～12.0	6°～24°	
M. 粉质或沙质黏土，黏土小碎片(不软化)带	5.0		
N. O. P厚的连续黏土带(见G. H. I等条对黏土条件的说明)	10.0、13.0或13.0～20.0	6°～24°	

参数 J_w 的说明和等级　　表5-3

裂隙水情况	J_w	水的大致压力(MPa)	备　注
A. 干燥或微量渗水，即局部＜5L/min	1.0	＜0.1	1. C到F的J_w是粗估的，如装有排水设备应增大 2. 因冰冻造成的特殊问题未考虑
B. 中等渗水或有压水偶然冲刷节理充填物	0.65	0.1～0.25	
C. 具有无充填结构面的自稳岩中有大量渗水或高压水	0.5	0.25～1.0	
D. 大量渗水或水压很高，大量冲刷节理充填物	0.33	0.25～1.0	
E. 爆破时渗水量特别大或压力特别高，但随时间衰退	0.2～0.1	＞1.0	
F. 渗水量特别大或压力特别高，持续无明显衰退	0.1～0.05	＞1.0	

参数SRF的说明和等级　　表5-4

地应力情况	SRF	σ_C/σ_1	σ_t/σ_1	备　注
1. 软弱带与开挖相交切，开挖隧道时可能引起岩体松散				
A. 含有黏土或化学分解的岩石的软弱带，频繁出现非常松软的围岩(任何深度)	10.0			
B. 含有黏土或化学分解岩石的单个软弱带(开挖深度≤50m)	5.0			1. 如有关剪切带只有影响而不与开挖相交切，SRF值要折减25%～50%； 2. 对于各向异性很强的应力场(如量得)，当$5\leqslant\sigma_1/\sigma_3\leqslant10$时，$\sigma_c$和$\sigma_t$分别折减为$0.8\sigma_c$和$0.8\sigma_t$；当$\sigma_1/\sigma_3>10$时，$\sigma_c$和$\sigma_t$分别折减为$0.6\sigma_t$和$0.6\sigma_c$，这里$\sigma_c$为无侧限抗压强度(集中荷载)，$\sigma_1$和$\sigma_3$分别为大、小主应力
C. 含有黏土或化学分解岩石的单个软弱带(开挖深度＜50m)	2.5			
D. 自稳岩石中有单个剪切带(无黏土)，松散的围岩(任何深度)	7.5			
E. 自稳岩石中有单个剪切带(无黏土，开挖深度≤50m)	5.0			
F. 自稳岩石中有单个剪切带(无黏土，开挖深度＞50m)	2.5			
G. 松散张开结构面，严重节理化或成“糖块状”等(任何深度)	5.0			
2. 自稳岩石，岩石应力不同				
H. 低应力、接近地表	2.5	＞200	＞13	
I. 中等应力	1.0	200～10	13～0.66	

续上表

地应力情况	SRF	σ_C/σ_1	σ_t/σ_1	备　注
J. 高应力,非常紧密的构造(可能不利于边墙稳定,常常有利于拱部稳定)	0.5～2.0	10～5	0.66～0.33	
K. 轻微岩爆(整体岩层)	5～10	5～2.5	0.33～0.16	
L. 猛烈岩爆(整体岩层)	10～20	<2.5	<0.16	
3. 挤压岩石:在高岩石压力作用下非自稳岩石产生塑流				3. 很少有拱部到地面的深度比跨度还小的实测记录,如有这种情况,建议 SRF 从 2.5 增加到 5.0
M. 轻微的岩石挤压压力	5～10			
N. 猛烈的岩石挤压压力	10～20			
4. 膨胀岩石、化学膨胀性,根据水的有无决定				
O. 轻微的岩石膨胀压力	5～10			
P. 猛烈的岩石膨胀压力	10～15			

实质上,岩体质量指标 Q 可认为是 3 个参数的综合反映,即块体尺寸(RQD/J_n)、块体间的抗剪强度(J_r/J_a)、作用应力(J_w/SRF)。

岩体质量 Q 的变化范围从 0.001～1 000,相当于从严重破碎的糜棱化岩体到完整坚硬的岩体。根据 Q 值的变化将岩体质量划分为 9 级,其岩体质量的状态见表 5-5。

岩 体 质 量 分 级　　表 5-5

岩体质量	特别好	极好	良好	好	中等	不良	坏	极坏	特别坏
Q 值	400～1 000	100～400	40～100	10～40	4～10	1～4	0.1～1.0	0.01～0.1	0.001～0.01

5.2.2 上覆荷载的确定

Q 值与上覆荷载关系如式(5-2)所示:

$$P_{roof}=\frac{2.0J_n^{\frac{1}{2}}Q^{-\frac{1}{3}}}{3J_r} \tag{5-2}$$

一旦确定了 P_{roof} 的值,就可以作为衬砌结构的外荷载进行结构设计,或估算松散荷载高度按经验设计方法选择锚喷支护参数。

5.2.3 Q 系统分级经验设计方法

(1)开挖当量尺寸的确定

仅确定了 Q 指标值还不足以进行锚喷支护参数设计,因为不同功能的地下工程,其对支护结构的要求也是不同的,故该法提出另一个参数"开挖支护比"(ESR)(见式 3-29)。ESR 值可对照所设计的地下工程类型由表 3-1 确定。

(2)隧道支护的选择

根据已知的当量尺寸,对照已计算出的 Q 值,从图 5-1 中查得相应的数值,此值就是 Barton 建议的支护类型数值。

经验设计的方法示于图 5-1。该经验设计是根据近 1 250 个永久结构物的施工记录整理提出的。图中的横轴表示 Q 值,围岩级别示于图的上侧,反映了挪威对围岩好坏的评价;纵轴表示隧道的宽度或高度被表示安全系数的 ESR 除之的值，单位是 m。ESR 因子(见表 3-1)可以改变支护规模，所以，对费用和安全性的影响很大。现根据具体的事例说明图 5-1 的用法。假定宽 18m 的干线公路隧道(ESR＝1.0)，Q 值取 2.0。根据图 5-1 支护规模选用 Sfr＋B，B 为 1.9m 间距的系统锚杆，Sfr 为 10cm 厚的湿喷钢纤维混凝土。系统锚杆的长度，根据图 5-1 的右纵轴，选定 5m。

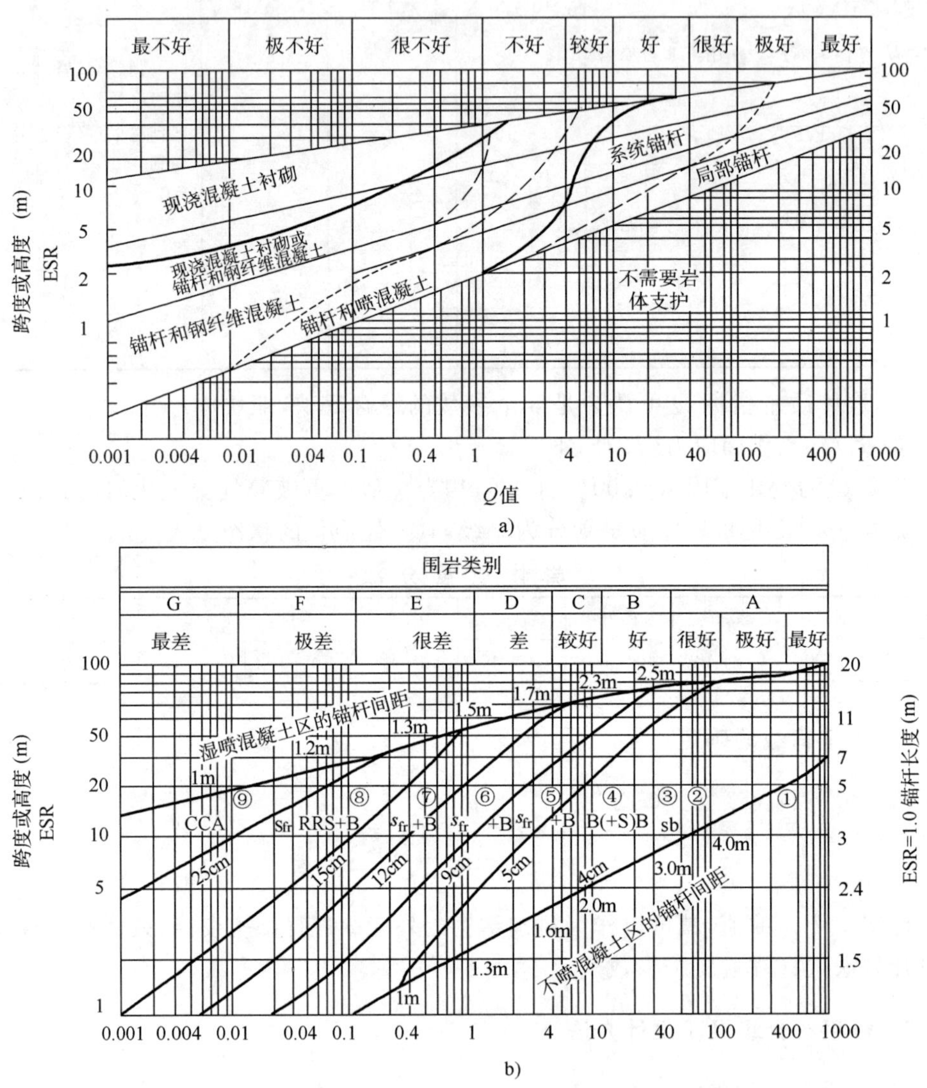

图 5-1　Q 系统支护设计图

a)以 Q 法为基础的岩石支护设计简图；b)Q 系统支护卡

①不支护；

②ab 局部锚杆；

③B 系统锚杆；

④B(＋S)系统锚杆(及喷混凝土，厚 4～10cm)；

⑤Sfr＋B 钢纤维喷混凝土及锚杆，喷层厚度 5～9cm；

⑥Sfr，RRS Sfr＋B 钢纤维喷混凝土及锚杆，喷层厚度 9～12cm；

⑦Sfr＋B 钢纤维喷混凝土系统锚杆，喷层厚度 12～15cm；

⑧Sfr，RRS＋B 钢纤维喷混凝土厚度＞15cm，钢纤维喷混凝土拱肋及锚杆；

⑨CCA 模筑混凝土衬砌

(3)无二次衬砌的条件

在硬质围岩中，隧道设计时经常会省去二次衬砌，这可以节省大量的支护费用。而且，从安全性、外观及照明等观点看，还存在潜在性的费用削减，特别是对公路隧道。因此，研究自稳性好围岩的典型特征是很有必要的。Q分级法提出的无二次衬砌的条件如表5-6所示。

无二次衬砌支护条件 表5-6

1	$J_h \leqslant 9, J_r \geqslant 1.0, J_w = 1.0$, SRF$\leqslant 2.5$	5	如 SRF>1，则 $J_r \geqslant 1.5$
2	如 RQD$\leqslant 40$，则 $J_n \leqslant 2$	6	如跨度>10m，则 $J_n < 9$
3	如 $J_n = 9$，则 $J_r \geqslant 1.5$ 及 RQD$\geqslant 90$	7	如跨度>20m，则 $J_n \leqslant 4$ 及 SRF$\leqslant 1$
4	如 $J_r = 1$，则 $J_n < 4$		

Q分级法是一种多因素组合分级，它是以大量的实践资料为基础的，它同时引进了岩体动态的分析，因而也具有一定的理论意义，是围岩分级研究中一个有发展前途的方法。但分级还没有与有关的地质测试手段联系起来，因而在确定各项指标时，仍然不得不依靠经验来判定。

5.3 岩体RSR分级与经验设计

5.3.1 RSR法分级与荷载确定

(1)RSR指标的确定

岩体结构等级RSR是由Wickham等人根据A、B、C 3个参数的和确定的，即RSR$=A+B+C$。这3个参数从表5-7～表5-9中查得。

岩体结构等级——由普通地质学决定的参数A值表 表5-7

岩体类型	地质构造			
	块状	轻微破碎或褶皱	中等破碎或褶皱	强烈破碎或褶皱
岩浆岩	30	26	15	10
沉积岩	24	20	12	8
变质岩	27	22	14	9

岩体结构等级——考虑节理类型和掘进方向的参数B值表 表5-8

平均节理间距(英尺)(1ft=0.304 8m)	走向与洞轴线垂直					走向与洞轴线平行		
	掘进方向							
	顺沿倾向		逆向倾向		两者兼有	两者兼有		
	主要节理的倾角*							
	2	3	2	3	1	1	2	3
0.5(节理发育)	14	17	20	16	18	14	15	12
0.5～1(节理适中)	24	26	30	20	24	24	24	20
1.0～2.0(块体适中)	32	34	38	27	30	32	30	25
2.0～4.0(大块体)	40	42	44	36	39	40	37	30
>4.0(整体)	45	48	50	42	45	45	42	36

注：* 1$\leqslant 20°$；2$=20°\sim50°$；3$=50°\sim90°$。

岩体结构等级——考虑地下水和节理条件的参数 C 值表 表 5-9

预测水量(gpm/1 000ft)	参数 $A+B$ 之和					
	20～45			46～80		
	节理条件[①]					
	1	2	3	1	2	3
无	18	15	10	20	18	14
轻微(200gpm[②])	17	12	7	19	15	10
中等(200～1 000gpm)	12	9	6	18	12	8
大量(1 000gpm)	8	6	5	14	10	6

注:①1=节理闭合或黏结状态;2=轻微风化;3=强烈风化或开裂。

②gpm=加仑/分钟(1 加仑=3.785 升);ft=英尺。

参数 A 是一种评价隧道所穿过的岩体的破碎特征参数。在工程建设前期,需要规范化测量资料和描述地质构造的资料。

参数 B(表 5-7)是与节理类型(走向,倾角和节理间距)和掘进方向有关的参数。大部分地表地质调查或地质图给出岩层的大致走向和各种倾角。因而,由此可得到测量的极限近似值。相应的掘进方向是由工程计划确定的。通常可使用几种资料预先确定岩体节理间距的平均值,如节理密度或块状体分析,钻孔记录,岩芯分析,或 RQD 指标等地质资料。地质报告通常预先给出一些岩体节理间距。由于确定这些数据较困难,故从有价值的资料中得到合理的近似值也是可行的。为了评估出 RSR 值,需要节理间距限定的 5 个数值。在表 5-7 左边一列中括号内的各文字内容和该列中所对应的数据在地质术语上是相互关联或同等的。确定参数 B 的值,可通过在测量限度范围内根据节理间距从表中查得,并考虑岩层的走向、倾角和掘进方向的影响。

参数 C(表 5-8)是一项影响支护量级的地下水流动估计参数。它考虑下列因素:

①岩体结构的所有质量——以参数 A 和 B 之和来表示的数值。

②节理面条件。

③地下水的渗出量。

确定测量的极限值或估计后两个因素可能达到的精度一般留给承包商来完成。在预测地层地质时,分析地下水流动情况应结合泵水试验、当地水井情况、地下水位、地表水文、地形和降雨量等因素综合考虑。评价节理面特征,应考虑地表情况、地质历史、钻孔记录或岩芯样品观察等方面。

RSR 方法以节理面的下述 3 种类型或条件进行描述:

①节理闭合或黏结状态。

②轻微风化。

③强烈风化或开裂和 4 个水流量化估计值。参数 C 表示的值通过由不同因素决定的测量极限值从表 5-8 中得到。

对某一地质剖面而言,RSR 值是参数 A、B 和 C 的和值。此值范围在 25～100 之间,反映了岩体结构的质量,而与隧道开挖尺寸和开挖方法无关。隧道穿过的每一个特别地层结构都应对 RSR 值分别分析。

(2)荷载确定

Wickham 等人于 1972 年提出如下关系式:

$$W_r = \frac{D}{302}\left[\frac{6\,000}{\mathrm{RSR}+8}\right] - 70 \tag{5-3}$$

式中：W_r ——岩体荷载(kips/ft^2,1kips＝453.6kg)；

D ——开挖直径(ft,1ft＝0.304 8m)；

RSR——岩体结构等级(Rock Structure Rating)。

一旦得到 W_r 的值,也可使用其进行衬砌支护结构设计。

5.3.2 RSR 法经验设计

Wickham 等人(1972 年)在 RSR 值基础上提出一种经验设计方法。根据他们的观点,当使用 25mm 直径的锚杆、拉拔力为 11 000kg 时系统锚杆的间距按式(5-4)计算：

$$锚杆布置间距 = \sqrt{\frac{24}{W_r}} \tag{5-4}$$

在喷射混凝土支护时,喷射层的厚度按式(5-5)计算：

$$t = 2.5 + 2W_r \tag{5-5}$$

式中：t——喷射层厚度,cm。

5.4 RMR 法分级与经验设计

Bieniawski(1974 年)在以下 6 个参数的基础上发展了岩体力学等级(又称 CSIR 或 RMR 分类)：

①岩体材料单轴抗压强度。

②岩体质量指标。

③不连续面间距。

④走向与倾角。

⑤不连续性条件。

⑥地下水条件。

他还指出了所有这类参数的数值等级值。岩体力学等级为上述 6 个独立参数等级的综合值。在岩体力学等级的基础上,Bieniawski 将所有岩体分成 5 大类,I 到 V 类见表 5-10B,并在表 5-10C 中指出了各类岩体的不支护时间。表 5-11 表示了节理的走向与倾角对隧道稳定的影响。在岩体分类的基础上,Bieniawski 推荐了一种支护系统,见表 5-12。

Z. T. Bieniawski 岩体力学评价 表 5-10

A. 分类参数及其等级	
1	岩石单轴抗压强度/等级
	＞200MPa/(10)　100～200MPa/(5)　50～100MPa/(2)　25～50MPa/(1)　＜25MPa/(0)
2	钻孔岩芯质量 RQD/等级
	90%～100%/(20)　75%～90%/(17)　50%～75%/(14)　25%～59%/(8)　＜25%或风化严重/(3)
3	节理间距/等级
	＞3m/(30)　1～3m/(25)　0.3～1.0m/(20)　0.05～0.3m/(10)　＜0.05m/(5)
4	节理走向与倾角/等级
	很有利/(15)　有利/(13)　一般/(10)　不利/(6)　很不利/(3)

续上表

5	节理条件/等级
	紧密接触：间隙<0.1mm且不连续/(15)　接触好：间隙<1mm虽连续但无夹层/(10)　开口间隙：1～5连续但夹层厚<5mm/(5)　开口间隙>5mm，连续的夹层>5mm/(0)
6	地下水渗入(每10m隧道长度)/等级
	干的/(10)　<25L/min/(8)　25～125L/min/(5)　>125L/min/(2)

B. 岩块分类及其等级

类别	I	II	III	IV	V
总评价	很好　100～90	好　90～70	一般　70～50	差　50～25	很差　<25

C. 根据岩体分类确定隧道不支护跨度与持续时间

分类号	I	II	III	IV	V
不支护跨距	5m	4m	3m	1.5m	0.5m
平均持续时间	10年	6个月	1周	5h	10min

节理的走向与倾向角对隧道稳定的影响　表5-11

走向与隧道轴线垂直				走向与隧道轴线平行	
节理倾向同于掘进方向		节理倾向逆于掘进方向			
倾角45°～90°	倾角20°～45°	倾角45°～90°	倾角20°～45°	倾角45°～90°	倾角20°～45°
很有利	有利	一般	不利	非常不利	一般
倾角0°～20°：不利且与走向无关					

在浅埋地层直径5～12m的隧道中初期支护选择　表5-12

岩体块体分类	对钻爆法施工时可供选择的支护系统		
	锚杆为主体*	喷混凝土为主体	钢拱架为主体
I	一般不要求支护		
II	锚杆间距1.5～2m，拱顶局部钢筋网	拱顶喷50mm混凝土	不经济
III	锚杆间距1.0～1.5m加钢筋网，需要时拱顶喷30mm混凝土	拱顶喷100mm，边喷50mm混凝土，必要时局部加钢筋网与锚杆	轻型支架，间距1.5～2.0m
IV	锚杆间距0.5～1.0m加钢筋网，及在边拱喷30～50mm混凝土	拱顶喷150mm，边喷100mm混凝土，加钢筋网与锚杆，长3m，间距1.5m	中型支架，间距0.7～1.5m，在拱顶加喷50mm混凝土
V	不推荐	拱顶喷200mm，边喷150mm混凝土，加钢筋网，锚杆及轻型钢支架，封闭底拱	重型支架，间距0.7m加背板，及时喷75mm混凝土

注：*树脂锚杆直径20mm，长为洞宽的1/2。

1978年，Rutledge对Bieniawski的RMR指标和Wickham的RSR指标以及Barton的Q系统提出了如下修正：

$$RMR = 9\ln Q + 44 \tag{5-6}$$

$$RSR = 0.77RMR + 12.4 \tag{5-7}$$

5.5 我国公路隧道围岩分级方法

（交通部 JTG D70—2004 标准）

我国交通部于 2004 年公布了新的公路隧道设计规范，其中，对隧道围岩分级提出新分级方法。

5.5.1 公路隧道围岩分级基本方法

(1)隧道围岩分级步骤

隧道围岩分级的综合评判方法宜采用两步分级，并按以下顺序进行：

①根据岩石的坚硬程度和岩体完整程度两个基本因素的定性特征和定量的岩体基本质量指标 BQ，综合进行初步分级。

②对围岩进行详细定级时，应在岩体基本质量分级基础上考虑修正因素的影响，修正岩体基本质量指标值。

③按修正后的岩体基本质量指标[BQ]，结合岩体的定性特征综合评判、确定围岩的详细分级。

(2)围岩分级过程中指标参数的确定

围岩分级中岩石坚硬程度、岩体完整程度两个基本因素的定性划分和定量指标及其对应关系应符合下列规定：

①岩石坚硬程度可按表 5-13 定性划分。

岩石坚硬程度的定性划分　　表 5-13

名称		定性鉴定	代表性岩石
硬质岩	坚硬岩	锤击声清脆，有回弹，振手，难击碎；浸水后大多无吸水反应	未风化～微风化的花岗岩、正长岩、闪长岩、辉绿岩、玄武岩、安山岩、片麻岩、石英片岩、硅质板岩、石英岩、硅质胶结的砾岩、石英砂岩、硅质石灰岩等
	较坚硬岩	锤击声较清脆，有轻微回弹，稍振手，较难击碎；浸水后有轻微吸水反应	1.弱风化的坚硬岩； 2.未风化～微风化的熔结凝灰岩、大理岩、板岩、白云岩、石灰岩、钙质胶结的砂页岩等
软质岩	较软岩	锤击声不清脆，无回弹，较易击碎；浸水后指甲可刻出印痕	1.强风化的坚硬岩； 2.弱风化的较坚硬岩； 3.未风化～微风化的熔结凝灰岩、千枚岩、砂质泥岩、泥灰岩、泥质砂岩、粉砂岩、页岩等
	软岩	锤击声哑，无回弹，有凹痕，易击碎；浸水后手可掰开	1.强风化的坚硬岩； 2.弱风化～强风化的较坚硬岩； 3.弱风化的较软岩； 4.未风化的泥岩等
	极软岩	锤击声哑，无回弹，有较深凹痕，手可捏碎；浸水后可捏成团	1.全风化的各种岩石 2.各种半成岩

②岩石坚硬程度定量指标用岩石单轴饱和抗压强度 R_c 表达。R_c 一般采用实测值，若无实测值时，可采用实测的岩石点荷载强度指数 $I_{s(50)}$ 的换算值，即近似按式(5-8)计算。

$$R_c = 22.82 I_{s(50)}^{0.75} \tag{5-8}$$

③R_c 与岩石坚硬程度定性划分的关系可按表 5-14 确定。

R_c 与岩石坚硬程度定性划分的关系 表 5-14

R_c(MPa)	>60	60～30	30～15	15～5	<5
坚硬程度	坚硬岩	较坚硬岩	较软岩	软岩	极软岩

④岩石完整程度可按表 5-15 定性划分。

岩体完整程度的定性划分 表 5-15

<table>
<tr><th rowspan="2">名称</th><th colspan="2">结构面发育程度</th><th rowspan="2">主要结构面的结合程度</th><th rowspan="2">主要结构面类型</th><th rowspan="2">相应结构类型</th></tr>
<tr><th>组数</th><th>平均间距(m)</th></tr>
<tr><td>完整</td><td>1～2</td><td>>1.0</td><td>好或一般</td><td>节理、裂隙、层面</td><td>整体状或巨厚层结构</td></tr>
<tr><td rowspan="2">较完整</td><td>1～2</td><td>>1.0</td><td>差</td><td rowspan="2">节理、裂隙、层面</td><td>块状或厚层状结构</td></tr>
<tr><td>2～3</td><td>1.0～0.4</td><td>好或一般</td><td>块状结构</td></tr>
<tr><td rowspan="3">较破碎</td><td>2～3</td><td>1.0～0.4</td><td>差</td><td rowspan="3">节理、裂隙、层面、小断层</td><td>裂隙块状或中厚层结构</td></tr>
<tr><td rowspan="2">>3</td><td rowspan="2">0.4～0.2</td><td>好</td><td>镶嵌碎裂结构</td></tr>
<tr><td>一般</td><td>中、薄层状结构</td></tr>
<tr><td rowspan="2">破碎</td><td rowspan="2">>3</td><td>0.4～0.2</td><td>差</td><td rowspan="2">各种类型结构面</td><td>裂隙块状结构</td></tr>
<tr><td><0.2</td><td>一般或差</td><td>碎裂状结构</td></tr>
<tr><td>极破碎</td><td>无序</td><td></td><td>很差</td><td></td><td>散体块结构</td></tr>
</table>

注:平均间距指主要结构面(1～2)间距的平均值。

⑤岩体完整程度的定量指标用岩体完整性系数 K_v 表达。K_v 一般用弹性波探测值,若无探测值时,可用岩体体积节理数 J_v 按表 5-16 确定对应的 K_v 值。

J_v 与 K_v 对照表 表 5-16

J_v(条/m^3)	<3	3～10	10～20	20～35	>35
K_v	>0.75	0.75～0.55	0.55～0.35	0.35～0.15	<0.15

⑥K_v 与定性划分的岩体完整程度的对应关系可按表 5-17 确定。

K_v 与定性划分的岩体完整程度的对应关系 表 5-17

K_v	>0.75	0.75～0.55	0.55～0.35	0.35～0.15	<0.15
完整程度	完整	较完整	较破碎	破碎	极破碎

⑦岩体完整程度的定量指标 K_v、J_v 的测试和计算方法应符合以下规定。

a. 由于声波测试设备工作条件的不同,岩体弹性纵波速度(v_{pm})的测试方法在国内各部门间不尽相同,主要有跨孔测试法、单孔测井法、锤击法等。不同测试方法结果略有差异,由它们计算得到的 K_v 值彼此相差约为±10%,但仍可用来定量地评价岩体的完整程度。所以本附录未明确规定 v_{pm} 的测试以何种方法为主。今后通过深入的分析研究,可以确立由不同方法获得的 K_v 值之间的关系。为此,各工程的勘察试验报告中应当说明测试方法。

跨孔测试方法所得的 v_{pm} 值能较好地反映岩体的不完整性,在可能的条件下,宜首先考虑采用此测试方法。若在洞室内进行测试,应注意避开爆破影响。

测定岩石纵波速度(v_{pm})的试件应取自进行现场 v_{pm} 测试同一地段的同类岩组中,目的是确保 K_v 值的可靠性和可信度。

b. 岩体体积节理数 J_v 值的统计,宜选择在具有三维空间的岩体露头上或工程开挖壁面上进行。

由于被硅质、铁质、钙质充填再胶结的结构面已不再成为分割岩体的界面，因此，在确定 J_v 时不予统计。对伸出长度大于 1m 的非成组分散的结构面予以统计，即需加上分散节理的条数 S_k（条/m^3），目的在于使计算的 J_v 值更符合实际。

5.5.2 围岩分级质量指标的确定

(1)基本质量指标 BQ

围岩基本质量指标 BQ 应根据分级因素的定量指标 R_c 值和 K_v 值按式(5-9)计算。

$$\mathrm{BQ} = 90 + 3R_c + 250K_v \tag{5-9}$$

使用式(5-9)时应遵守下列限制条件：

①当 $R_c > 90K_v + 30$ 时，应以 $R_c = 90K_v + 30$ 和 K_v 代入计算 BQ 值；

②当 $K_v > 0.04R_c + 0.4$ 时，应以 $K_v = 0.04R_c + 0.4$ 和 R_c 代入计算 BQ 值。

(2)围岩基本质量指标修正值[BQ]

围岩详细定级时，如遇下列情况之一，应对岩体基本质量指标 BQ 进行修正：

①有地下水；

②围岩稳定性受软弱结构面影响，且由一组起控制作用；

③存在高初始应力。

围岩基本质量指标修正值[BQ]可按式(5-10)计算。

$$[\mathrm{BQ}] = \mathrm{BQ} - 100(K_1 + K_2 + K_3) \tag{5-10}$$

式中：[BQ]——围岩基本质量指标修正值；

BQ——围岩基本质量指标；

K_1——地下水影响修正系数；

K_2——主要软弱结构面产状影响修正系数；

K_3——初始应力状态影响修正系数。

K_1、K_2、K_3 值及围岩极高及高初始应力状态的评估，可按该规范中的附录规定进行。

规范中规定了对地下水等 3 项修正因素的修正方法和修正系数的取值原则，并给出了相应的修正系数值。

①地下水是影响岩体稳定的重要因素。水的作用主要表现为溶蚀岩石和结构面中易溶胶结物，潜蚀充填物的细小颗粒，使岩石软化、疏松，充填物泥化，强度降低，增加动、静水压力等。这些作用对岩体质量的影响，有的可在基本质量中反映出来，如对岩石的软化作用，采用了单轴饱和抗压强度。水的其他作用在基本质量中得不到反映，需采用修正措施来反映它们对岩体质量的影响。

水对岩体质量的影响，不仅与水的赋存状态有关，还与岩石性质和岩体完整程度有关。岩石越致密，强度越高，完整性越好，则水的影响越小；反之，水的不利影响越大。基本质量为 I、II 级的岩体，且含水不多，无水压时，认为水对岩体质量无不利影响，取修正系数 $K_1 = 0$；基本质量为 V 级的岩体，呈涌水状出水，水压力较大时，不利影响最大，取 $K_1 = 1.0$（即降一级）。对其他中间情况，考虑了在同一出水状态下，基本质量越差的岩体，对其影响程度越大，修正系数也随之加大。在进行具体围岩分级过程中，要按照规范要求确定修正系数。

②软弱结构面是影响地下工程岩体稳定的一个重要因素，在引入这一因素时，应注意对稳定影响大，起着控制作用的软弱结构面。所谓起控制作用的软弱结构面，是指成层岩体的泥化

层面，一组很发育的裂隙，次生泥化夹层，含断层泥、糜棱岩的小断层等。

由于结构面产状不同，与隧洞轴线的组合关系不同，对地下工程岩体稳定的影响程度亦不同。如成层岩体，层面性状较大，为陡倾角且走向与洞轴线夹角很大时，对岩体稳定性无不利影响；反之，倾角较缓且走向与洞轴线夹角很小时，就容易发生沿层面的过大变形，甚至发生拱顶坍塌或侧壁滑移。再如一条小断层，当其倾角很陡，且与洞轴线夹角很大时，洞室稳定，基本无影响；反之则有很大的影响。这种不利影响在岩体基本质量及其指标中反映不出来。

同样，软弱结构面产状影响修正系数要按照规范要求进行确定。不但要考虑一组起控制作用结构面的情况，若有两组或两组以上起控制作用的结构面，组合情况就复杂得多，不能用修正岩体基本质量的方法，而需通过稳定分析解决。

③岩体初始应力对地下工程岩体稳定性的影响是众所周知的，特别是高初始应力的存在。岩石强度与初始应力之比(R_c/σ_{max})大于一定值时，可以认为对洞室岩体稳定不起控制作用，当这个比值小于一定值时，再加上洞周边应力集中的结果，对岩体稳定性或变形破坏的影响就表现得显著；尤其岩石强度接近初始应力值时，这种现象就更为突出。采用降低基本质量指标(BQ)，从而限制岩体级别的办法来处理，引入修正系数 K_3。这里降低 BQ 值，而不是直接规定降到某一级。

在极高应力地区，基本质量为 III、IV 级的岩体，将会发生不同程度的塑性挤压，流动变形，基本上没有自稳能力，采取较大幅度地限制岩体的级别。为此，进行了如下处理，如：当 BQ＝351～450 和 BQ＝251～350 时，均取 $K_3=1.0\sim1.5$。BQ 值较小时取较大的修正系数(K_3)；反之，取较小的修正系数。基本质量为 I、II 级的岩体，在极高应力区岩体未丧失自稳能力，但明显地影响了自稳性。在高应力地区，初始应力对岩体稳定性的影响大为减少，但仍影响岩体稳定性，故取较小的修正系数(K_3)，适当限制其级别。

对初始应力这一修正因素，采用降低岩体 BQ 指标的处理办法，可用于经验方法确定支护参数的设计。若用计算分析方法进行设计时，就不需作上述处理。

按照上述办法进行修正，修正前后可能仍属同一级，似无意义，其实经修正后可能由原来靠近某级上限而变为处于该级中部或接近下限。不仅如此，若单修正水的影响，由某级的上限修正到该级的中部，如果再加上另一影响因素的修正，就可能降低一级了。这些对于评价地下工程岩体稳定性和选用支护等参数是有意义的，因为有关规范中的支护等参数表，每级都有一定的范围值。对 BQ＜240 时也作修正，就是据此考虑的。

5.5.3 公路隧道围岩分级

可根据调查、勘探、试验等资料，岩石隧道的围岩定性特征，围岩基本质量指标 BQ，或修正的围岩质量指标[BQ]值，土体隧道中的土体类型、密实状态等定性特征，按表 5-18 确定围岩级别。

公路隧道围岩分级　　表 5-18

围岩级别	围岩或土体主要定性特征	围岩基本质量指标 BQ 或修正的围岩基本质量指标[BQ]
I	坚硬岩，岩体完整，巨整体状或巨厚层状结构	＞550
II	坚硬岩，岩体较完整，块状或厚层状结构； 较坚硬岩，岩体完整，块状整体结构	550～451

续上表

围岩级别	围岩或土体主要定性特征	围岩基本质量指标 BQ 或修正的围岩基本质量指标[BQ]
III	坚硬岩，岩体较破碎，巨块(石)碎(石)状镶嵌结构； 较坚硬岩或较软硬岩层，岩体较完整，块状体或中厚层结构	450～351
IV	坚硬岩，岩体破碎，碎裂结构； 较坚硬岩，岩体较破碎～破碎，镶嵌碎裂结构； 较软岩或软硬岩互层，且以软岩为主，岩体较完整～较破碎，中薄层状结构	350～251
	土体：1. 压密或成岩作用的黏性土及砂性土； 2. 黄土(Q_1、Q_2)； 3. 一般钙质、铁质胶结的碎石土、卵石土、大块石土	
V	较软岩，岩体破碎； 软岩，岩体较破碎～破碎； 极破碎各类岩体，碎、裂状，松散结构	≤250
	一般第四系的半干硬至硬塑的黏性土及稍湿至潮湿的碎石土、卵石土、圆砾、角砾土及黄土(Q_3、Q_4)。非黏性土呈松散结构，黏性土及黄土呈松软结构	
VI	软塑状黏性土及潮湿、饱和粉细砂层、软土等	

注：本表不适用于特殊条件的围岩分级，如膨胀性围岩、多年冻土等。

当根据岩体基本质量定性划分与[BQ]值确定的级别不一致时，应重新审查定性特征和定量指标计算参数的可靠性，并对它们重新观察、测试。

在工程可行性研究和初步勘测阶段，可采用定性划分的方法或工程类比的方法进行围岩级别划分。

5.5.4 按《公路隧道设计规范》作支护经验设计

《公路隧道设计规范》中规定隧道初期支护可采用工程类比法进行设计，并通过理论分析进行验算。其中，初期支护的支护参数可参照表 5-19、表 5-20 选用，并应根据现场围岩监控量测信息对设计支护参数进行必要的调整。

2 车道隧道初期支护的设计参数 表 5-19

围岩级别	初期支护						
	喷射混凝土厚度(cm)		锚杆(m)			钢筋网	钢架
	拱部、边墙	仰拱	位置	长度	间距		
I	5	—	局部	2.0	—	—	—
II	5～8	—	局部	2.0～2.5	—	—	—
III	8～12	—	拱、墙	2.0～3.0	1.0～1.5	局部@25×25	—
IV	12～15	—	拱、墙	2.5～3.0	1.0～1.2	拱、墙@25×25	拱、墙
V	15～25	—	拱、墙	3.0～4.0	0.8－1.2	拱、墙@25×25	拱、墙、仰拱
VI	通过试验、计算确定						

3车道隧道初期支护的设计参数 表5-20

围岩级别	初期支护						
	喷射混凝土厚度(cm)		锚杆(m)			钢筋网	钢架
	拱部、边墙	仰拱	位置	长度	间距		
I	8	—	局部	2.5	—	局部	—
II	8~10	—	局部	2.5~3.5	—	局部	—
III	10~15	—	拱、墙	3.0~3.5	1.0~1.5	拱、墙@25×25	拱、墙
IV	15~20	—	拱、墙	3.0~4.0	0.8~1.0	拱、墙@20×20	拱、墙
V	20~30	—	拱、墙	3.5~5.0	0.5—1.0	拱、墙(双层)@20×20	拱、墙、仰拱
VI	通过试验、计算确定						

注：有地下水时，可取大值；无地下水时，可取小值。采用钢架时，宜选用格栅钢架。

上表是根据近几年来我国公路隧道采用的设计参数统计的结果。支护设计和施工紧密相关，应通过现场监控量测，掌握围岩和支护的形变和应力状态，不断调整和修改设计，确定支护的闭合时间，保证施工期安全。对软弱流变围岩、膨胀性围岩，隧道支护参数的确定还应考虑围岩形变压力继续增长的作用，适当增加初期支护的强度和刚度。

5.6 岩体锚喷支护理论分析法设计

目前，初期支护结构设计有3种方法：即以围岩分类为基础的工程类比法设计；以计算为基础的理论分析法和以量测为基础的现场监控法设计。工程类比法设计是当前应用最广的设计方法，它是根据工程经验直接提出支护设计参数，工程经验主要涉及围岩分类和工程跨度。理论分析法则是根据围岩的破坏机理或破坏理论进行几何分析或受力分析，确定锚喷支护的设计参数。监控法设计是通过现场监测，在获得围岩力学动态和支护体系的工作状态信息的基础上，反馈修正或确定锚喷支护设计参数。

初期支护的3种设计方法各有利弊，因此3种方法应结合使用，互相渗透，互相补充。

从围岩破坏机理可知，锚喷支护在坚硬裂隙岩体与软弱破碎岩体的支护作用机理是不同的，前者着重于防止局部危岩的滑移坠落，后者着重于防止围岩整体失稳。

在坚硬裂隙岩体中，围岩的塌落常常从某一局部不稳定岩块的坠落开始，因此，一旦喷层能阻止不稳定岩块的滑移和坠落，保持和加强围岩的咬合、镶嵌与夹持作用，就可以维持围岩的稳定。所以，坚硬裂隙岩体喷射混凝土支护的计算方法一般采用块体平衡法验算危石的稳定。

①喷射混凝土对局部不稳定块体的抗力可按式(5-11)验算：

$$KG \leqslant 0.75 f_d h U_r \tag{5-11}$$

式中：G——不稳定块体重量，N；

f_d——喷射混凝土设计抗拉强度，MPa；

h——喷射混凝土厚度，mm，$h>100$mm时，仍以100mm计算；

U_r——不稳定块体出露面的周边长度，mm；

K——安全系数，取2。

②当喷层厚度大于100mm或喷层与围岩黏结强度很低时，在局部不稳定块体作用下，喷层呈现黏结破坏。这时需设置锚杆，由喷层与锚杆共同承受不稳定块体的重量。

a.拱腰以上的喷射混凝土与锚杆对局部不稳定块体的抗力可按下列公式验算。

对喷射混凝土与水泥砂浆锚杆支护：

$$KG \leqslant 0.75 f_{ct} h U_r + n A_s f_{st} \tag{5-12}$$

对喷射混凝土与预应力锚杆(索)支护：

$$KG \leqslant 0.75 f_{ct} h U_r \tag{5-13}$$

或

$$KG \leqslant 0.75 f_{ct} h U_r + n A_y \sigma_{con} \tag{5-14}$$

式中：G——不稳定块体重量，N；

A_s——单根锚杆杆体的截面积，mm^2；

A_y——单根预应力锚杆(索)的截面积，mm^2；

n——锚杆或预应力锚杆(索)的根数；

f_{ct}——水泥砂浆锚杆钢筋设计抗拉强度，MPa；

σ_{con}——预应力锚杆(索)张拉控制应力，MPa；

K——安全系数，取2。

b.拱腰以下及边墙喷射混凝土及锚杆对局部不稳定块体的抗力可按下列公式验算。

对喷射混凝土与水泥砂浆锚杆支护：

$$KG_2 \leqslant 0.75 f_{ct} h U_r + f G_2 + n A_s f_{sv} + CA \tag{5-15}$$

对喷射混凝土与预应力锚杆(索)支护：

$$KG_1 \leqslant 0.75 f_{ct} h U_r + f G_2 + P_t + f P_n + CA \tag{5-16}$$

式中：G_1、G_2——分别为不稳定岩块平行、垂直作用于滑动面上的分力；

A_s——单根水泥砂浆锚杆钢筋的截面积；

n——锚杆根数；

A——岩石滑动面的面积；

C——岩石滑动面上的黏结力；

f_{sv}——水泥砂浆锚杆钢筋设计抗剪强度；

f——岩石滑动面的摩擦系数。

P_n——预应力锚杆(索)的预张拉力值，N；

③黏结式锚杆锚入稳定岩体的长度，应同时满足式(5-17)：

$$l_n \geqslant K \frac{d_1}{4} \cdot \frac{f_{st}}{f_{cs}} \tag{5-17}$$

$$l_n \geqslant K \frac{d_1^2}{4d_2} \cdot \frac{f_{st}}{f_{cr}} \tag{5-18}$$

式中：l_n——锚杆杆体或锚索锚入稳定岩体的长度，mm；

d_1——锚杆钢筋直径或锚索体直径，mm；

d_2——锚杆孔直径，mm；

f_{st}——锚杆钢筋或锚索体设计抗拉强度，MPa；

f_{cs}——水泥砂浆与钢筋(钢索)的设计黏结强度，MPa；

f_{cr}——水泥砂浆与钻孔壁的设计黏结强度，MPa；

K——安全系数，取1.5。

④由此也可验算锚杆最大锚固力 Q：

$$Q \leqslant \frac{\pi d_1^2}{4} f_{st} \tag{5-19}$$

⑤锚杆间距。

a. 对于无预应力锚杆，要求每根锚杆承受的岩石重量小于其锚固力或杆体的拉断力，即：

$$K\gamma l_n D^2 \leqslant Q \quad 或 \quad K\gamma l_n D^2 \leqslant \frac{\pi d_1^2}{4} f_{st} \tag{5-20}$$

$$或 \qquad K\frac{G}{A}D^2 \leqslant Q \quad 或 \quad K\frac{G}{A}D^2 \leqslant \frac{\pi d_1^2}{4} f_{st} \tag{5-21}$$

式中：γ——岩石重度；

A——危石面积；

D——锚杆间距，式中可看成锚杆间距与排距相等；

其他符号意义同上。

所以，锚杆间距同时满足下式：

$$D \leqslant \sqrt{\frac{QA}{KG}} \quad 和 \quad D \leqslant \frac{d_1}{2}\sqrt{\frac{\pi f_{st} A}{KG}} \tag{5-22}$$

b. 对于预应力锚杆，每根锚杆除承受岩石重量外，还要承受预应力。一般预应力为锚固力的 50%～80%。因而上述计算锚杆间距 D 的公式相应变化为：

$$D \leqslant \sqrt{\frac{QA}{(1.5 \sim 1.8)KG}} \quad 和 \quad D \leqslant \sqrt{\frac{\pi f_{st} A}{(1.5 \sim 1.8)KG}} \tag{5-23}$$

⑥当设有锚杆和喷射混凝土时，不稳定块体由锚杆和喷层共同承担。因此，在锚杆计算中，要扣去喷层的承载部分。

5.7 软岩锚喷支护结构设计方法

（支护剪切锥理论）

5.7.1 概述

根据新奥法支护结构与岩压关系的理论，初期支护结构计算应当从支护结构与围岩共同工作的协调变形条件来进行。但因目前在岩石力学中对岩体的应力应变关系的研究还有许多问题没有得到很好解决，所以对初期支护结构进行更严密、更准确的数学公式计算问题还不能解决。现在对初期支护结构所采用的简化计算只能供设计施工时参考。

简化计算方法不考虑支护结构和围岩共同工作的形变协调问题，只根据各支护结构的容许抗剪强度简单地叠加来计算支护结构的容许承载力。使用简化计算方法的限定条件是：

①允许围岩产生一定的内空变位，但不应出现有害松动，因此初期支护的喷混凝土和锚杆应紧跟开挖工作面及时构筑。

②应当采用薄壁、柔性、可缩、可屈的支护结构，此结构对围岩的容许承载力不必过大。

③考虑支护结构强度时，不应当只考虑锚杆、喷混凝土、钢拱架等支护结构的单独支护效果，还应当考虑由于锚杆、喷混凝土等支护结构使围岩形成支承环的支护效果。

④整个计算过程都应当按受剪破坏的条件来计算支护结构对围岩的容许承载力，并以支

护结构的容许承载力的总和大于支护结构对围岩壁面施加的约束压应力的最小值 $\sigma_{rd,\min}$ 作为校核强度的条件。

5.7.2 初期支护结构的总承载力

(1)隧道围岩的破坏过程模型

长期对隧道破坏过程的观察发现，在岩体中开挖了圆形断面孔洞之后，围岩破坏过程的进行状态如图 5-2 所示。从图可以看出：围岩在垂直方向的主动岩压作用下，圆形孔洞两侧壁处因受剪切破坏而有楔形岩块被挤出，楔块向着孔洞内侧移动的方向与主动岩压方向垂直，见图 5-2a)。由于楔块移动，孔洞上部和下部两块岩体成了跨度被加大了的梁，就使得上下两块岩体向孔洞方向挠曲，见图 5-2b)。随着上下两块岩体向空洞方向挠曲的不断加大，并在水平方向的应力作用下被压屈而挤向孔洞内部，使隧道围岩发生了底鼓和顶板崩落，见图 5-2c)。

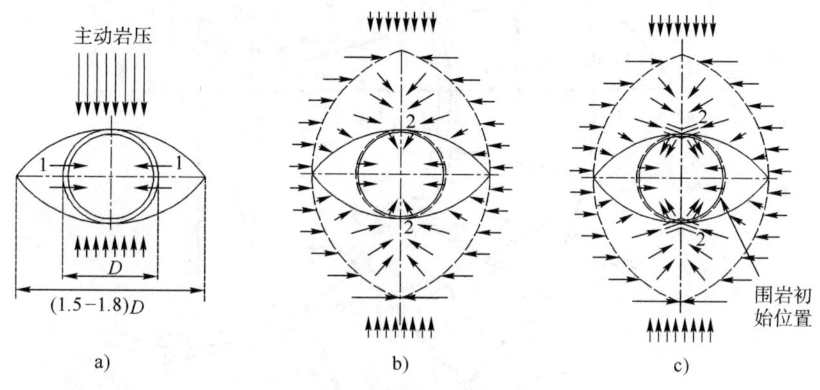

图 5-2 隧道围岩破坏过程示意图

(2)楔形滑动岩块的诸参数

①剪切破坏的剪切角 α。岩体发生剪切破坏的条件是最大最小主应力圆与莫尔—库仑滑动限界线相切，如图 5-3 所示。图中 σ_1 为最大主应力，σ_3 为最小主应力，最大最小主应力圆与莫尔—库仑滑动限界线相切于 B 点，B 点的横坐标是作用在滑动面上的正应力 σ_n^R，纵坐标是作用在滑动面上的剪应力 τ^R，剪切角 α 为剪切破坏面与最大主应力 σ_1 作用方向的夹角，根据图 5-3 中的几何关系可知：

$$\alpha=\frac{1}{2}\left(\frac{\pi}{2}-\varphi\right)=\frac{\pi}{4}-\frac{\varphi}{2} \qquad (5\text{-}24)$$

式中：φ——岩石的内摩擦角；

π——圆周率。

②楔形滑动岩块滑动面迹线的轨迹方程。今以圆形断面隧道中心为原点作出极坐标系，坐标系的垂直轴为极轴，并把楔形滑动岩块滑动面迹线用极径的矢端轨迹来表示。将极角沿反时针方向旋转，当极角等于剪切破坏角 α 时，极径的矢端与围岩壁面的交点 A 即是楔形滑动岩块滑动面迹线的起点。按对称关系同样可以作出楔形滑动岩块滑动面迹线的另外一个起点 A'，见图 5-4。

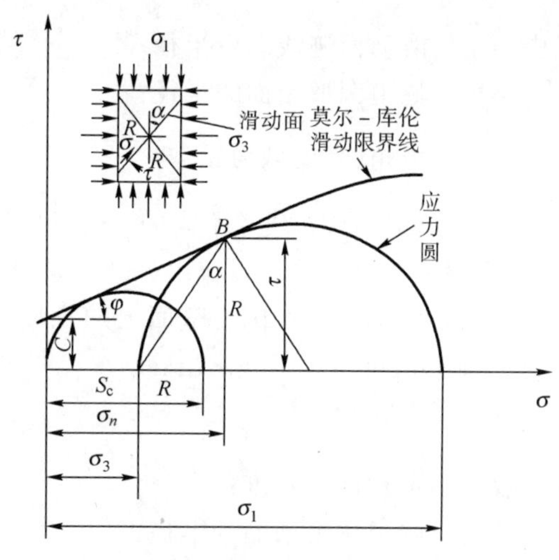

图 5-3 岩体剪切破坏莫尔圆

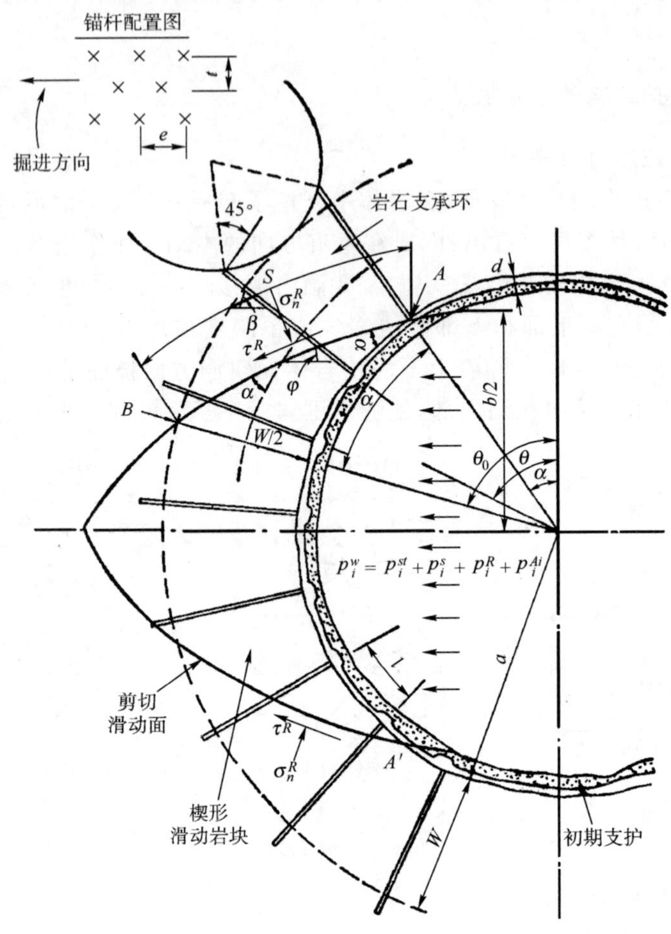

图 5-4 剪切锥模型计算示意图

楔形滑动岩块滑动面的迹线方程为：

$$r = a\exp\{(\theta - \alpha)\tan\alpha\} \tag{5-25}$$

式中：r——滑动面迹线的极半径；

a——隧道圆形断面的半径；

θ——极角，且变域为 $\alpha \leqslant \theta \leqslant \frac{\pi}{2}$。

根据式(5-25)，并代入不同的 θ 值，可以以 A 为起点绘出楔形滑动岩块的一条剪切滑动面迹线，再根据对称关系可以作出另外一条滑动面迹线。

③剪切滑动区域在围岩壁面上的宽度。参阅图 5-4，设剪切滑动区域在围岩壁面上的宽度为 b，则 b 值可以由下式求出：

$$b = 2a \cdot \cos\alpha \tag{5-26}$$

式中：b——剪切区域宽度；

a——隧道圆形断面的半径；

α——围岩的剪切角。

(3)初期支护结构的承载力

①喷混凝土支护体承载力 p_i^s

设围岩的水平滑动楔形岩块对喷混凝土支护体作用的水平方向的总压力为 P_i^s，对抗楔型岩块的滑动，喷混凝土支护体上下两个剪切面都产生了剪力 T^s 来阻止岩块的滑动。当岩块处于平衡状态时：

$$P_i^s = 2T^s$$

设喷混凝土支护体的厚度为 d，发生剪切破坏时的剪切角为 α^s，喷混凝土的容许抗剪强度为 τ^s，则阻止岩块滑动的剪力 T^s 应为：

$$T^s = \frac{\tau^s d}{\sin\alpha^s}$$

假设喷混凝土支护体阻止岩块滑动的剪力在喷混凝土支护体与滑动岩块之间是均匀分布的，则可求出喷混凝土支护体的承载力 p_i^s，总压力为：

$$P_i^s = 2T^s = p_i^s b$$

即：

$$p_i^s = \frac{2\tau^s d}{b\sin\alpha^s} \tag{5-27}$$

式中，喷混凝土支护层的剪切角 α^s 取 30°，喷混凝土容许抗剪强度 τ^s 的数值为容许抗压强度 s_c 的 43%，即：

$$\tau^s = 0.43s_c$$

②金属网或钢拱架的承载力 p_i^{st}。与导出喷混凝土支护体的承载力 p_i^s 的道理相同。

$$p_i^{st} = \frac{2F^{st}\tau^{st}}{b\sin\alpha^{st}} \tag{5-28}$$

式中：α^{st}——钢材的剪切角，取 $\alpha^{st}=45°$；

τ^{st}——钢材的容许抗剪强度，其值取钢材的容许抗拉强度 σ_p^{st} 的 50%，即：

$$\tau^{st} = \sigma_p^{st}/2$$

F^{st}——隧道纵向一延米加强钢材的截面积；

b——围岩发生剪切滑动区域的宽度。

③锚杆对围岩作用的径向平均压力 q_i^A。对于端部锚固式锚杆：

$$q_i^A = \frac{f^{st}\sigma_p^{st}}{et} \tag{5-29}$$

对全部黏附式锚杆，可近似地按下式计算：

$$q_i^A = \frac{A}{et} \tag{5-30}$$

上两式中：f^{st}——锚杆的截面积；

σ_p^{st}——钢材的容许抗拉强度；

e——锚杆之间的纵向距离；

t——锚杆之间横向距离；

A——锚杆的容许拉拔抗力。

④岩石支承环的承载力 p_i^R。其值为：

$$p_i^R = \frac{2s\tau^R\cos\phi}{b} - \frac{2s\sigma_n^R\sin\phi}{b} \tag{5-31}$$

式中：τ^R——作用于岩石支承环区域内楔形滑动岩块的滑动面上的剪应力；

σ_n^R——作用于岩石支承环区域内楔型滑动岩块的滑动面上的正应力；

ϕ——在岩石支承环区城内楔型滑动岩块滑动迹线的平均倾角；

s——在岩石支承环区域内楔形滑动岩块滑动迹线的长度；

b——围岩发生剪切滑动区城的宽度。

下面先求算 σ_n^R 和 τ^R 的数值。从图 5-3 可以得出：

$$\tau^R = \frac{\sigma_1 - \sigma_3}{2}\cos\varphi \tag{5-32}$$

又：

$$\tau^R = c + \sigma_n^R \tan\varphi \tag{5-33}$$

则：

$$\frac{\sigma_1 - \sigma_3}{2}\cos\varphi = c + \sigma_n^R \tan\varphi \tag{5-34}$$

从图 5-3 中的几何关系又可以得出：

$$\sigma_n^R = \frac{\sigma_1 + \sigma_3}{2} - \frac{\sigma_1 - \sigma_3}{2}\sin\varphi \tag{5-35}$$

将式(5-35)代入式(5-34)，则得出：

$$\sigma_1 = \sigma_3 + 2(\sigma_3 \tan\varphi + c)\frac{1 + \sin\varphi}{\cos\varphi} \tag{5-36}$$

又因：

$$\sigma_3 = p_i^s + p_i^g + q_i^A \tag{5-37}$$

则可利用式(5-36)求出 σ_1，然后利用式(5-32)和式(5-35)分别求出 σ_n^R 和 τ^R 之值。

我们再来求算 ϕ 和 s 的数值。ϕ、s 的数值都受岩石支承环厚度 W 值的影响，因此在求算 ϕ、s 之前应先求出 W 之值。W 为岩石支承环的厚度，可用两种方法求得。

a. 作图法。设 e 为锚杆间的距离(纵向)，t 为锚杆的间隔(横向)，a 为隧道半径，c 点为锚杆端头，如图 5-5所示。在锚杆端头作 CD 线，使 CD 与 AC 呈$\frac{3\pi}{4}$角，再从相邻锚杆的端头 C'处作 $C'D$ 线，使 $C'D$ 与 $A'C'$呈$\frac{3\pi}{4}$角，CD 与 $C'D$ 交于 D 点。连接 OD，作 $CE \perp OD$。以 D 为圆心、CD 为半径画圆。以 O 为圆心作圆，使此圆与以 CD 为半径的圆相切，则此圆半径为 $a+W$。于是，从图上则可最出 W 值。

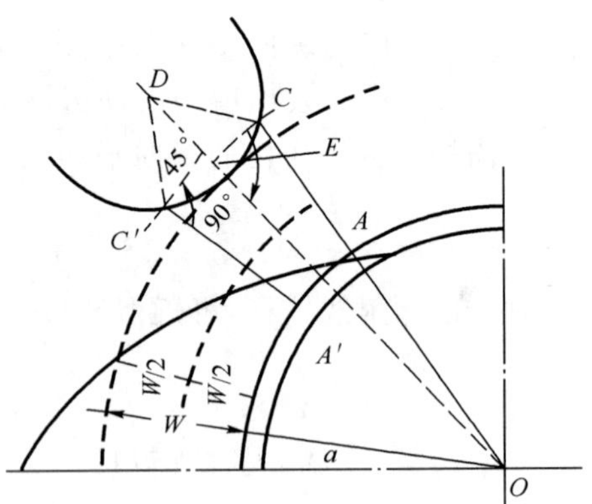

图 5-5 作图法示意图

b. 解析法。图 5-5 中 AC 为锚杆长度，今以 l 表示之，从图 5-5 中可以得出：

$$AA' = t$$

$$OE = (a + l) \cdot \cos\left(\frac{t}{2a}\right)$$

$$\angle OCD = \frac{3\pi}{4}$$

$$\angle ECD = \frac{\pi}{4} + \frac{t}{2a}$$

$$ED = (a + l)\sin\left(\frac{t}{2a}\right) \cdot \tan\left(\frac{\pi}{4} + \frac{t}{2a}\right)$$

$$CD = (a + l)\sin\left(\frac{t}{2a}\right) / \cos\left(\frac{\pi}{4} + \frac{t}{2a}\right)$$

又：

$$W = OE + ED - CD - a$$

故将 OE、ED、CD 值代入上式，得出：

$$W = (a+l)\left\{\cos\left(\frac{t}{2a}\right)+\sin\left(\frac{t}{2a}\right)\cdot\tan\left(\frac{\pi}{4}+\frac{t}{2a}\right)-\right.$$

$$\left.\sin\left(\frac{t}{2a}\right)/\cos\left(\frac{\pi}{4}+\frac{t}{2a}\right)\right\}-a \tag{5-38}$$

求出 W 后，就可以求 ϕ 和 s，这里先求 ϕ。ϕ 为楔形滑动岩块在岩石支承环区域内的平均倾角，这个倾角即是滑动迹线的极半径的极角。

根据式(5-25)，当 $r=a$ 时，得出倾角为 α。当 $r=a+W$ 时，得出倾角 θ_0 为：

$$\theta_0 = \alpha + \frac{1}{\tan\alpha}\ln\left(\frac{a+W}{a}\right) \tag{5-39}$$

而

$$\phi = \frac{\theta_0-\alpha}{2} \tag{5-40}$$

将式(5-39)代入式(5-40)中，则得出

$$\phi = \frac{1}{2\tan\alpha}\ln\left(\frac{a+W}{a}\right) \tag{5-41}$$

接着求 s：

$$s = \frac{a+W}{\sin\alpha} - \left(\frac{a}{\sin\alpha}\right)$$

即

$$s = \frac{a}{\sin\alpha}\cdot\{\exp[(\theta_0-\alpha)\tan\alpha]-1\} \tag{5-42}$$

⑤锚杆的承载力 p_i^A。锚杆的承载力 p_i^A 即是在岩石支承环区域内，锚杆阻止楔形滑动岩块滑动的承载力。p_i^A 的数值可由下式计算：

$$p_i^A = q_i^A\cdot\frac{1}{\cos\alpha}(\cos\alpha-\cos\theta_0) \tag{5-43}$$

式中：p_i^A——锚杆的承载力；

q_i^A——锚杆对围岩作用的径向平均压力，可由式(5-29)或式(5-30)求出；

α——岩石支承环区域滑动迹线(滑动面)的最小倾角；

θ_0——岩石支承环区域滑动迹线(滑动面)的最大倾角。

⑥初期支护结构对围岩的总承载力 p_i^W：

$$p_i^W = p_i^s + p_i^g + p_i^R + p_i^A \tag{5-44}$$

(4)初期支护结构承载力强度校核

按初期支护结构计算所提供的总承载力 p_i^W 的数值应大于使围岩不产生有害松动的最小径向约束压应力值的原则来进行强度校核，即：

$$p_i^W > \sigma_{ra,\min} \tag{5-45}$$

5.7.3 计算实例

已知某隧道的数据为：岩体内摩擦角 $\varphi=30°$；岩体内聚力 $C=28\text{t/m}^2$；圆形断面隧道半径 $a=2.9\text{m}$；喷混凝土层厚度 $d^s=0.2\text{m}$；喷混凝土容许抗拉强度 $\tau^s=430\text{t/m}^2$，剪切角 $\alpha^s=30°$；钢拱支架为 H150×150 型钢，截面积 $F^g=40.14\text{cm}^2$；容许抗剪强度 $\tau^g=9\,100\text{t/m}^2$；剪切角 $\alpha^g=45°$；锚杆长度 $l=2.12\text{m}$(全部黏结式锚杆)，打设排距 $e=1.0\text{m}$，打设间距 $t=1.139\text{m}$。

①求剪切角 α。由式(5-24)得：

$$\alpha = \frac{\pi}{4}-\frac{\varphi}{2} = 45°-15° = 30°$$

②作楔形滑动岩块的剪切滑动迹线。用式(5-25)的关系：

$$r = a\exp\{(\theta-\alpha)\tan\alpha\}$$

以 θ 为变量，取 θ 由 $\alpha \to \frac{\pi}{2}$ 之间的不同数值算出对应的 r 值，则可作出图 5-6 所示的滑动迹线。

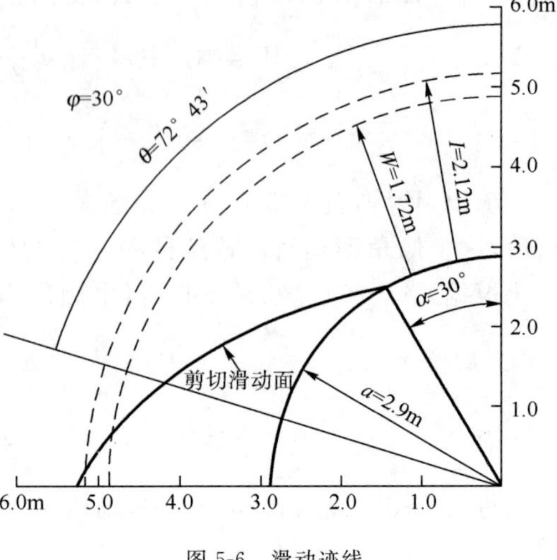

图 5-6 滑动迹线

③求剪切滑动区域宽度 b。由式(5-26)得：

$$b = 2a \cdot \cos\alpha = 5.02\text{m}$$

④计算 p_i^s。由式(5-27)得：

$$p_i^s = \frac{2\tau^s d}{b\sin\alpha^s} = \frac{2\times 0.2\times 430}{5.02\times\sin 30^\circ} = 68.5\text{t/m}^2$$

⑤计算钢拱架承载力 p_i^{st}。由式(5-28)得：

$$p_i^{st} = \frac{2F^{st}\tau^{st}}{b\sin\alpha^{st}} = \frac{2\times 40.14\times 10^{-4}\times 9\,100}{5.02\times\sin 45^\circ} = 20.6\text{t/m}^2$$

⑥计算全部黏结式锚杆对围岩的径向平均压应力 q_i^A。根据式(5-30)得：

$$q_i^A = \frac{A}{et} = 15/(1\times 1.139) = 13.2\text{t/m}^2$$

⑦计算岩石支承环的承载力 p_i^A。先求算 σ_n^R、τ^R，由式(5-37)得：

$$\sigma_3 = p_i^s + p_i^{st} + q_i^A = 68.5 + 20.6 + 13.2 = 102.3\text{t/m}^2$$

由式(5-36)得：

$$\sigma_1 = \sigma_3 + 2(\sigma_3\tan\varphi + c)\frac{1+\sin\varphi}{\cos\varphi} = 102.3 + 2(28.9 + 102.3\tan 30^\circ)\frac{1+\sin 30^\circ}{\cos 30^\circ} = 406.7\text{t/m}^2$$

由式(5-32)得：$\tau^R = \frac{\sigma_1-\sigma_3}{2}\cos\varphi = \frac{406.7-102.3}{2}\cos 30^\circ = 131.8\text{t/m}^2$

由式(5-35)得：$\sigma_n^R = \frac{\sigma_1+\sigma_3}{2} - \frac{\sigma_1-\sigma_3}{2}\sin\varphi$

$$= \frac{406.7+102.3}{2} - \frac{406.7-102.3}{2}\sin 30^\circ = 178.38\text{t/m}^2$$

再求出 ϕ 和 s。由式(5-38)算出 W：

$$W = (a+l)\left\{\cos\left(\frac{t}{2a}\right) + \sin\left(\frac{t}{2a}\right)\cdot\tan\left(\frac{\pi}{4}+\frac{t}{2a}\right) - \sin\left(\frac{t}{2a}\right)/\cos\left(\frac{\pi}{4}+\frac{t}{2a}\right)\right\} - a$$

$$= 5.02\{0.980\,9 + 0.194\,2\times 1.494 - 0.194\,2/0.555\,9\} - 2.9 = 1.727\text{m}$$

由式(5-39)算出 θ_0：

$$\theta_0 = \alpha + \frac{1}{\tan\alpha}\ln\left(\frac{a+W}{a}\right) = 0.524 + \frac{1}{0.577}\ln\left(\frac{2.9+1.727}{2.9}\right) = 1.339\ \text{弧度} = 76^\circ 43'$$

由式(5-40)求出 ϕ：

$$\phi = \frac{\theta_0 - \alpha}{2} = (76°43' - 30°)/2 = 23°21'$$

由式(5-42)求出 s：

$$s = \frac{a}{\sin\alpha} \cdot \{\exp[(\theta_0 - \alpha)\tan\alpha] - 1\}$$

$$= \frac{2.9}{\sin 30°} \cdot \{e^{0.4708} - 1\} = 3.48\text{m}$$

最后计算岩石支承环承载力 p_i^R。由式(5-31)得：

$$p_i^R = \frac{2 \cdot s \cdot \tau^R \cdot \cos\phi}{b} - \frac{2 \cdot s \cdot \sigma_n^R \cdot \sin\phi}{b}$$

$$= \frac{2 \times 3.48}{5.02}(131.8 \times 0.9181 - 178.3 \times 0.3963)$$

$$= 69.79\text{t/m}^2$$

⑧计算锚杆的承载力 p_i^A。由式(5-43)得：

$$p_i^A = q_i^A \cdot \frac{1}{\cos\alpha}(\cos\alpha - \cos\theta_0)$$

$$= \frac{15}{1 \times 1.139} \cdot \frac{1}{\cos 30°}(\cos 30° - \cos 76°43')$$

$$= 9.674\text{t/m}^2$$

⑨初期支护结构对围岩的总承载力 p_i^W。由式(5-44)得：

$$p_i^W = p_i^s + p_i^g + p_i^R + p_i^A$$

$$= 68.5 + 20.6 + 69.79 + 9.674$$

$$= 168.59\text{t/m}^2$$

根据新奥法理论，初期支护结构与围岩应当看作是一个复合体结构，该结构是共同工作、共同变形的。复合体的承载能力是在形变协调的条件下，根据各支护结构成分的不同刚度来进行分担，各支护结构成分不可能同时达到极限承载能力。

初期支护简化计算法没有考虑形变协调问题，而只把各个结构的承载能力简单地相加，这是不合理的。支护结构的承载力也就是支护结构对围岩壁面施加的径向约束压应力。但是，由于径向约束压应力需要多大才能使围岩不产生有害松动这个问题目前还没有明确的标准，所以计算结果无法进行定量性的强度校核。

初期支护结构简化计算的意义只是有助于了解各支护结构成分的单独作用效果，可作为新奥法设计施工的参考。

思 考 题

1. 掌握围岩分级的基本概念，并说明围岩分级在工程中的意义。

2. 国内外典型的围岩分级有哪些？各种分级方法中应用了哪些分级指标？分级过程如何？各自有什么缺陷？

3. 分析 Q 指标法与 RMR 法各自的设计思路或步骤。

4. 说明公路隧道围岩分级的因素指标中，定性和定量的指标及其相应的描述有哪些？对基本分级的修正因素有哪些？如何修正？

5. 试说明常用的初期支护结构设计方法。

6. 对公路隧道区域利用工程地质测绘、钻探、物探等勘察方法对其工程地质条件进行调查，线路经过区域处于稳定状态，断层构造发育活动甚微。山体出露岩层为石灰岩，青灰色，中厚层状构造，产状为 20°～230°∠59°～81°，区段内裂隙发育，呈微张—密闭型，结构面间距为 0.5～1.0m，经地表量测主要发育二组结构面：L1：340°∠82°，L2：257°∠78°，且隧道轴线方向为 N100°E。钻探揭示的岩芯长度 6～40cm，采取率 75%～85%，RQD 值为 20%～45%。物探资料显示岩体的纵波波速为 V_p=3 000～4 000m/s；在隧道顶部有溪沟，雨季可能有滴水或渗水现象。对现场取样进行室内试验，得出石灰岩样品的单轴饱和抗压强度为 45～60MPa。请作如下分析：

①对该公路隧道围岩进行定性分级，并说明理由；

②根据《公路隧道设计规范》，求出围岩质量指标[BQ]值，并对该拟建隧道进行定量围岩分级；

③根据上述围岩分级结果，设计该隧道的初期支护参数。

7. 已知某隧道的数据为：岩石内摩擦角 $\varphi=30°$；岩石内聚力 $c=0.2$MPa；圆形断面隧道半径 $R=3.5$m；喷混凝土层厚度 $d^s=0.15$m；喷混凝土容许抗拉强度 $\tau^s=0.43$MPa，剪切角 $\alpha^s=30°$；钢拱支架为 H150×150 型钢，截面积 $F^g=40.14\text{cm}^2$；容许抗剪强度 $\tau^g=91$MPa；剪切角 $\alpha^g=45°$；锚杆长度 $l=2.5$m（全部黏结式锚杆），设锚杆排距 $e=1.0$m，间距 $t=1.0$m。试利用上述已知条件设计隧道的初期支护结构。

第 6 章 隧道衬砌结构计算

6.1 概　　述

国外地下开挖支护的造价约占整个结构总造价的 12%～36%，国内约占 50%以上。因此，支护系统的设计是整个过程至关重要的部分。现代支护理论将地下工程支护分初期支护和二次支护（又称初期支护和永久支护），初期支护系统是临时支护，是开挖后的第一步支护，然后才是永久性支护。

隧道衬砌除必须保证有足够的净空间外，还要求有足够的强度，以保证在使用寿命内结构物有可靠的安全性。

以往认为，混凝土衬砌（二期支护）主要是为了隧洞成形，防止落石、漏水、风化，以及对围岩和钢支撑起保护、补强等作用，即使进行了初期支护，也认为随着时间的迁移，初期支护系统可能损坏，并且结构上已无用处。故在设计二期或永久性支护系统时，习惯上，将初期支护的作用完全忽略不计。除此之外，传统的观念不分初期与二期支护，只把支护结构设计成一个拱形衬砌，例如现浇混凝土或预制混凝土衬砌，它既是初期支护，又是二期支护，认为其强度满足设计寿命要求。根据近年的理论和试验研究结果可知，这种认识是不完整的。混凝土衬砌除了补强作用以外，还将起到承受围岩流变压力的作用。由于隧洞围岩的流变，导致了作用在衬砌上围岩压力随时间的增长而增加，隧洞开挖后，即使围岩处于稳定状态，但经过一定时间的流变后，仍有发生破坏的可能。

目前，无论是初期支护材料还是永久支护材料，基本都是以混凝土材料为主。

初期和二期的支护系统基本都是超静定结构，因此设计计算时多以超静定结构考虑，其中，衬砌拱部结构以结构力学中无铰拱理论计算，墙部和仰拱结构以弹性地基梁理论计算。

理论研究与现场观测证明，围岩不仅对衬砌施加压力，同时还约束着衬砌的变形。围岩对衬砌变形的约束，对改善衬砌结构的受力状态有利，不容忽视。衬砌在受力过程中的变形，一部分结构有离开围岩形成“脱离区”的趋势，另一部分压紧围岩形成所谓“抗力区”，如图 6-1 所示。在抗力区内，约束着衬砌变形的围岩，相应地产生被动抵抗力，即“弹性抗力”。抗力区范围内的弹性抗力的大小，因围岩性质、围岩压力大小和结构变形的不同而不同。但是对这个问题有不同的见解，即局部变形理论和共同变形理论。

局部变形理论是以温克尔（E. Winkler）假定为基础的。该假定认为应力（σ_i）和变形（δ_i）之间呈线性关系，即 $\sigma_i = k\delta_i$，k 为围岩弹性抗力系数，见图 6-2a）。这一假定，相当于认为围岩是一组各自独立的弹簧，每个弹簧表示一个小岩柱。虽然实际的弹性体变形是互相影响的，施加于一点的荷载会引起整个弹性体表面的变形，即共同变形，见图 6-2b）。但温氏假定能反映衬砌的应力—变形的主要因素，且计算简便实用，可以满足工程设计的需要。应当指出，弹性

抗力系数 k 并非常数，它取决于很多因素，如围岩的性质、衬砌的形状和尺寸、以及荷载类型等。不过对于深埋隧道，可以视为常数。

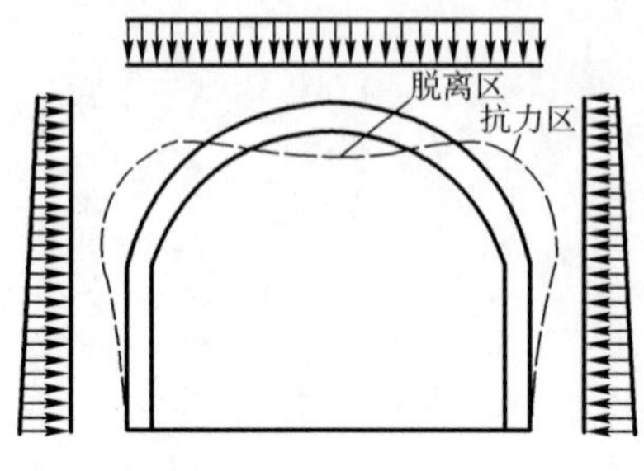

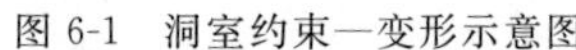
图 6-1　洞室约束—变形示意图

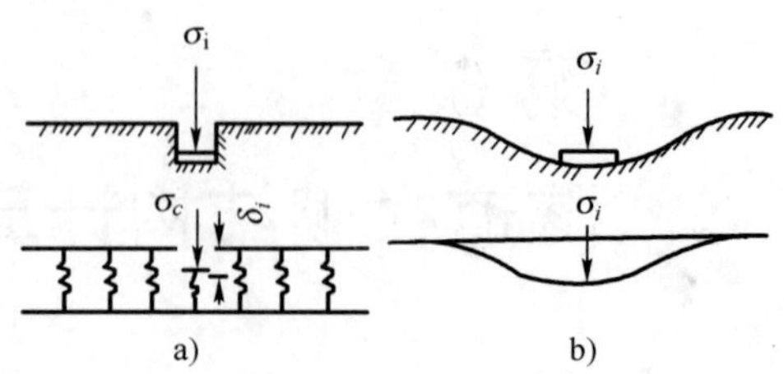

图 6-2　局部与共同变形理论应力—变形示意图

共同变形理论把围岩视为弹性半无限体，考虑相邻质点之间变形的相互影响。它用纵向变形系数 E 和横向变形系数 μ 表示地层特征，并考虑黏结力 C 和内摩擦角 φ 的影响。但这种方法所需围岩物理力学参数较多，而且计算颇为繁杂，计算模型也有严重缺陷，另外还假定施工过程中对围岩不产生扰动等，更是与实际情况不符。因而，我国很少采用。

本章将讨论局部变形理论中目前仍有实用价值的方法。

6.2　隧道衬砌上的荷载与分类

作用在衬砌上的荷载，按其性质可以区分为主动荷载与被动荷载。主动荷载是主动作用于结构、并引起结构变形的荷载；被动荷载是因结构变形压缩围岩而引起的围岩被动抵抗力，即弹性抗力，它对结构变形起限制作用。

(1)主动荷载

①主动荷载，指长期及经常作用的荷载，有围岩压力、回填土荷载、衬砌自重、地下静水压力以及车辆载重等。

②附加荷载，指非经常作用的荷载，有灌浆压力、冻胀压力、混凝土收缩应力、温差应力以及地震力等。

围岩压力按第二章所述方法确定。衬砌自重按预先拟定的尺寸和材料密度确定。地下静水压力按地下水位进行计算、因其往往使结构受力条件得到改善，故应按最低水位考虑。对于附加荷载的计算，目前缺乏成熟方法，其中地震荷载，在地震规范中有具体规定。

计算荷载应根据上述两类荷载同时存在的可能性进行组合。在一般情况下可仅按主要荷载进行计算。特殊情况下才进行必要的组合，并选用相应的安全系数检算结构强度。

(2)被动荷载

弹性抗力属于被动荷载，它只产生在被衬砌压缩的那部分周边上。其分布范围和图式一般可按工程类比法假定，精确值可以通过逐次逼近法确定，但通常可作简化处理。

6.3　半衬砌结构计算

拱圈直接支承在坑道围岩侧壁上时，称为半衬砌，见图 6-3。常用于坚硬、较完整的围岩(IV、V 类围岩)中。用先拱后墙法施工时，在拱圈已作好，但中下部尚未开挖前，拱圈也处于半衬砌工作状态。

6.3.1 计算图式、基本结构及正则方程

公路隧道中的拱圈，一般矢跨比不大，在垂直荷载作用下拱圈向坑道内变形，为自由变形，不产生弹性抗力。由于支承拱圈的围岩是弹性的，即拱圈支座是弹性的，在拱脚反力的作用下围岩表面将发生弹性变形，使拱脚产生角位移和线位移。拱脚位移将使拱圈内力发生改变，因而计算中除按固端无铰拱考虑外，还必须考虑拱脚位移的影响。对于拱脚位移，还可以作些具体分析，使计算图式得到简化。

通常，拱脚截面剪力很小，它与围岩之间的摩擦力很大，可以认为拱脚没有径向位移，只有切向位移，所以在计算图式中，在固端支座上用一根径向刚性支承链杆加以约束，见图 6-4a)。切向位移可以分解为垂直方向和水平方向两个分位移。在结构对称、荷载对称条件下，两拱脚的位移也是对称的。对称的垂直分位移对拱圈内力不产生影响。拱脚的转角 β_a 和切向位移的水平分位移 u_a 是必须考虑的。图中所示为正号方向，即水平分位移向外为正，转角与正弯矩方向相同时为正。采用力法计算时，将拱圈在拱顶处切开，取基本结构如图 6-4b)所示。固端无铰拱为三次超静定，有三个多余未知力，即弯矩 X_1，轴向力 X_2 和剪力 X_3。结构对称、荷载对称时 $X_3=0$，变成二次超静定结构，而且只需计算一半。按拱顶切开处的截面相对变位为零的条件，可建立如下正则方程式：

$$\left.\begin{aligned} X_1\delta_{11}+X_2\delta_{12}+\Delta_{1p}+\beta_a&=0\\ X_1\delta_{21}+X_2\delta_{22}+\Delta_{2p}+f\beta_a+u_a&=0\end{aligned}\right\}\tag{6-1}$$

式中：δ_{ik}——单位变位，即在基本结构上，因 $X_k=1$ 作用时，在 X_i 方向上所产生的变位，即单位内力引起的变位；

Δ_{ip}——荷载变位，即基本结构因外荷载作用，在 X_i 方向的变位，即外荷载引起的变位；

f——拱圈的矢高；

β_a、u_a——拱脚截面的最终转角和水平位移。

如果式(6-1)中的各变位都能求出，则可用结构力学的力法知识解算出多余未知力 X_1 和 X_2，至此，拱圈内力即可算出。

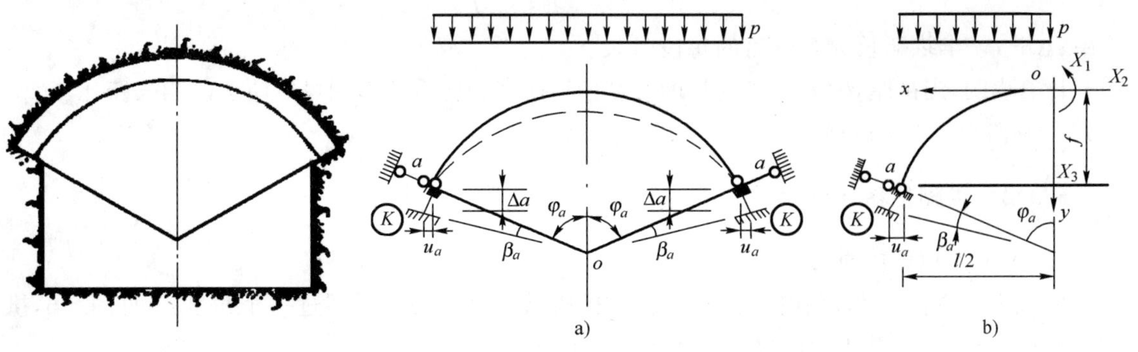

图 6-3 半衬砌拱示意

图 6-4 半衬砌计算模型示意图

6.3.2 单位变位及荷载变位的计算

由结构力学求变位的方法(轴向力与剪力影响忽略不计)可知：

$$\left.\begin{aligned}\delta_{ik} &= \int \frac{\overline{M}_i\,\overline{M}_k}{EJ}\mathrm{d}s \\ \Delta_{ip} &= \int \frac{\overline{M}_i M_p^o}{EJ}\mathrm{d}s\end{aligned}\right\} \tag{6-2}$$

式中：$\overline{M}_i$——基本结构在$\overline{X_i}=1$作用下所产生的弯矩；

$\overline{M}_k$——基本结构在$\overline{X_k}=1$作用下所产生的弯矩；

M_p^o——基本结构在外荷载作用下所产生的弯矩；

EJ——结构的刚度。

在进行具体计算时，由于结构对称，荷载对称，所以只需计算半个拱圈。在很多情况下，衬砌厚度是改变的，给积分带来不便，这时可将拱圈分成偶数段，用抛物线近似积分法代替，式(6-2)可以改写为：

$$\left.\begin{aligned}\delta_{ik} &\approx \frac{\Delta S}{E}\sum \frac{\overline{M}_i\,\overline{M}_k}{J} \\ \Delta_{ip} &\approx \frac{\Delta S}{E}\sum \frac{\overline{M}_i M_p^o}{J}\end{aligned}\right\} \tag{6-3}$$

利用式(6-3)，参照图 6-5，容易求得下列变位：

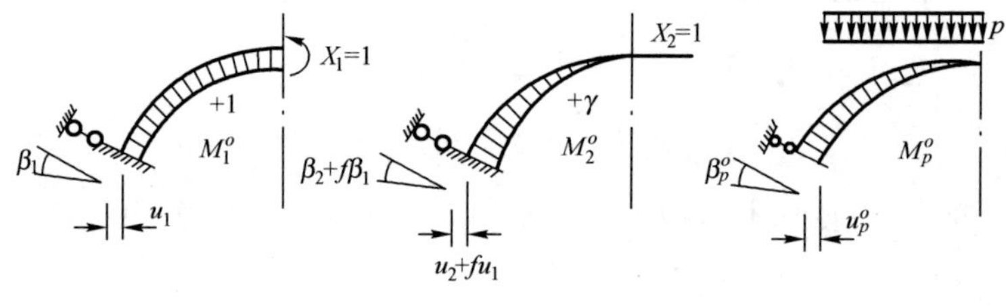

图 6-5

$$\left.\begin{aligned}&\delta_{11} \approx \frac{\Delta S}{E}\sum \frac{1}{J};\quad \delta_{12} \approx \frac{\Delta S}{E}\sum \frac{y}{J};\quad \delta_{22} \approx \frac{\Delta S}{E}\sum \frac{y^2}{J} \\ &\Delta_{1p} \approx \frac{\Delta S}{E}\sum \frac{M_p^o}{J};\quad \Delta_{2p} \approx \frac{\Delta S}{E}\sum \frac{yM_p^o}{J}\end{aligned}\right\} \tag{6-4}$$

式中：ΔS——半拱弧长 n 等分后的每段弧长。

计算表明，当拱厚 $d<l/10$(l 为拱的跨度)时，曲率和剪力的影响可以略去。当矢跨比 $f/l>1/3$ 时，轴向力影响可以略去。

6.3.3 拱脚位移计算

(1)单位力矩作用时

单位力矩 $X_1=1$ 作用在拱脚围岩上时，拱脚截面绕中心点 a 转过一个角度$\bar{\beta}_1$，见图 6-6，拱脚截面仍保持平面，其内(外)缘外围岩的最大应力 σ_1 为：

$$\sigma_1 = \frac{\overline{M}_a}{W_a} = \frac{1}{\frac{bh_a^2}{6}} = \frac{6}{bh_a^2}$$

式中：h_a——拱脚截面厚度；

b——拱脚截面纵向单位宽度，取 $b=1\text{m}$；

W_a——拱脚截面的截面模量，$W_a=\dfrac{bh_a^2}{6}$。

根据温克尔假定，拱脚内(外)缘的最大沉陷 δ_1 为：

$$\delta_1=\frac{\sigma_1}{k_a}=\frac{6}{k_a bh_a^2}\text{(温克尔假定)}$$

式中：k_a——拱脚围岩基底弹性抗力系数。

由于拱脚截面仅绕 a 点转过一个角度$\bar{\beta}_1$，a 点水平位移$\bar{u}_1=0$，

故
$$\left.\begin{aligned}\bar{\beta}_1&=\frac{\delta_1}{\frac{h_a}{2}}=\frac{12}{k_a bh_a^3}=\frac{1}{k_a J_a}\\ \bar{u}_1&=0\end{aligned}\right\}\tag{6-5}$$

式中：J_a——拱脚截面惯性矩，$J_a=\dfrac{bh_a^3}{12}$。

(2)单位水平力作用时

单位水平力可以分解为轴向分力($1\cdot\cos\varphi_a$)和切向分力($1\cdot\sin\varphi_a$)，计算时只需要考虑轴向分力的影响，见图 6-7。作用在围岩表面的均布应力为 σ_2：

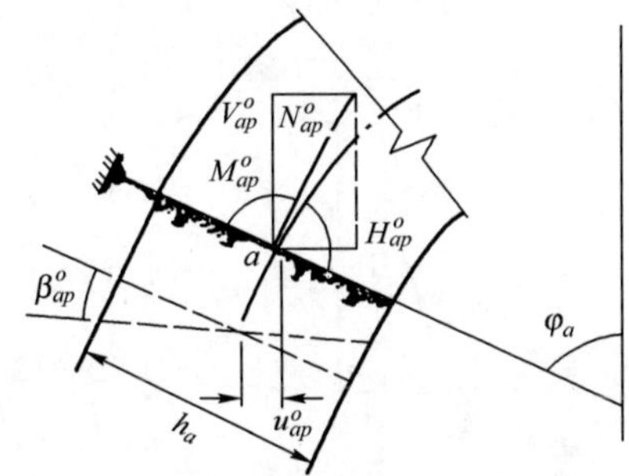

图 6-6　拱脚位移计算模型图

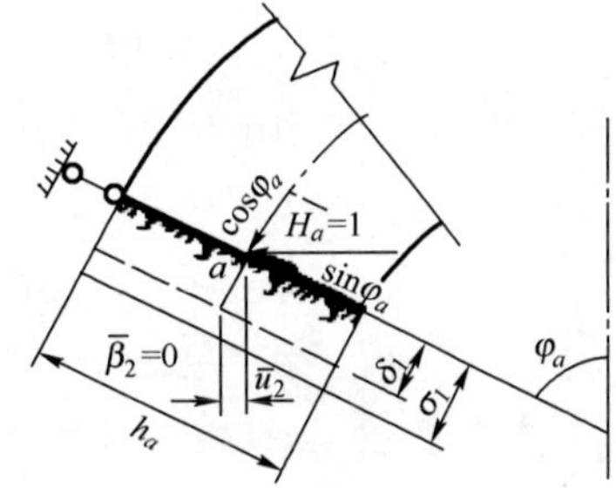

图 6-7　拱脚受力图

$$\sigma_2=\frac{1\cdot\cos\varphi_a}{bh_a}$$

拱脚产生的均匀沉陷 δ_2 为：

$$\delta_2=\frac{\sigma_2}{k_a}=\frac{\cos\varphi_a}{k_a bh_a}\quad(\sigma_2\text{ 产生的变形 }\delta_2)$$

式中：φ_a——拱脚截面与垂直面之间的夹角；

其余符号意义同前。

δ_2 分为垂直位移与水平位移，δ_2 水平投影即为 a 点的水平位移$\bar{u}_2$，均匀沉陷时拱脚截面不发生转动，垂直位移不影响结构内力，

故
$$\left.\begin{aligned}\bar{u}_2&=\delta_2\cos\varphi_a=\frac{\cos^2\varphi_a}{k_a bh_a}\\ \bar{\beta}_2&=0\end{aligned}\right\}\tag{6-6}$$

(3)外荷载作用时

在外荷载作用下，基本结构中拱脚 a 点处产生弯矩 M_{ap}^{o} 和轴向力 N_{ap}^{o}，见图 6-8，拱脚截面

的转角 β_{ap}^{o} 和水平位移 u_{ap}^{o} 为：

$$\beta_{ap}^{o} = M_{ap}^{o}\bar{\beta}_1 + H_{ap}^{o}\bar{\beta}_2 = M_{ap}^{o}\bar{\beta}_1$$

$$u_{ap}^{o} = M_{ap}^{o}\bar{u}_1 + H_{ap}^{o}\bar{u}_2 = N_{ap}^{o}\frac{\cos\varphi_2}{k_2 bh_a}$$

即：
$$\left.\begin{aligned} \beta_{ap}^{o} &= M_{ap}^{o}\bar{\beta}_1 \\ u_{ap}^{o} &= N_{ap}^{o}\frac{\cos\varphi_a}{k_a bh_a} \end{aligned}\right\} \quad (6\text{-}7)$$

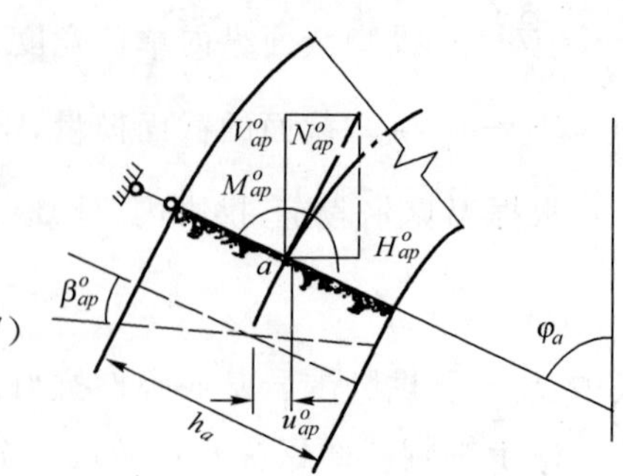

图 6-8　拱脚受力变形图

(4)拱脚位移

拱脚的最终转角 β_a 和水平位移 u_a，可以按叠加原理，分别考虑 X_1、X_2 和外荷载 p 的影响，用下式表示：

$$\left.\begin{aligned} \beta_a &= X_1\bar{\beta}_1 + X_2(\bar{\beta}_2 + f\bar{\beta}_1) + \beta_{ap}^{o} \\ u_a &= X_1\bar{u}_1 + X_2(\bar{u}_2 + f\bar{u}_1) + u_{ap}^{o} \end{aligned}\right\} \quad (6\text{-}8)$$

6.3.4　计算各截面内力并校核计算正确性

将式(6-7)、式(6-8)代入正则方程式(6-1)整理得：

$$\left.\begin{aligned} &X_1(\delta_{11} + \bar{\beta}_1) + X_2(\delta_{12} + \bar{\beta}_2 + f\bar{\beta}_1) + (\Delta_{1p} + \beta_{ap}^{o}) = 0 \\ &X_1(\delta_{21} + \bar{u}_1 + f\bar{\beta}_1) + X_2(\delta_{22} + \bar{u}_2 + f\bar{u}_1 + f\bar{\beta}_2 + f^2\bar{\beta}_1) \\ &\quad + (\Delta_{2p} + f\beta_{ap}^{o} + u_{ap}^{o}) = 0 \end{aligned}\right\} \quad (6\text{-}9)$$

令：
$$\left.\begin{aligned} a_{11} &= \delta_{11} + \bar{\beta}_1 \\ a_{22} &= \delta_{22} + \bar{u}_2 + f\bar{u}_1 + f^2\bar{\beta}_1 \\ a_{12} &= \alpha_{21} = \delta_{12} + \bar{\beta}_2 + f\bar{\beta}_1 = \delta_{21} + \bar{u}_1 + f\bar{\beta}_1 \\ a_{10} &= \Delta_{1p} + \beta_{ap}^{o} \\ a_{20} &= \Delta_{2p} + f\beta_{ap}^{o} + u_{ap}^{o} \end{aligned}\right\} \quad (6\text{-}10)$$

则式(6-9)可以简写为：

$$\left.\begin{aligned} a_{11}X_1 + a_{12}X_2 + a_{10} &= 0 \\ a_{21}X_1 + a_{22}X_2 + a_{20} &= 0 \end{aligned}\right\} \quad (6\text{-}11)$$

解此二元线性方程组，即可求出多余未知力 X_1 和 X_2：

$$\left.\begin{aligned} X_1 &= \frac{a_{22}\cdot a_{10} - a_{12}\cdot a_{20}}{a_{12}^2 - a_{11}\cdot a_{22}} \\ X_2 &= \frac{a_{11}\cdot a_{20} - a_{12}\cdot a_{10}}{a_{12}^2 - a_{11}\cdot a_{12}} \end{aligned}\right\} \quad (6\text{-}12)$$

根据平衡条件可以计算出任一截面 i 处的内力，见图 6-9。

$$\left.\begin{aligned} M_i &= X_1 + X_2 y_i + M_{ip}^{o} \\ N_i &= X_2\cos\varphi_i + N_{ip}^{o} \end{aligned}\right\} \quad (6\text{-}13)$$

式中：M_{ip}^{o}、N_{ip}^{o}——基本结构中因外荷载作用，在任一截面 i 处产生的弯矩和轴向力；

y_i——截面 i 的纵坐标；

φ_i——截面 i 与垂直线间的夹角。

求出各截面的弯矩 M_i 和轴向力 N_i 后，即可绘出内力图，见图 6-10，并确定出危险截面。同时用偏心距 $e=M_i/N_i$ 表示出压力曲线图。

拱圈内力计算比较烦琐，数值运算很多，容易出错和造成累计误差，因此应该校核计算结果的正确性。

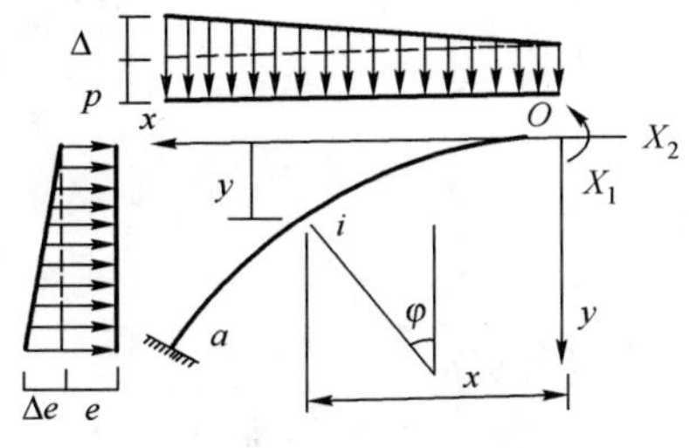

图 6-9　拱部受力分析图

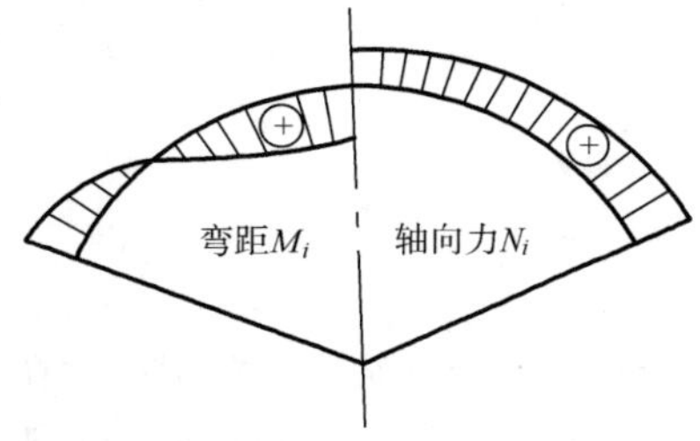

图 6-10　拱圈内力图

计算过程中,可以校核单位变位、荷载变位、多余未知力以及最终内力计算结果的正确性。这里仅介绍最终内力计算结果的校核方法。

拱顶截面因内力 M_i、N_i 作用而产生的变位与因拱脚弹性变位而产生的拱顶截面变位的总和,应满足顶截面的变形连续性条件,即拱顶相对转角和相对水平位移为零的条件。

$$\left.\begin{aligned} &\text{转角为零:} && \int\frac{M_i\mathrm{d}s}{EJ}+\beta_a\approx\frac{\Delta S}{E}\sum\frac{M_i}{J}+\beta_a=0 \\ &\text{水平位移为零:} && \int\frac{M_iy_i}{EJ}\mathrm{d}s+f\beta_a+u_a\approx\frac{\Delta S}{E}\sum\frac{M_iy_i}{J}+f\beta_a+u_a=0 \end{aligned}\right\} \tag{6-14}$$

上述计算是将拱圈视为自由变形得到的计算结果。由于没有考虑弹性抗力,所以弯矩是比较大的,因此截面也较厚。如果围岩较坚硬,或者拱的形状较尖,则可能有弹性抗力。衬砌背后的密实回填是提供弹性抗力的必要条件,但是拱部的回填相当困难,不容易做到密实。仅在起拱线以上 1~1.5m 范围内的超挖部分,由于是用与拱圈同级的混凝土回填的,可以做到密实以外,其余部分的回填则比较松散,不能有效地提供弹性抗力。拱脚处无径向位移,故弹性抗力为零,最大值在上述的 1~1.5m 处,中间的分布规律较复杂,为简化计算可以假定为按直线分布。考虑弹性抗力的拱圈计算,可参考曲墙式衬砌进行。

6.4　曲墙式衬砌结构计算

在衬砌承受较大的垂直方向和水平方向的围岩压力时,常常采用曲墙式衬砌形式。它由拱圈、曲边墙和底板组成,有向上的底部压力时设仰拱。曲墙式衬砌常用于 I~ III 类围岩中,拱圈和曲边墙作为一个整体按无铰拱计算,施工时仰拱是在无铰拱业已受力之后修建的,所以一般不考虑仰拱对衬砌内力的影响。

6.4.1　计算图式

在主动荷载作用下,顶部衬砌向坑道内变形形成脱离区,两侧衬砌向围岩方向变形,引起围岩对衬砌的被动弹性抗力,形成抗力区。抗力图形分布规律按结构变形特征作以下假定(图6-11):

①上零点 b(即脱离区与抗力区的分界点)与衬砌垂直对称中线的夹角假定为 $\varphi_b\approx45^\circ$。

②下零点 a 在墙脚。墙脚处摩擦力很大,无水平位移(但可旋转),故弹性抗力为零。

③最大抗力点 h 假定发生在最大跨度处附近,计算时一般取$\widehat{ah}\approx(2/3)\widehat{ab}$,为简化计算,可假定在分段的接缝上。

④抗力图形的分布按以下假定计算。

拱部$\widehat{bh}$段抗力，按二次抛物线分布，任一点的抗力 σ_i 与最大抗力 σ_h 的关系为：

$$\sigma_i = \left(\frac{\cos^2\varphi_b - \cos^2\varphi_i}{\cos^2\varphi_b - \cos^2\varphi_h}\right)\sigma_h \tag{6-15}$$

边墙$\widehat{ha}$段抗力 σ_i 为：

$$\sigma_i = \left[1 - \left(\frac{y_i'}{y_h'}\right)^2\right]\sigma_h \tag{6-16}$$

式中：φ_i、φ_b、φ_h——分别为 i、b、h 点所在截面与垂直对称轴的夹角；

y_i'——i 点所在截面与衬砌外轮廓线的交点至最大抗力点 h 的垂直距离；

y_h'——墙底外缘至最大抗力点 h 的垂直距离。

式(6-15)、式(6-16)的假定是为了在确定 σ_h 后能确定任一点的抗力 σ_i。

$\widehat{ha}$段边墙外缘一般都作成直线形，且比较厚，因刚度较大，故抗力分布也可假定为与高度呈直线关系。若该段的一部分外缘为直线形，则可将其分为两部分分别计算，即曲边墙段按式(6-16)计算，直边墙段按直线关系计算。

两侧衬砌向围岩方向的变形引起弹性抗力，同时也引起摩擦力 s_i，其大小等于弹性抗力和衬砌与围岩间的摩擦系数的乘积：

$$s_i = \mu\sigma_i \tag{6-17}$$

计算表明，摩擦力影响很小，可以忽略不计，而忽略摩擦力的影响是偏于安全的。

弹性抗力的精确分布状况，需要用逐步趋近法求得。

墙脚弹性固定在地基上，可以发生转动和垂直位移，如前所述，在结构和荷载均对称时，垂直位移对衬砌内力不产生影响。

在经过上述分析后，若不考虑仰拱作用，可将计算图式表示为图 6-12 的形式。

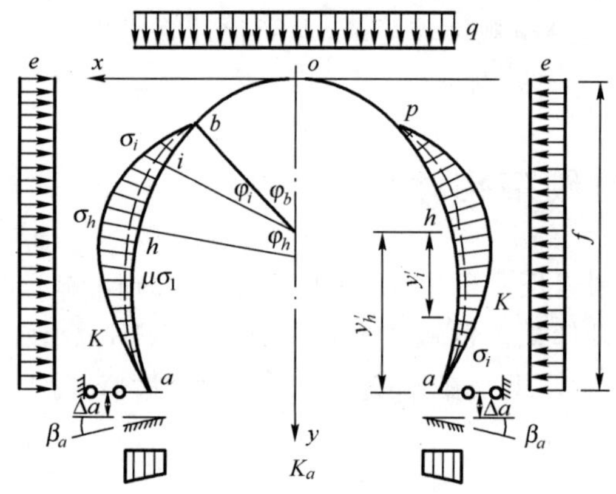

图 6-11　曲墙式受力图

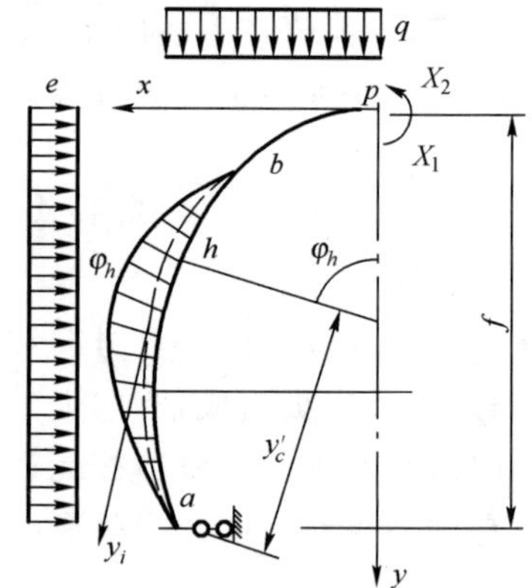

图 6-12　曲墙式计算图式

6.4.2　主动荷载作用下的力法方程和衬砌内力

取基本结构如图 6-13 所示，未知力为 X_{1p}、X_{2p}，根据拱顶截面相对变位为零的条件，可以列出力法方程式：

$$\left.\begin{aligned} X_{1p}\delta_{11} + X_{2p}\delta_{12} + \Delta_{1p} + \beta_{ap} &= 0 \\ X_{1p}\delta_{21} + X_{2p}\delta_{22} + \Delta_{2p} + f\beta_{ap} + u_{ap} &= 0 \end{aligned}\right\} \tag{6-18}$$

式中：β_{ap}、u_{ap}——墙底位移，分别计算 X_{1p}、X_{2p}和外荷载影响，然后按叠加原理相加即可得到。

$$\beta_{ap} = X_{1p}\bar{\beta}_1 + X_{2p}(\bar{\beta}_2 + f\bar{\beta}_1) + \beta_{ap}^o \tag{6-19}$$

由于墙底无水平位移，故 $u_{ap}=0$，代入式(6-18)整理后得($\bar{\beta}_2=0, u_1=0, u_2=0$)。

$$\left.\begin{aligned} X_{1p}(\delta_{11}+\bar{\beta}_1) + X_{2p}(\delta_{12}+f\bar{\beta}_1) + \Delta_{1p} + \beta_{ap}^o = 0 \\ X_{1p}(\delta_{21}+f\bar{\beta}_1) + X_{2p}(\delta_{22}+f^2\bar{\beta}_1) + \Delta_{2p} + f\beta_{ap}^o = 0 \end{aligned}\right\} \tag{6-20}$$

式中：δ_{ik}、Δ_{ip}——基本结构的单位位移和主动荷载位移，可由式(6-2)求得；

$\bar{\beta}_1$——墙底的单位转角，$\bar{\beta}_1$ 可参照式(6-5)计算；

β_{ap}^o——基本结构墙底的荷载转角，可参照式(6-7)计算；

f——衬砌的矢高。

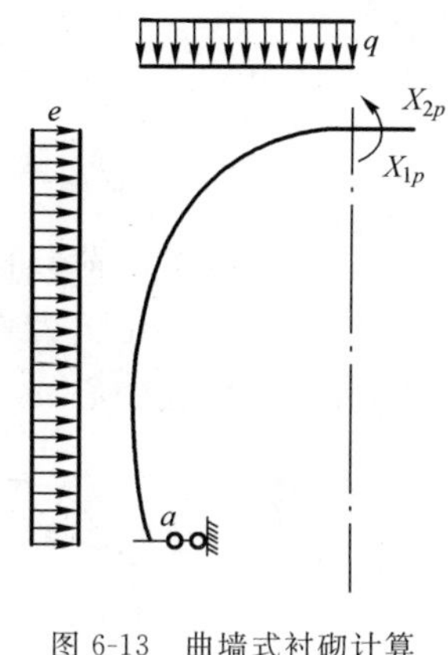

图 6-13 曲墙式衬砌计算基本结构图

求得 X_{1p}、X_{2p} 后，在主动荷载作用下，衬砌内力即可参照式(6-13)解出：

$$\left.\begin{aligned} M_{ip} &= X_{1p} + X_{2p}y_i + M_{ip}^o \\ N_{ip} &= X_{2p}\cos\varphi_i + N_{ip}^o \end{aligned}\right\} \tag{6-21}$$

6.4.3 最大抗力值的计算

式(6-21)中被动荷载的作用还未考虑在内。由于 σ_h 是一个未知数，所以需要利用最大抗力点 h 处的变形协调条件增加一个方程式。在主动荷载作用下，通过式(6-21)可解出内力 M_{ip}、N_{ip}，并求出 h 点的位移 δ_{hp}，见图 6-14b)。在被动荷载作用下的内力和位移，可以通过 $\bar{\sigma}=1$ 的单位弹性抗力图形作为外荷载时所求得的任一截面内力 $M_{i\bar{\sigma}}$、$N_{i\bar{\sigma}}$ 和最大抗力点 h 处的位移 $\delta_{h\bar{\sigma}}$，见图 6-14c)。

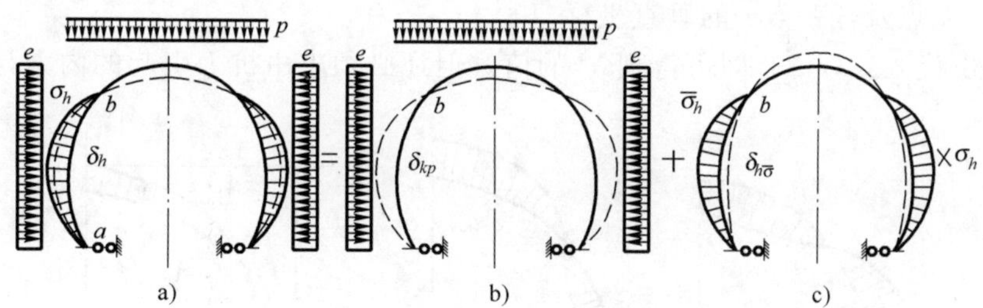

图 6-14 曲墙式荷载组合示意图

并利用叠加原理求出 h 点的最终位移：

$$\delta_h = \delta_{hp} + \sigma_h\delta_{h\bar{\sigma}} \tag{6-22}$$

由温克尔假定可以写出 h 点的弹性抗力 σ_h 与位移 δ_h 的关系式：$\sigma_h = k\delta_h$，代入式(6-22)得：

$$\sigma_h = \frac{\delta_{hp}}{\dfrac{1}{k} - \delta_{h\bar{\sigma}}} \tag{6-23}$$

由式(6-23)可知，欲求 σ_h 则应先求出 δ_{hp}、$\delta_{h\bar{\sigma}}$。变位由两部分组成，即结构在荷载作用下的变位和因墙底变位(转角)而产生的变位之和。前者按结构力学方法，先画出 M_{ip}、$M_{i\bar{\sigma}}$ 图，见图 6-15a)、b)，再在 h 点处的所求变位方向上加一单位力 $p=1$，绘出 $\overline{M}_{ih}$ 图，见图 6-15c)。墙底变位在 h 点产生的位移可由几何关系求出，见图 6-15d)。位移可以表示为：

$$\left.\begin{aligned}\delta_{hp}&=\int\frac{M_p\overline{M}_h}{EJ}\mathrm{d}s+y_{ah}\cdot\beta_{ap}\approx\frac{\Delta S}{E}\sum\frac{M_p\overline{M}_h}{J}+y_{ah}\cdot\beta_{ap}\\\delta_{h\bar{\sigma}}&=\int\frac{M_{\bar{\sigma}}\overline{M}_h}{EJ}\mathrm{d}s+y_{ah}\cdot\beta_{a\bar{\sigma}}\approx\frac{\Delta S}{E}\sum\frac{M_{\bar{\sigma}}\overline{M}_h}{J}+y_{ah}\cdot\beta_{a\bar{\sigma}}\end{aligned}\right\}\tag{6-24}$$

式中：β_{ap}——因主动荷载作用而产生的墙底转角，可参照式(6-7)计算；

$\beta_{a\bar{\sigma}}$——因单位抗力作用而产生的墙底转角，可参照式(6-7)计算；

y_{ah}——墙底中心 a 至最大抗力截面的垂直距离。

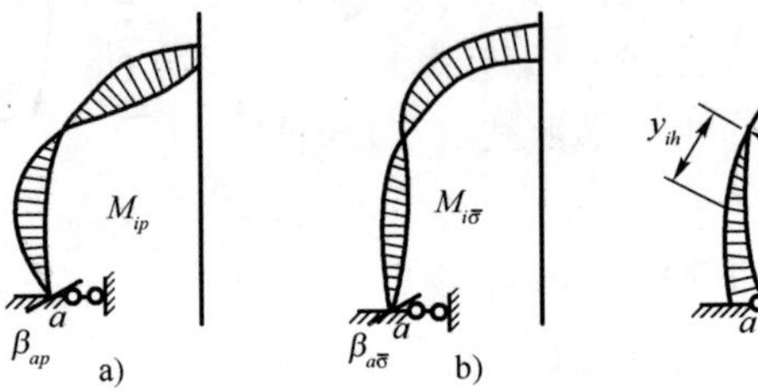

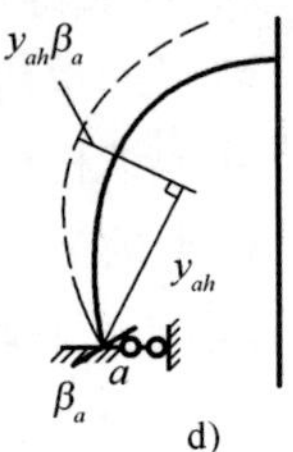

图 6-15　应力与变位图

如果 h 点所对应的 $\varphi_h\approx90°$时，则该点的径向位移与水平位移相差很小，故可视为水平位移。又由于结构与荷载均对称时，拱顶截面的垂直位移对 h 点径向位移的影响可以忽略不计。因此计算该点水平位移时，可以取图 6-16 所示结构，使计算得到简化。按结构力学方法，在 h 点加一单位力 $p=1$，可以求得 δ_{hp} 及 $\delta_{h\bar{\sigma}}$。

$$\left.\begin{aligned}\delta_{hp}&=\int\frac{M_p(y_h-y)}{EJ}\mathrm{d}s\approx\frac{\Delta S}{E}\sum\frac{M_p}{J}(y_h-y)\\\delta_{h\bar{\sigma}}&=\int\frac{M_{\bar{\sigma}}(y_h-y)}{EJ}\mathrm{d}s\approx\frac{\Delta S}{E}\sum\frac{M_{\bar{\sigma}}}{J}(y_h-y)\end{aligned}\right\}\tag{6-25}$$

式中：y_h、y——h 点及任一点 i 的垂直坐标。

将 δ_{hp} 及 $\delta_{h\bar{\sigma}}$代入式(6-23)即可得到 σ_h 的值。但还必须求由抗力引起的内力与力矩。

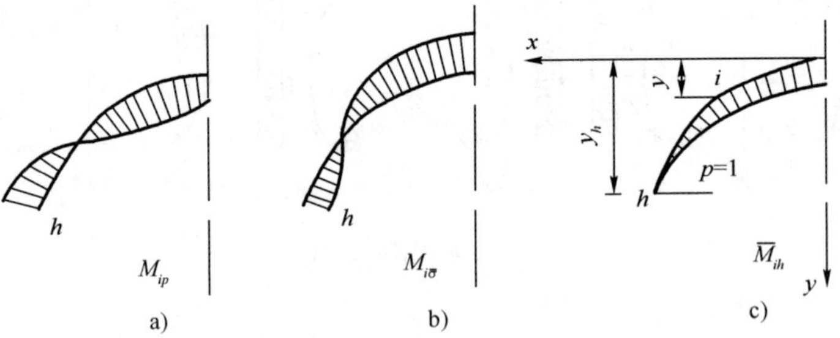

图 6-16　内力图

6.4.4　在$\bar{\sigma}_h=1$抗力图作用下的内力

将$\bar{\sigma}_h=1$ 抗力图视为外荷载单独作用时，未知力 $X_{1\bar{\sigma}}$及 $X_{2\bar{\sigma}}$可以参照 X_{1p}及 X_{2p}的求法得出。参照式(6-20)可以列出力法方程：

$$\left.\begin{aligned}X_{1\bar{\sigma}}(\delta_{11}+\bar{\beta}_1)+X_{2\bar{\sigma}}(\delta_{12}+f\beta_1)+\Delta_{1\bar{\sigma}}+\beta^o_{a\bar{\sigma}}&=0\\X_{1\bar{\sigma}}(\delta_{21}+f\bar{\beta}_1)+X_{2\bar{\sigma}}(\delta_{22}+f^2\bar{\beta}_1)+\Delta_{2\bar{\sigma}}+f\beta^o_{a\bar{\sigma}}&=0\end{aligned}\right\}\tag{6-26}$$

式中：$\Delta_{1\bar{\sigma}}$、$\Delta_{2\bar{\sigma}}$——单位抗力图为荷载所引起的基本结构在 $X_{1\bar{\sigma}}$、$X_{2\bar{\sigma}}$方向的位移；

$\beta^o_{a\bar{\sigma}}$——单位抗力图为荷载所引起的基本结构墙底转角，$\beta^o_{a\bar{\sigma}}=M^o_{a\bar{\sigma}}\cdot\bar{\beta}_1$；

其余符号意义同前。

解出 $X_{1\bar{\sigma}}$、$X_{2\bar{\sigma}}$后，即可求出衬砌在单位抗力图为荷载单独作用下任一截面内力：

$$\left.\begin{aligned} M_{i\bar{\sigma}} &= X_{1\bar{\sigma}} + X_{2\bar{\sigma}} \cdot y_i + X_{i\bar{\sigma}}^{o} \\ N_{i\bar{\sigma}} &= X_{2\bar{\sigma}} \cos\varphi_i + N_{i\bar{\sigma}}^{o} \end{aligned}\right\} \tag{6-27}$$

6.4.5 衬砌最终内力计算及校核计算结果的正确性

衬砌任一截面最终内力值可利用叠加原理求得：

$$\left.\begin{aligned} M_i &= M_{ip} + \sigma_h M_{i\bar{\sigma}} \\ N_i &= N_{ip} + \sigma_h N_{i\bar{\sigma}} \end{aligned}\right\} \tag{6-28}$$

校核计算结果正确性时，可以利用拱顶截面转角和水平位移为零的条件和最大抗力点 h 的位移条件：

$$\left.\begin{aligned} &\int \frac{M_i \mathrm{d}s}{EJ} + \beta_a \approx \frac{\Delta S}{E} \sum \frac{M_i}{J} + \beta_a = 0 \\ &\int \frac{M_i y_i}{EJ} \mathrm{d}s + f\beta_a \approx \frac{\Delta S}{E} \sum \frac{M_i y_i}{J} + f\beta_a = 0 \\ &\int \frac{M_i y_{ih}}{EJ} \mathrm{d}s + y_{ah} \cdot \beta_a \approx \frac{\Delta S}{E} \sum \frac{M_i y_{ih}}{J} + y_{ah} \cdot \beta_a = \frac{\sigma_h}{k} \end{aligned}\right\} \tag{6-29}$$

式中：β_a——墙底截面最终转角，$\beta_a = \beta_{ap} + \sigma_h \beta_{a\bar{\sigma}}$。

对于隧道弹性地基上的直梁或称仰拱的计算，可用结构力学公式进行位移与内力计算，因篇幅限制，这里不作详细分析，可参照有关书籍。

直墙拱形隧道目前已经用得越来越少，因为在岩体力学上分析，该种断面形式不是合理的力学结构体，且其计算更为复杂，本书对其结构计算不作介绍。

6.5 直墙式衬砌计算

直墙式衬砌的计算方法很多，如力法、链杆法等，本节仅介绍力法。这种衬砌形式广泛用于道路隧道。直墙式隧道由拱圈、直边墙和底板组成。计算时仅计算拱圈及直边墙。底板不进行衬砌计算，需要时按道路路面结构计算。

6.5.1 计算原理

拱圈按弹性无铰拱计算，与本章第 3 节所述方法相同。拱脚支承在边墙上。边墙按弹性地基上的直梁计算，并考虑边墙与拱圈之间的相互影响，见图 6-17。由于拱脚并非直接固定在岩层上，而是固定在直墙顶端，所以拱脚弹性固定的程度取决于墙顶的变形。拱脚有水平位移、垂直位移和角位移。墙顶位移与拱脚位移一致，当结构对称、荷载对称时，垂直位移对衬砌内力没有影响，计算中只需考虑水平位移与角位移；边墙支承拱圈并承受水平围岩压力，可看作置于具有侧向弹性抗力系数为 k 的弹性地基上的直梁。有展宽基础时，其高度一般不大，可以不计其影响。由于边墙高度远远大于底部宽度，对基础的作用可以看做是置于具有基底弹性抗力系数为 k 的弹性地基上的刚性梁。

衬砌结构在主动荷载（围岩压力和自重等）的作用下，拱圈顶部向坑道内部产生位移，见图 6-18，这部分结构能自由变形，没有围岩弹性抗力。拱圈两侧压向围岩，形成抗力区，引起相应的弹性抗力。在实际施工中，拱圈上部间隙一般很难做到回填密实，因而拱圈弹性抗力区范围一般不大。弹性抗力的分布规律及大小，与多种因素有关。由于拱圈弹性地基上的曲梁，尤其是曲梁刚度改变时，其计算非常复杂，因而仍用假定抗力分布图形法。直墙式衬砌拱圈变形与曲墙式衬砌拱圈变形近似。计算时可用曲墙式衬砌关于拱部抗力图形的假定，认为按二次抛物线形状分布。上零点 φ_b 位于 45°～55°之间，最大抗力 φ_h 在直边墙的顶面（拱脚）c 处，b、c 间任一点 i 处的抗力为 φ_i 的函数，即：

$$\sigma_i = \left(\frac{\cos^2\varphi_b - \cos^2\varphi_i}{\cos^2\varphi_b - \cos^2\varphi_h}\right)\sigma_h$$

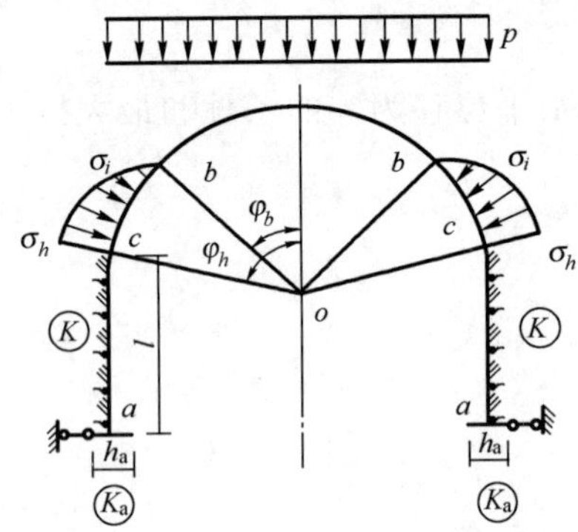

图 6-17　直墙拱隧道计算模型

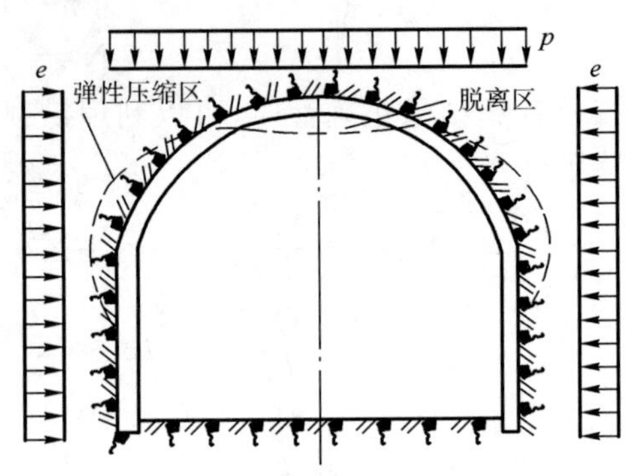

图 6-18　直墙拱隧道受力图

当 $\varphi_b = 45°$，$\varphi_h = 90°$时，可以简化为：

$$\sigma_i = \sigma_h(1 - 2\cos^2\varphi_i) \tag{6-30}$$

式中：符号意义同前。

弹性抗力引起的摩擦力，可由弹性抗力乘摩擦系数求得，但通常可以忽略不计。

弹性抗力 σ_i（或 σ_h）为未知数，但可根据温氏假定建立变形条件，增加一个 $\delta_i = \sigma_i / k$ 的方程式。

由上述可以看出，直墙式衬砌的拱圈计算原理与本章第 3 节拱圈计算及第 4 节曲墙式衬砌计算相同，可以参照相应公式计算。

6.5.2　边墙的计算

由于拱脚不是直接支承在围岩上，而是支承在直边墙上，所以直墙式衬砌拱圈计算中的拱脚位移，需要考虑边墙变位的影响，直边墙的变形和受力状况与弹性地基梁相类似，可以作为弹性地基上的直梁计算。墙顶（拱脚）变位与弹性地基梁（边墙）的弹性标值及换算长度 ah 有关，a 为墙的弹性特征系数。$a = \sqrt[4]{\dfrac{Kb}{EI}}$可以分为 3 种情况。

(1)边墙为短梁（$1 < ah < 2.75$）

短梁的一端受力及变形对另一端有影响，计算墙顶变位时，要考虑到墙脚的受力和变形的影响。

设直边墙（弹性地基梁）c 端作用有拱脚传来的力矩 M_c、水平力 H_c、垂直力 V_c 以及作用于墙身按梯形分布的主动侧压力。求墙顶所产生的转角 β_{cp}^o 及水平位移 u_{cp}^o，然后即可按以前方法求出拱圈的内力及位移。由于垂直力 V_c 对墙变位仅在有基底加宽时才产生影响，而目前直墙式衬砌的边墙基底一般均不加宽，所以不需考虑。根据弹性地基上直梁的计算公式可以求得边墙任一截面的位移 y、转角 θ、弯矩 M 和剪力 H，再结合墙底的弹性固定条件，得到墙底的位移和转角。这样就可以求得墙顶的单位变位和荷载（包括围岩压力及抗力）变位。由于短梁一端荷载对另一端的变形有影响，墙脚的弹性固定状况对墙顶变形有影响，所以计算公式的推导是复杂的。下面仅给出结果，参见图 6-19。

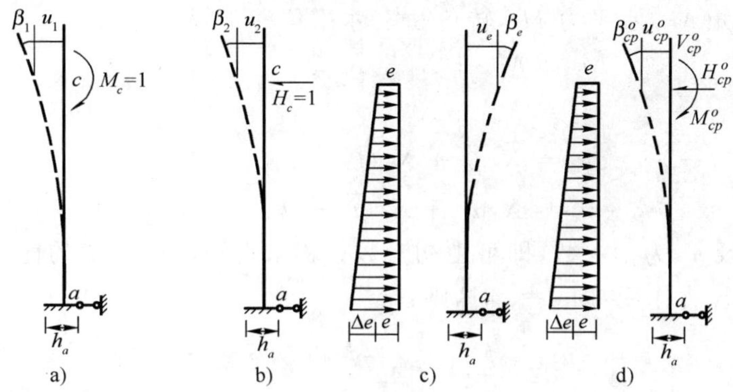

图 6-19　直墙隧道边墙计算模型

墙顶在单位弯矩$M_c=1$ 单独作用下，墙顶的转角$\bar{\beta}_1$ 水平位移$\bar{u}_1$ 为：

$$\bar{\beta}_1 = \frac{4a^3}{c}(\phi_{11} + \phi_{12}A)$$

$$\bar{u}_1 = \frac{2a^2}{c}(\phi_{13} + \phi_{11}A)$$

墙顶在单位水平力 $H_c=1$ 单独作用下，墙顶位移$\bar{\beta}_2$、$\bar{u}_2$ 为：

$$\bar{\beta}_2 = \bar{u}_2 = \frac{2a^2}{c}(\phi_{13} + \phi_{11}A)$$

$$\bar{u}_2 = \frac{2a}{c}(\phi_{10} + \phi_{13}A)$$

在主动侧压力（梯形荷载）作用下，墙顶位移为 β_e、u_e 为：

$$\beta_e = -\frac{a}{c}(\phi_4 + \phi_3 A)e - \frac{a}{c}\left[\left(\phi_4 - \frac{\phi_{14}}{\alpha h}\right) + \left(\phi_3 - \frac{\phi_{10}}{\alpha h}\right)A\right]\Delta e$$

$$u_e = -\frac{1}{c}(\phi_{14} + \phi_{15}A)e - \frac{1}{c}\left(\frac{\phi_2}{2ah} - \phi_1 + \frac{\phi_4}{2}A\right)\Delta e$$

$$A = \frac{k\beta_a}{2a^3} = \frac{6}{nh_a^3 a^3}$$

$$n = \frac{k_0}{k}$$

$$c = k(\phi_9 + \phi_{10}A)$$

式中：k——侧向弹性抗力系数；

k_0——基底弹性抗力系数；

β_a——基底作用有单位力矩时所产生的转角，$\beta_a = \frac{1}{k_0 J_a}$；

h——边墙的侧面高度；

$\phi_9 \sim \phi_{15}$——与前述 $\phi_1 \sim \phi_4$ 同样为以 αx 为变量的双曲线三角函数，可由相关隧道设计手册查得；

e——边墙轴线对墙底中心的偏心距，基础无展宽时 $e=0$。

墙顶单位变位求出后，由基本结构传来的拱部外荷载，包括主动荷载及被动荷载使墙顶产生的转角及水平位移，即不难求出。当基础无展宽时，墙顶位移为：

$$\left.\begin{aligned}\beta_{cp}^{o} &= M_{cp}^{o}\,\bar{\beta}_1 + H_{cp}^{o}\,\bar{\beta}_2 + e\,\bar{\beta}_e \\ u_{cp}^{o} &= M_{cp}^{o}\,\bar{u}_1 + H_{cp}^{o}\,\bar{u}_2 + e\,\bar{u}_e\end{aligned}\right\} \tag{6-31}$$

墙顶截面的弯矩 M_c，水平力 H_c，转角 β_c 和水平位移 u_c 为：

$$\left.\begin{aligned}M_c &= M_{cp}^{o} + X_1 + X_2 f \\ H_c &= H_{cp}^{o} + X_2 \\ \beta_c &= X_1\,\bar{\beta}_1 + X_2(\bar{\beta}_2 + f\bar{\beta}_1) + \beta_{cp}^{o} \\ u_c &= X_1\,\bar{u}_1 + X_2(\bar{u}_2 + f\bar{u}_1) + u_{cp}^{o}\end{aligned}\right\} \tag{6-32}$$

以 M_c、H_c、β_c 及 u_c 为初参数，即可由初参数方程求得距墙顶为 x 的任一截面的内力和位移。若边墙上无侧压力作用，即 $e=0$ 时，则：

$$\left.\begin{aligned}M &= -u_c\frac{k}{2a^2}\phi_3 + \beta_c\frac{k}{4a^3}\phi_4 + M_c\phi_1 + H_c\frac{1}{2a}\phi_2 \\ H &= -u_c\frac{k}{2a}\phi_2 + \beta_c\frac{k}{2a^2}\phi_3 - M_c a\phi_4 + H_c\phi_1 \\ \beta &= u_c a\phi_4 + \beta_c\phi_1 - M_c\frac{2a^3}{k}\phi_2 - H_c\frac{2a^2}{k}\phi_3 \\ u &= u_c\phi_1 - \beta_c\frac{1}{2a}\phi_2 + M_c\frac{2a^2}{k}\phi_3 + H_c\frac{a}{k}\phi_4\end{aligned}\right\} \tag{6-33}$$

(2)边墙为长梁($ah\geqslant 2.75$)

换算长度 $ah\geqslant 2.75$ 时，可将边墙视为弹性地基上的半无限长梁(简称长梁)或柔性梁，近似看作 $ah=\infty$。此时边墙具有柔性，可认为墙顶的受力(除垂直力外)和变形对墙底没有影响。这种衬砌应用于较好的围岩中，不考虑水平围岩压力作用。由于墙底的固定情况对墙顶的位移没有影响，故墙顶单位位移可以简化为：

$$\left.\begin{aligned}&\bar{\beta}_1 = \frac{4a^3}{k} \quad \bar{u}_1 = \bar{\beta}_2 = \frac{2a^2}{k} \quad \bar{u}_2 = \frac{2a}{k} \\ &\beta_e = -\frac{a}{c}(\phi_4 + \phi_3 A) \quad u_e = -\frac{1}{c}(\phi_{14} + \phi_{15} A)\end{aligned}\right\} \tag{6-34}$$

式中：符号意义同前。

式(6-34)中，各单位位移和主动侧压力产生的位移求出后，即可按与短梁相似步骤求解拱及边墙的内力与位移：

$$\left.\begin{aligned}M &= M_c\phi_7 + H_c\frac{1}{a}\phi_3 \\ H &= -M_c 2a\phi_8 + H_c\phi_5 \\ \beta &= M_c\frac{4a^3}{k}\phi_6 + H_c\frac{2a^2}{k}\phi_7 \\ u &= M_c\frac{2a^2}{k}\phi_5 + H_c\frac{2a}{k}\phi_6\end{aligned}\right\} \tag{6-35}$$

式中：$\phi_5 \sim \phi_8$——意义同 $\phi_1 \sim \phi_4$，可查有关隧道手册得到。

其余符号意义同前。

(3)边墙为刚性梁($ah\leqslant 1$)

换算长度 $ah\leqslant 1$ 时，可近似作为弹性地基上的绝对刚性梁，近似认为 $ah=0$(即 $EJ=\infty$)。

认为边墙本身不产生弹性变形,在外力作用下只产生刚性位移,即只产生整体下沉和转动。由于墙底摩擦力很大,所以不产生水平位移。当边墙向围岩方向位移时,围岩将对边墙产生弹性抗力,墙底处为零,墙顶处为最大值,中间呈直线分布。墙底面的抗力按梯形分布,见图 6-20。

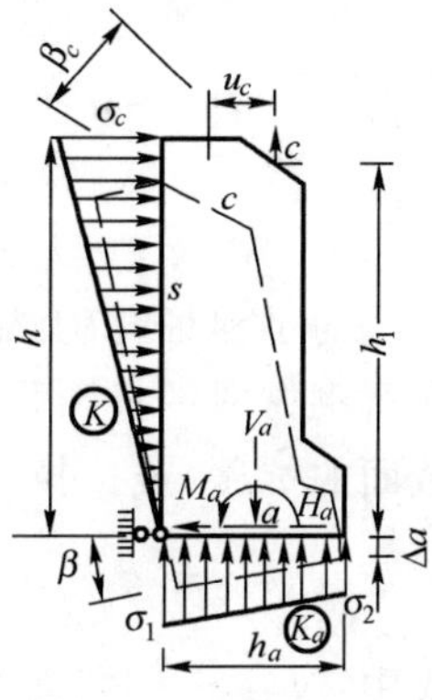

图 6-20 边墙受力模型

由静力平衡条件,对墙底中点 a 取矩,可得:

$$M_a - \left[\frac{\sigma_h h^2}{3} + \frac{(\sigma_1 - \sigma_2)h_a^2}{12} + \frac{sh_a}{2}\right] = 0 \tag{6-36}$$

$$s = \mu \frac{\sigma_h \cdot h}{2}$$

式中:s——边墙外缘由围岩弹性抗力所产生的摩擦力;

μ——衬砌与围岩间的摩擦系数;

h——边墙侧面高度;

σ_1, σ_2——墙底两边沿的弹性抗力。

由于边墙为刚性,故底面和侧面均有同一转角 β,二者应相等,所以:

$$\beta = \frac{\sigma_1 - \sigma_2}{k_a h_a} = \frac{\sigma_h}{kh} \tag{6-37}$$

即:

$$\sigma_1 - \sigma_2 = n\sigma_h \frac{h_a}{h} \tag{6-38}$$

式中:$n=\frac{k_a}{k}$,对同一围岩,因基础压面积小,压缩得较密实,可取为 1.25。

将式(6-38)代入式(6-36)得:

$$\sigma_h = \frac{12M_a h}{4h^3 + nha^3 + 3\mu h} = \frac{M_a h}{J_a'}$$

式中:$J_a'=\frac{4h^3 + nh_a^3 + 3\mu h_a h^2}{12}$,称为刚性墙的综合转动惯量,因而,墙侧面的转角为:

$$\beta = \frac{\sigma_h}{kh} = \frac{M_a}{kJ_a'} \tag{6-39}$$

由此可求出墙顶(拱脚)处的单位位移及荷载位移。

$M_c=1$ 作用于 c 点时,则 $M_a=1$,故:

$$\left.\begin{aligned}\beta_1 &= \frac{1}{kJ_a'}\\ \bar{u}_1 &= \bar{\beta}_1 h_1 = \frac{h_1}{kJ_a'}\end{aligned}\right\} \tag{6-40}$$

式中:h_1——自墙底至拱脚 c 点的垂直距离。

$H_c=1$ 作用于 c 点时,则 $M_a=h_1$,故:

$$\left.\begin{aligned}\bar{\beta}_2 &= \frac{h_1}{kJ_a'} = \bar{\beta}_1 h_1\\ \bar{u}_2 &= \bar{\beta}_2 h_1 = \frac{h_1^2}{kJ_a'} = \bar{\beta}_1 h_1^2\end{aligned}\right\} \tag{6-41}$$

主动荷载作用于基本结构时,则 $M_a=M_{ap}^o$,故

$$\left.\begin{aligned}\beta_{cp}^o &= \frac{M_{cp}^o}{kJ_a'} = \bar{\beta}_1 M_{ap}^o\\ u_{cp}^o &= \beta_{cp}^o h_1 = \frac{M_{ap}^o h_1}{kJ_a'}\end{aligned}\right\} \tag{6-42}$$

由此不难进一步求出拱顶多余未知力和拱脚(墙顶)处的内力，以及边墙任一截面的内力。

6.6 衬砌截面强度检算

为了保证衬砌结构强度的安全性，需要在算出结构内力之后进行强度检算，即根据混凝土和石砌材料的极限强度，计算出偏心受压构件的极限承载能力，与构件实际内力相比较，计算截面的抗压(或抗拉)强度安全系数 K，检查是否满足规范所要求的数值，即：

$$K=\frac{N_{极限}}{N}\geqslant k_{规范} \tag{6-43}$$

式中：$N_{极限}$——截面的极限承载能力；

N——截面的实际内力(轴向力)；

$k_{规范}$——规范所规定的强度安全系数，见表 6-1 及表 6-2。

混凝土和石砌结构的强度安全系数 表 6-1

破坏原因 \ 工程种类及荷载组合	混凝土		石砌体	
	主要荷载	主要及附加荷载	主要荷载	主要及附加荷载
混凝土或石砌体达到抗压极限强度	2.4	2.0	2.7	2.3
混凝土达到抗拉极限强度	3.6	3.0		

钢筋混凝土结构的强度安全系数 表 6-2

破坏原因 \ 荷载组合	主要荷载	主要及附加荷载
钢筋达到计算强度或混凝土达到抗压极限强度	2.0	1.7
混凝土达到抗拉极限强度(主拉应力)	2.4	2.0

衬砌的任一截面均应满足强度安全系数要求；否则，必须修改衬砌形状和尺寸，重新计算，直到满足要求为止。

对混凝土和石砌矩形截面构件，当 $e_0\leqslant 0.2d$ 时，按抗压强度控制承载能力(说明以内压力为主)用式(6-44)计算：

$$KN\leqslant \varphi\alpha R_a bd \tag{6-44}$$

式中：K——混凝土和石砌结构强度安全系数，见表 6-1；

N——轴向力；

φ——构件的纵向弯曲系数，对于隧道衬砌、明洞拱圈及墙背紧密回填的明洞边墙，可取 $\varphi=1$，对于其他构件见规范；

α——轴向力的偏心影响系数，可查规范或按式 $\alpha=1-1.5e/d$ 计算，其中，d 为截面强度；

R_a——混凝土或石砌体的抗压极限强度；

b——截面宽度(通常取 1m)。

从抗裂要求出发，混凝土矩形截面偏心受压构件，当 $e_0>0.2d$ 时，按抗拉强度控制承载能力(说明以内力矩为主)用式(6-45)计算：

$$KN\leqslant \varphi\frac{1-R_1 bd}{\frac{6e_0}{d}-1} \tag{6-45}$$

式中：R_1——混凝土的抗拉极限强度；

其余符号意义同前。

规范对隧道衬砌和明洞的混凝土偏心受压构件的轴向力偏心距的限制为：不宜大于0.45倍截面厚度(保持受力中线在截面内)，石砌体偏心受压构件，不宜大于0.3倍截面厚度。基底偏心距的限制为：岩石地基不应大于1/4墙底厚度，土质地基不应大于1/6墙底厚度。

隧道衬砌和明洞的基底应力不得大于地基容许承载力。隧道衬砌地基容许承载力可根据围岩类别，用工程类比和经验估算的方法加以确定，有条件的可进行现场试验。明洞地基容许承载力，见规范。

拱脚截面的混凝土为间歇灌注或拱圈为混凝土而边墙用石砌时，其偏心距按石砌构件要求加以限制，并按式(6-44)进行检算，用石砌体的强度安全系数。

6.7 曲墙式衬砌算例

(1)基本计算数据

围岩类别	Ⅴ级
围岩容重	$\gamma_s=17\text{kN/m}^3$
围岩弹性抗力系数	$k=200\text{MPa/m}$
衬砌材料用C25混凝土，其	
受压弹性模量	$E_h=29.5\times10^3\text{MPa}$
重度	$\gamma_h=23\text{kN/m}^3$

衬砌断面加宽 $W=40\text{cm}$，见图6-21。

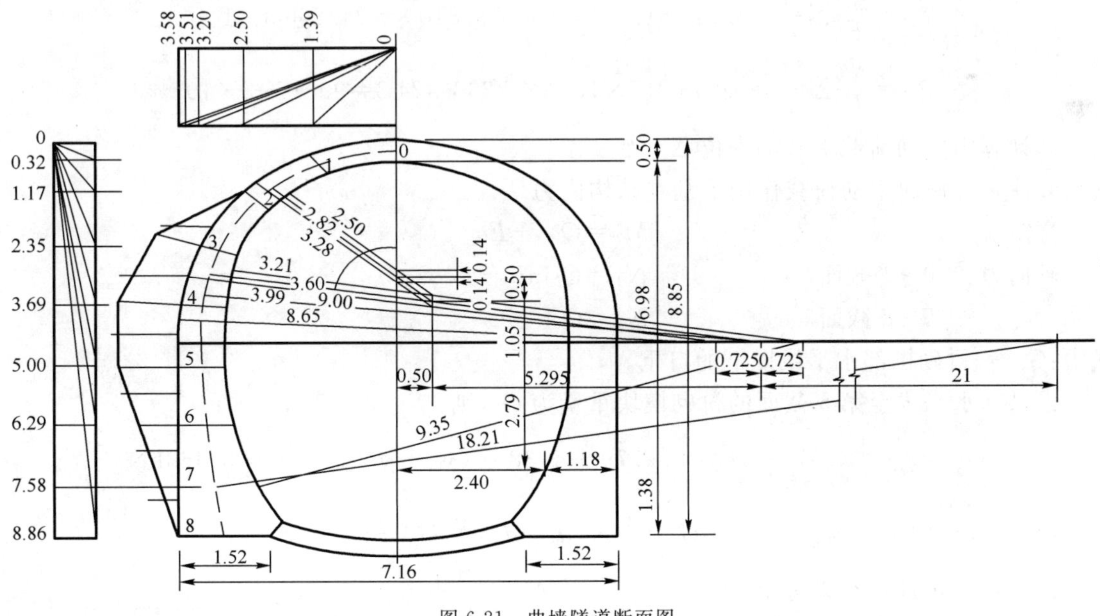

图6-21 曲墙隧道断面图

(2)衬砌计算

①主动荷载计算

a.围岩垂直均布荷载

已知：围岩类别 $S=5$；围岩重度 $\gamma_s=17\text{kN/m}^3$；衬砌全宽 $B=7.16\text{m}$；取 $i=0.1$，则：

宽度影响系数　$\omega=1+i(B-5)=1+0.1\times(7.16-5)=1.216$

垂直均布荷载　$q_s=0.45\times2^{s-1}\gamma_s\omega=1.488\text{MPa}$

b. 衬砌自重近似按均布荷载计算

$$g=\frac{1}{2}(d_0+d_w)\gamma_h=0.5\times(0.50+0.75)\times23=0.144\text{MPa}$$

全部垂直荷载

$$q=q_s+g=1.488+0.144=1.632\text{MPa}$$

c. 围岩水平均布荷载

$$e=0.39\times1.488=0.58\text{MPa}$$

②计算单位变位值

a. 计算轴线各段圆弧的半径

$$r_{01}=2.89\text{m}\qquad r_{02}=3.60\text{m}\qquad r_{03}=9.00\text{m}\qquad r_{04}=18.21\text{m}$$

b. 轴线各段圆弧的中心角及半拱轴线长度 S

$$总\ S=S_1+S_2+S_3+S_4+S_5=10.34069\text{m}$$

将半拱轴长等分为 8 分，则：

$$\Delta S=\frac{S}{8}=\frac{10.34069}{8}=1.2926\text{m}\qquad \frac{\Delta S}{E_h}=\frac{1.2926}{29.5\times10^9}=0.043817\times10^{-9}$$

c. 计算衬砌的几何要素、拱部各截面与垂直轴之夹角 φ 和截面中心垂直坐标 y 等单位变位的计算结果为：

$$\delta_{11}=\frac{\Delta S}{E}\sum\frac{1}{J}=0.043817\times10^{-9}\times297.0009=13.0137\times10^{-9}$$

$$\delta_{12}=\frac{\Delta S}{E}\sum\frac{y}{J}=0.043817\times10^{-9}\times553.8108=24.2663\times10^{-9}$$

$$\delta_{22}=\frac{\Delta S}{E}\sum\frac{y^2}{J}=0.043817\times10^{-9}\times2263.4243=99.1765\times10^{-9}$$

③计算由主动荷载引起的变位 Δ_{1T} 及 Δ_{2T}

a. 计算各截面主动荷载作用下基本结构内力

弯矩　　$M_T^o=Qa_q+Ea_e$

轴向力：0～4 截面　　$N_T^o=Q\sin\varphi_s-E\cos\varphi_s$

5～8 截面　　$N_T^o=Q+\sum G$

式中：G——衬砌拱部水平线以下的自重。

设拱部水平线至第 5 截面的衬砌楔块重量为 G_5，则：

$$G_5=\frac{1}{2}\times(0.75-d_s)\times[2.79+1.38-(y_8-y_5)]\times23=5.463\text{kN}$$

第 6～8 块的重量为：　　$G_i=\frac{1}{2}\times(d_i+d_{i+1})\times(y_i-y_{i-1})\times23$

b. 利用上述计算结果可得

$$\Delta_{1T}=\frac{\Delta S}{E}\sum\frac{M}{J}=0.043817\times10^{-9}\times(-19875.4433)=-870.8823\times10^{-9}$$

$$\Delta_{2T}=\frac{\Delta S}{E}\sum\frac{My}{J}=0.043817\times10^{-9}\times(-76241.4608)=-3340.6721\times10^{-9}$$

④计算由弹性抗力引起的变位 $\Delta_{1\sigma}$ 及 $\Delta_{2\sigma}$

按假定拱部弹性抗力的上零点位于垂直轴接近45°的第2截面 $\varphi_a=50°01'$，最大抗力位于第4截面 $\sigma_h=83°47'$，其值为 σ_h。

拱部各截面的抗力强度值为：

$$\sigma=\sigma_h\frac{\cos^2\varphi_a-\cos^2\varphi}{\cos^2\varphi_a-\cos^2\varphi_h}$$

边墙截面弹性抗力分两部分计算，第5截面按下式计算：

$$\sigma=\sigma_h\left[1-\left(\frac{y_i'}{y_c'}\right)^2\right]$$

式中：y_i'——所求抗力截面与外轮廓的交点至最大抗力截面的垂直距离，且 $y_1'=1.34\text{m}$；

y_c'——墙底外边缘 c' 至最大抗力截面的垂直距离，由图量得 $y_c'=5.14\text{m}$。

$$\sigma_5=\sigma_h\left[1-\left(\frac{1.34}{5.14}\right)^2\right]=0.932\,0\sigma_h$$

第6～8截面抗力值按直线比例关系推求。

弹性抗力的合力 R 及其力臂 r_{ii} 的计算：

$$R_i=\frac{\sigma_{i-1}+\sigma_i}{2}\Delta S_{外}$$

$$r_{ii}'=\frac{2\sigma_{i-1}-\sigma_i}{3(\sigma_{i-1}+\sigma_i)}\Delta S_{外}$$（r_{ii}' 为 R_i 作用点至截面 i 沿外轮廓的长度）

式中：r_{ii}——R_i 对截面 i 中心点的力臂，截面3～5自基本模型图量得，截面6～8，$r_{ii}=-r_{ii}'$；

$\Delta S_{外}$——相邻截面间外轮廓长度，截面3～5自基本模型图上量得，截面6～8由截面纵坐标 y 求得，即 $\Delta S_{外}=y_i-y_{i-1}$。

弹性抗力作用下基本结构的弯矩和轴向力为：

$$M_\sigma^o=\sum R_i r_{ih}$$

$$N_\sigma^o=-\cos\varphi_s\sum R_i$$

由此可求得：

$$\Delta_{1\sigma}=\frac{\Delta S}{E}\sum M_\sigma^o\frac{1}{J}=0.043\,817\times10^{-9}\times(-479.729\,8)=-21.020\,3\times10^{-9}$$

$$\Delta_{2\sigma}=\frac{\Delta S}{E}\sum M_\sigma^o\frac{y}{J}=0.043\,817\times10^{-9}\times(-2\,750.551\,8)=-120.520\,9\times10^{-9}$$

⑤计算墙底截面的转角

$$\beta_1=\frac{1}{kJ_c}=\frac{1}{0.20}\times10^{-9}\times3.417\,04=17.085\,2\times10^{-9}$$

则：$\beta_T=\beta_1 M_{T8}^o=17.085\,2\times10^{-9}\times(-287.840\,6)=-4\,917.814\,2\times10^{-9}$

$\beta_\sigma=\beta_1 M_{\sigma8}^o=17.085\,2\times10^{-9}\times(-21.307\,0\sigma_h)=-364.034\,4\delta_h\times10^{-9}$

⑥求解冗力

由 $f=y_8=8.61\text{m}$

$a_{11}=\delta_{11}+\beta_1=(13.013\,7+17.085\,2)\times10^{-9}=30.098\,9\times10^{-9}$

$a_{12}=\delta_{12}+f\beta_1=(24.266\,3+8.61\times17.085\,2)\times10^{-9}=171.369\,9\times10^{-9}$

$a_{22}=\delta_{22}+f^2\beta_1=(99.176\,5+8.612\times17.085\,2)\times10^{-9}=1\,365.738\,3\times10^{-9}$

$a_{10}=\Delta_{1P}+\beta_P=\Delta_{1T}+\Delta_{1\sigma}+\beta_T+\beta_\sigma=(-5\,788.696\,5-385.054\,7\sigma_h)\times10^{-9}$

$a_{20}=\Delta_{2P}+f\beta_P=\Delta_{2T}+\Delta_{2\sigma}+f(\beta_T+\beta_\sigma)=(-43\,213.262\,6-3\,254.857\,1\sigma_h)\times10^{-9}$

则：
$$X_1=\frac{a_{12}a_{20}-a_{22}a_{10}}{a_{11}a_{22}-a_{12}^2}=4.262\ 64-2.717\ 4\sigma_h$$

$$X_2=\frac{a_{12}a_{10}-a_{11}a_{20}}{a_{11}a_{22}-a_{12}^2}=26.292\ 5+2.741\ 9\sigma_h$$

⑦计算最大抗力值 σ_h

a. 计算主动荷载和弹性抗力作用下结构的弯矩 M_T 及 M_σ

具体计算结果略。

b. 计算最大抗力值

荷载作用下 h 点的变位：

$$\Delta_{hT}=\frac{\Delta S}{E}\sum\frac{M_T}{J}(y_4-y_i)\sin\varphi_4=14.257\ 4\times10^{-9}$$

$$\Delta_{h\sigma}=\frac{\Delta S}{E}\sum\frac{M_\sigma}{J}(y_4-y_i)\sin\varphi_4=-31.014\ 5\times10^{-9}$$

则最大抗力为：
$$\sigma_h=\frac{\Delta_{hT}}{1/k-\Delta_{h\sigma}}=\frac{14.257\ 4}{1/0.20+31.014\ 5}=0.395\ 9$$

故：
$$X_1=4.262\ 4-2.717\ 4\times0.395\ 9=3.186\ 6$$

$$X_2=26.292\ 5+2.741\ 9\times0.395\ 9=37.378\ 0$$

⑧计算各截面弯矩和轴向力并校核计算的准确性

各截面的弯矩为：
$$M=M_T+M_\sigma$$

各截面的轴向力为：
$$N=N_T^o+N_\sigma^o+x_2\cos\varphi_s$$

根据公式进行校核：

$$\frac{\Delta S}{E}\sum\frac{M}{J}=0.043\ 817\times10^{-9}\times223.470\ 3=9.7918\times10^{-9}$$

$$\beta_c=\sum{}_8\beta_1=-0.573\ 6\times17.085\ 2\times10^{-5}=-9.8\times10^{-9}$$

$$\frac{\Delta S}{E}\sum\frac{M}{J}+\beta_c=-0.008\ 2\times10^{-5}$$

相对误差为：

$$\left|\frac{-0.008\ 2}{-9.800}\right|=0.08\%$$

$$\frac{\Delta S}{E}\sum M\frac{y}{J}=0.043\ 817\times10^{-9}\times1\ 775.968\ 2=77.817\ 6\times10^{-9}$$

$$f\beta_c=8.61\times(-9.044\ 9\times10^{-9})=-77.876\ 6\times10^{-9}$$

相对误差为：

$$\frac{\Delta S}{E}\sum M\frac{y}{J}+f\beta_c=-0.059\ 0\times10^{-9}$$

$$\left|\frac{-0.059\ 0}{-77.876\ 6}\right|=0.076\%$$

⑨检算截面强度

a. 拱顶

$$e_0=\frac{M_0}{N_0}=0.172\text{m}<0.45d=0.225\text{m}(可)$$

又：　$e_0=0.181\text{m}>0.2d=0.10\text{m}$(可)，按抗拉强度控制承载能力，则：

$$K = \varphi \frac{1.75R_t bh}{N(6e_0/h-1)}$$

式中：φ——构件的纵向弯曲系数，对于隧道衬砌可取 $\varphi=1$；

b——截面的宽度，$b=1.0$m；

h——截面厚度，$h=d=0.50$m；

R_t——混凝土抗拉极限强度，$R_t=2$MPa；

N——轴向力，$N=37.3780$(t)。

则 $$K=1\frac{1.75\times2\times1\times0.5}{37.3780(6\times0.172/0.5-1)}=3.60(\text{可})$$

b.第 6 截面（偏心最大）

$$e_0=0.18\text{m}<0.45d=0.45\times0.89=0.401\text{m}(\text{可})$$

又： $$e_0=0.18\text{m}>0.2d=0.2\times0.89=0.178\text{m}(\text{可})$$

$$K=1\times\frac{1.75\times2\times1\times0.89}{61.4395\times(6\times0.18/0.89-1)}=16.41>3.6(\text{可})$$

6.8 隧道洞门结构简介

6.8.1 隧道洞门的作用

洞门是隧道洞口砌筑并加以建筑装饰的支挡结构物。它联着隧道衬砌和路堑，是整个隧道结构的主要组成部分。

根据洞口地形、地质及衬砌类型等不同的情况和要求，铁路隧道洞门主要有端墙式、柱式、翼墙式、台阶式等，而公路隧道考虑到美观，一般采用柱式洞门和削竹式洞门。

洞门的作用包括减少洞口边仰坡土石方开挖量；稳定洞口边、仰坡；导流地表水；装饰隧道洞口。

6.8.2 洞门的形式

（1）端墙式洞门

端墙式洞门是最常见的洞门。它适用于地形开阔、地层较稳定的地区，由端墙和洞门顶排水沟组成。端墙的作用是抵抗山体纵向推力及支持洞口正面上的仰坡，保持其稳定。洞门顶水沟用来将从仰坡流下来的地表雨水汇集后排走，如图 6-22 所示。

（2）翼墙式洞门

当洞口地质较差，山体纵向推力较大时，可以在端墙式洞门的单侧或双侧设置翼墙，如图 6-23 所示。翼墙在正面起到抵抗山体纵向推力、增加洞门的抗滑及抗倾覆能力的作用；两侧面保护路堑边坡起挡土墙作用。翼墙顶面与仰坡的延长面相一致，其上设置水沟，将洞门顶水沟汇集的地表水引至路堑侧沟内排走。

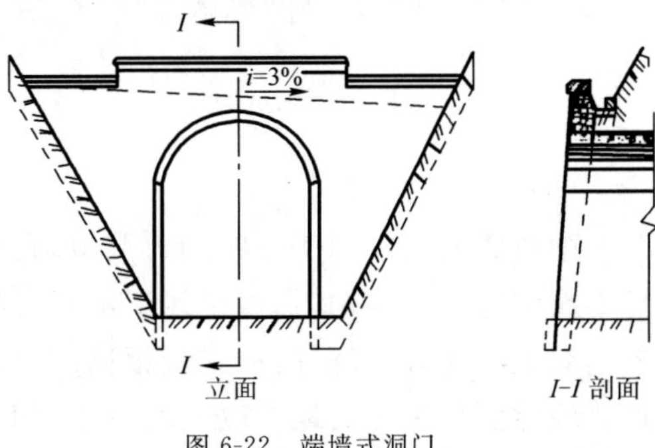

图 6-22 端墙式洞门

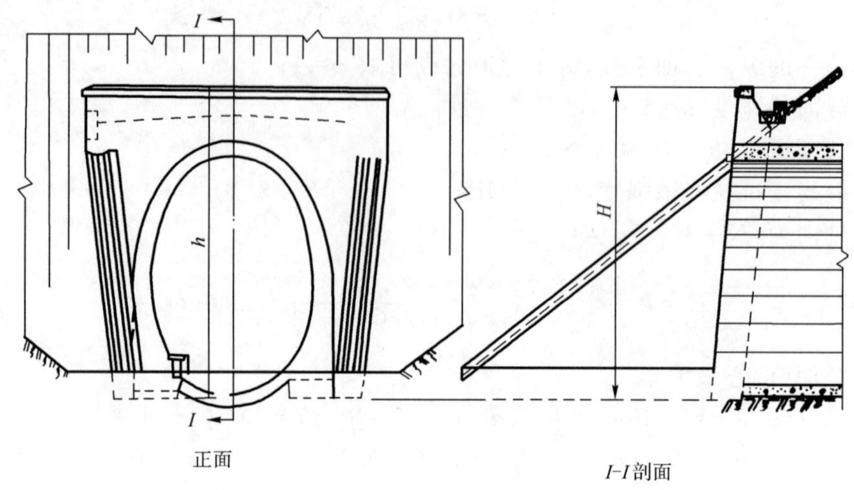

图 6-23　翼墙式洞门

(3)柱式洞门

当地形较陡(III 类围岩),仰坡有下滑的可能性,又受地形或地质条件限制,不能设置翼墙时,可在端墙中部设置 2 个(或 4 个)断面较大的柱墩,以增加端墙的稳定性,如图 6-24 所示。柱式洞门比较美观,适用于城市附近、风景区或长大隧道的洞口。

(4)台阶式洞门

当洞门位于傍山岭侧坡地区,洞门一侧边仰坡较高时,为了提高靠山侧仰刷坡起坡点,减少仰坡高度,可将端墙顶部改为逐级升高的台阶形式,以适应地形的特点,减少洞门圬工及仰坡开挖数量,这种洞门也能起到一定的美化作用,如图 6-25 所示。

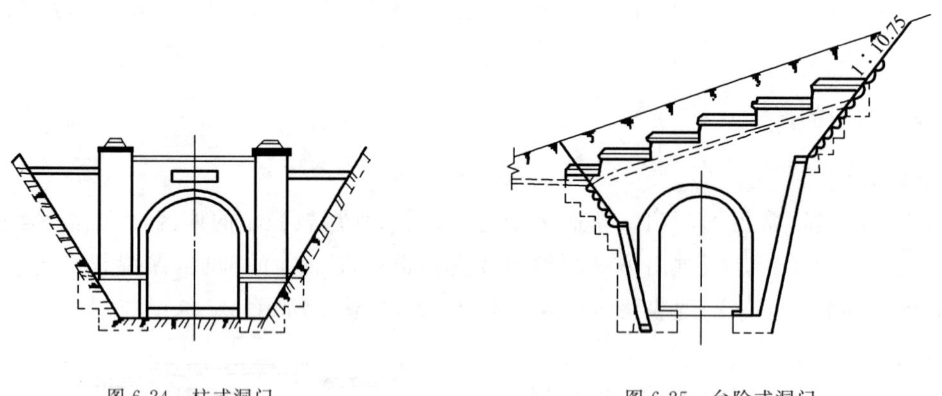

图 6-24　柱式洞门　　图 6-25　台阶式洞门

(5)削竹式洞门

削竹式洞门常用于公路隧道洞口,且应用广泛(图 6-26)。该形式适用于洞口边仰坡稳定且不高的地形条件,其优点是线形美观,简洁经济,结构体与环境协调性好。

综上所述,选择洞门形式应根据洞口的地形、地质条件,隧道长度和所处的位置等而定,特别要注意洞口施工后地形改变的特点,切勿硬套定型设计图,使所选择的洞门不能发挥它应有的作用。

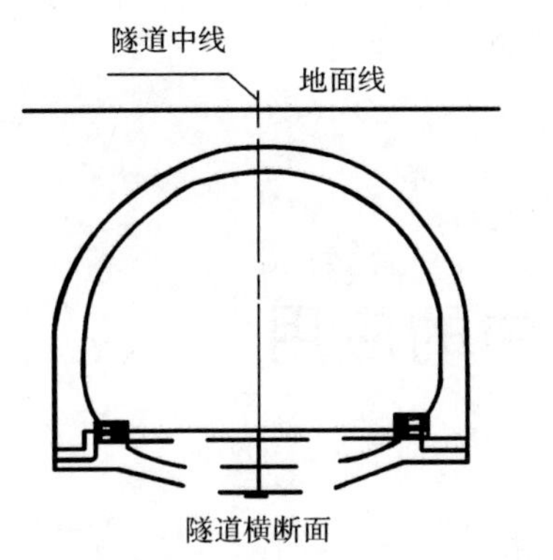

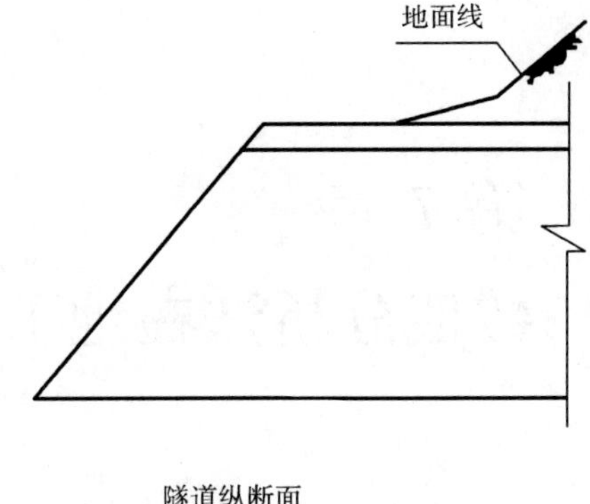

图 6-26　削竹式洞门

思　考　题

1. 分析局部变形理论和共同变形理论的内涵，指出其在地下结构设计中的作用。

2. 隧道结构计算考虑的主要荷载有哪些？什么是主动荷载？什么是弹性抗力？并说明弹性抗力的性质。

3. 说明衬砌结构内力计算的主要步骤。

4. 某隧道在软岩中穿越，其重度 $\gamma=18\text{kN/m}^3$，弹性抗力系数为 $K=200\ \text{MPa/m}$，衬砌材料用 C25 号混凝土，重度为 $\gamma=23\text{kN/m}^3$，受压弹性模量 $E_h=29.5\text{GPa}$，衬砌厚度 $d=0.40\text{m}$，根据上述条件对该隧道衬砌结构进行设计，并进行检算。

5. 常见的洞门形式有哪些？如何确定隧道的洞口位置？

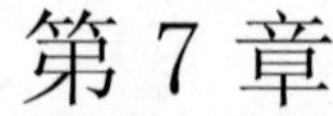

第 7 章 数值分析法在地下工程中的应用

7.1 概　　述

岩体性质的复杂性(非均质性、不连续性、各向异性、非线性、时间相关性等)和岩体构造的复杂性(节理、裂隙、断层等)以及施工方法的多样性,使得人们在对地下建筑结构的有关问题进行应力—应变分析时,难以采用解析法。即便是采用解析法也必须进行大量的简化,而得出的结果难以满足工程需要。若要模拟地下工程的开挖与支护过程,并由此来确定和优化开挖方案和支护措施,解析法就更无能为力了。而数值方法已被证明在解决复杂的岩石力学问题中是一种比较有效的手段,它把连续体的基本原理进一步推广到处理岩体的非均质、不连续性,以及岩石的各种复杂的非线性形态。

目前,数值方法在地下工程中得到越来越广泛的应用。与大型物理模型实验和现场实验相比,数值分析法具有快速、便捷、费用低、可以模拟岩体特性和构造特点以及施工过程、可以重复计算、易于改变参数等优点。

地下工程领域中常用的数值分析方法有:有限元法(Finite Element Method)、边界元法(Boundary Element Method)、离散元法(Discrete Element Method)、块体理论(Block Theory)和反演分析(Back Analysis)等。其中,有限元法和边界元法建立在连续介质力学的基础上,适合于小变形分析,是发展较早和较为成熟的方法,尤以有限元应用更为广泛。而边界元法由于仅对计算域边界进行剖分,故具有独特的优越性。离散元法和块体理论则是把岩体抽象为被结构面裂隙切割成分离的块体体系,再进行力学分析,适于大变形问题,对分析裂隙岩体不失为一种强有力的工具。反演分析是逆向思维在数值分析中的具体体现,不仅是单纯利用现场量测信息为数值分析提供实用的计算参数,而且可以作为工程预测分析的一种工具,为地下工程信息化设计施工和专家系统的形成提供了可能性,具有良好的应用前景。

本章主要简要介绍有限元法在地下工程中的应用。

7.2 有限元法在地下工程中的应用

有限元法的要点是将连续体用网络划分成若干个有限数目的单元体,如图 4-7 所示。

7.2.1 计算范围的确定和离散方法

大多数地下工程涉及无限域或半无限域,而有限元法处理这类问题通常是在有限区域内进行离散化。为了减少误差,离散区域必须有足够的范围,并尽可能保证区域外的边界条件尽可能接近实际情况。理论分析表明,在均质弹性无限域中开挖的圆形洞室,由于荷载释放而引起的洞室周围介质的应力和应变的变化，在5倍洞径范围之外将小于1%，在3倍洞径之外约小于5%。因此，依据工程的具体要求和有限元法的离散误差以及计算误差，一般选取的计算范围沿洞径各个方向均不小于3～4倍洞径（直径），如图7-1所示。但计算实践表明，对于非圆形洞室或各向异性岩体中开挖的洞室而言，计算范围应适当扩大或取上限尺寸。如果只考虑自重应力场，则可以借助于无限域单元，从而免去计算范围选取的麻烦，但在确定无限元和有限元的交接位置时仍要考虑上述原则，只是范围可略小一些或取下限，如图7-2所示。

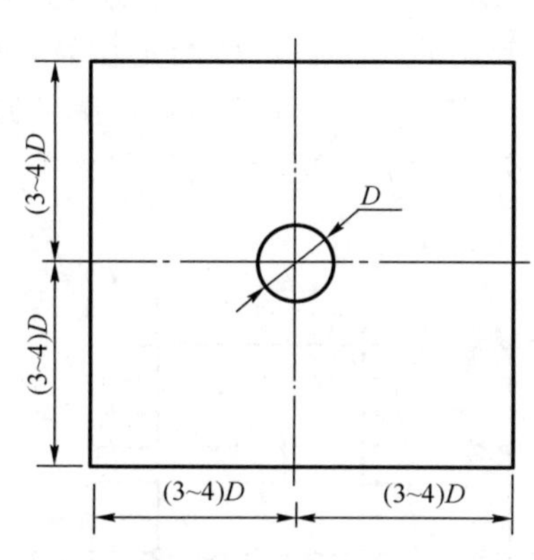

图7-1 计算范围的确定

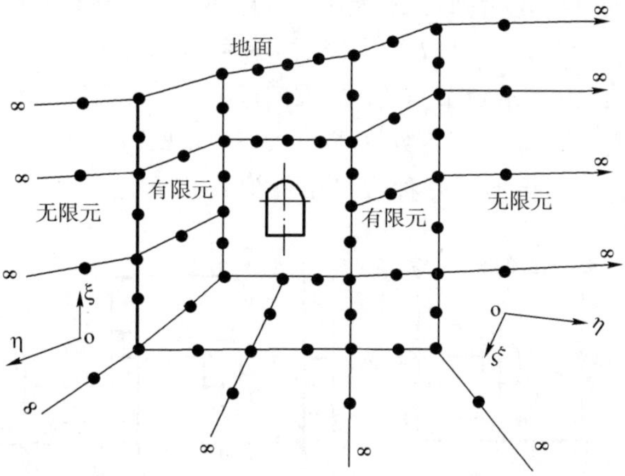

图7-2 无限域剖分示意图

使用有限元法进行地下工程分析，在计算范围确定之后并非任何一种离散形式都可以得到同样的结果。单元划分的疏密、大小和形状都会影响计算的精度。从理论上看，单元划分得越密越小、形状越规则，计算精度就越高。根据误差分析，应力误差与单元尺寸的一次方成正比，位移误差与单元尺寸的二次方成正比。但在实际工程中，工程技术人员总是对计算范围内的某些区域感兴趣，如地下洞室或地下结构物周围区域、地质构造区域以及荷载突变区域。这些部位的单元可加密划分，而其他区域则可划分得稀疏些。稀密区域单元的大小不宜相差过大，应均匀过渡。

单元形式可采用三节点三角形常应变元、六节点三角形应变元、四节点四边形和八节点四边形应变元等。对于三维问题，常采用八至二十节点六面体单元或壳单元。三角形单元的优点是适应性强，在地下洞室周围应力变化较大的区域，采用加密的三角形单元往往比采用多节点的四边形单元获得更精确的计算精度；三角形单元的缺点是应力波动大，相邻单元应力往往不连续。四边形单元的优点是能够较好地反映应力变化，当节点数相同时，其计算精度高于三角形单元，并且在边界较为规则时采用四边形单元较为简单。如果程序许可，也可以混合使用三角形与四边形单元，但公共边上位移必须协调。在离散计算区域时还需注意以下几方面的问题：

①一个单元各边长相差不能过大，两边夹角不能过小，各夹角最好尽量相等。

②一个单元中不能包含两种或两种以上的材料。

③集中荷载作用点或荷载突变处必须布置节点。

④如地下结构和岩体结构在几何形状和材料特性方面都具有对称性时，可利用该对称性取部分计算范围进行离散。

⑤洞室边缘两侧的对应单元，其大小形状尽量一致。

⑥洞室边缘及附近单元的布置应考虑设置锚杆的方向及深度，以便施加锚固力。

⑦洞室内单元的划分要考虑到分期开挖的分界线和部分开挖区域的分界线。

⑧计算范围内的单元划分还要考虑到地下水位变化的分界面。

7.2.2 边界条件和原始应力场

计算范围的外边界可采取两种方式处理：其一为位移边界条件，即一般假定边界点位移为零（也有假定为弹性支座或给定位移的，但地下工程分析中很少用）；其二是假定为力的边界条件，包括自由边界（$P=0$）条件，还可以给定混合边界条件，即节点的一个自由度给定位移，另一个自由度给定节点力（二维问题）。当然无论哪种处理都有一定的误差，且随计算范围的减小而增大，靠近边界处误差最大，这叫做“边界效应”。在动力分析中影响更为显著，需妥善处理，图 7-3 给出了几种边界条件形式。

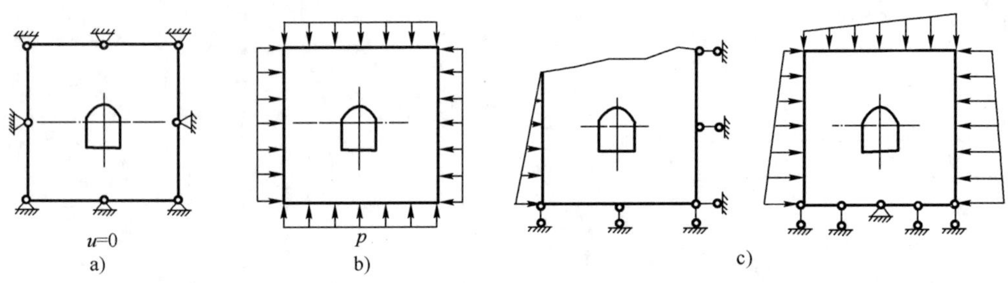

图 7-3 计算范围边界条件的不同形式

a)位移边界条件；b)力边界条件；c)混合边界条件

为了确定力边界条件，必须首先确定岩体中的初始应力场。初始应力场主要由岩体自重和地质构造力产生。但如何正确地确定这种应力场，至今未得到妥善解决，因为构造应力常常分布极不均匀，而费用昂贵的现场地应力测量只能给出计算范围中少数几个点的地应力值。

初始应力场的确定可按第 3 章 3.2.2 节提出的计算方法进行计算。

构造应力场主要与岩性分布和构造形式有关。如坚硬完整的岩体中往往构造残余应力较高，而破碎松软岩体中就较低，沿河谷附近的岩体由于卸荷作用会使地应力方向和大小发生改变。一般也不考虑构造应力场与时间的关系，水电、交通与铁路隧道往往埋深不会太大，不会受到地热影响，不必考虑温度应力场。

7.2.3 施工过程模拟

施工过程主要包括洞室的开挖及内部衬砌的浇筑，采用新奥法施工时还包括喷混凝土和锚杆锚索的设置等。这些施工过程都相当于在原始地应力场中增加新的荷载或改变地下结构的材料而产生二次、三次或更多次应力场。这是地下工程数值分析的一个重要特点。

(1)开挖过程的荷载释放（图 7-4）

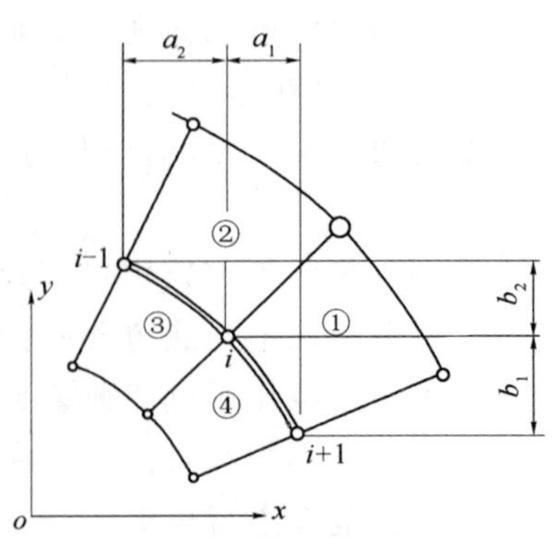

图 7-4 开挖边界荷载释放计算示意图

对于已知原始应力场，可先求出沿开挖面上各节点 i 的初始应力 $\{\sigma_0\}^i$，分为以下几种情况。

①若为均匀应力场，则有 $\{\sigma_0\}^i=\{\sigma_0\}^{i-1}=\{\sigma_0\}^{i+1}=\cdots=\{\sigma_0\}$，$\{\sigma_0\}$ 为给定的均匀应力向量。

②对于非均匀应力场，一般都是由有限元法计算出来的，而且大多只给出了单元形心处的应力。此时开挖面上节点 i 处的应力值可以由节点 i 周围各单元应力插值求得。如图所示为开挖边界节点 i 及周围单元。

求出各节点应力后可由下式计算节点 i 处的开挖释放等效节点力 $\{P^i\}$：

$$\begin{cases}P_x^i=\dfrac{1}{6}[2\sigma_x^i(b_1+b_2)+\sigma_x^{i+1}b_2+\sigma_x^{i-1}b_1+2\tau_{xy}^i(a_1+a_2)+\tau_{xy}^{i+1}a_2+\tau_{xy}^{i-1}a_1]\\ P_y^i=\dfrac{1}{6}[2\sigma_y^i(a_1+a_2)+\sigma_y^{i+1}a_2+\sigma_y^{i-1}a_1+2\tau_{xy}^i(b_1+b_2)+\tau_{xy}^{i+1}b_2+\tau_{xy}^{i-1}b_1]\end{cases} \tag{7-1}$$

将开挖释放的等效节点力反加于开挖边界，对已“挖去”的单元材料赋一小值，形成所谓的“空单元”，这就完成了开挖过程的模拟。值得指出的是，用“空单元”取代开挖单元，可能导致刚度矩阵病态。为解决此问题，可令已挖去的节点位移为零，并把这些节点相对应的方程从总刚度方程中消去。

另外，值得提出的是部分开挖问题，如在地下电站洞群分析中，主厂房、主变室等部位是沿轴线方向全部挖通的，但尾水管、尾水调压室和闸门井等部位则中间仍保留了岩柱或岩墙，属部分开挖。这在平面分析中应加以考虑，否则会得出过于保守的结果。目前，工程上可以接受的一种处理办法是选择一个部分开挖系数 K_p，它等于实际开挖量与假定全部挖通开挖量之比。在模拟部分开挖单元时，不是把它们变成“空单元”而是变成“部分软化单元”，即把原单元材料特性指标均乘以 K_p 而变成一种新材料。

(2)衬砌浇筑过程的模拟

地下工程的开挖和支护过程都是分期进行、相互交替的，因此数值分析过程也要模拟这种施工过程。首先，在划分洞室内部单元时就必须考虑整个施工程序，所有开挖和浇筑部分的边线都必须是单元的边线，而不能在单元内部。浇筑建造过程的模拟比较简单，即在开挖之后某一规定的分期内，将浇筑部分对应的“空单元”重新赋予衬砌材料的参数后再进行计算。

适当改变开挖和衬砌浇筑方案，比较围岩应力和变形情况，对确定最优施工程序是非常有效的。

(3)锚喷支护的模拟

对于施工中采用锚喷支护的模拟有如下几种考虑。

①锚杆、锚索的设置一般不考虑对整体刚度的影响，而作为一种附加荷载施加于相应位置的节点上，尤其是端部锚固的锚杆和锚索都是这样处理的。通过计算两锚固点之间的相对位移，可得到锚杆(索)内的拉应力，乘以锚杆断面面积，则可得到锚固节点力，然后反加到节点上再进行下一期的计算。计算中采用锚杆材料的 σ-ε 本构模型进行判断，如锚杆应力 σ 超过屈服强度 σ_y，则进入塑性阶段，超过强度极限则发生拉断，锚杆拉力释放作用到锚固节点上。对于全长锚固的锚杆，可将沿锚杆分布的剪应力，按其分布规律化为等效节点力施加于锚杆通过的各个节点。

②喷混凝土层较厚时，可采用壳单元模拟或一般的四节点等参元模拟；较薄时可采用杆单元模拟。

7.2.4 岩体材料的模拟

按岩体结构特征的不同，可把岩体分为如图 7-5 所示的几种类型。

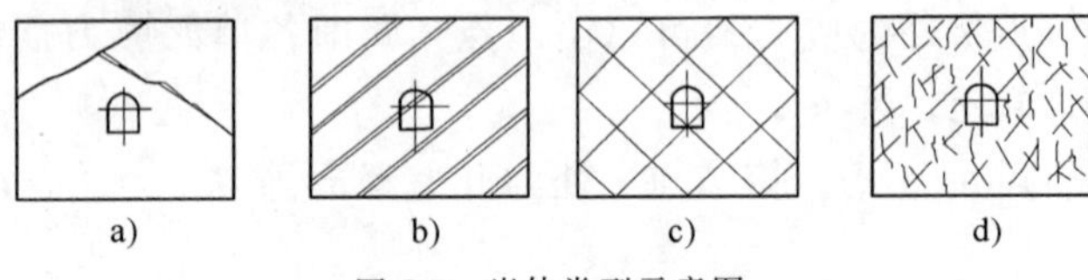

图 7-5 岩体类型示意图

a)A 类岩体；b)B 类岩体；c)C 类岩体；d)D 类岩体

A 类为完整岩体中具有若干节理和断裂面，有限元中则把断裂面之间的完整岩体划分为一般各向同性均质单元，并通过改变单元的力学参数 E 和 ν，来模拟材料的非均质性，但对于节理和断裂面则采用一种特殊的单元——结构面单元来模拟。

B 类为由一组结构面切割或沉积形成的层状岩体，这类岩体一般可处理为宏观同性材料。这种材料的本构关系与各向同性材料不同，需要 5 个弹性常数来表示，即：E_1、E_2、ν_1、ν_2 和 G，弹性矩阵为：

$$[D]=\frac{E_2}{\Delta}\begin{bmatrix}(e-\nu_2^2) & (e\nu_1+\nu_2^2) & \nu_2(1+\nu_1) & 0 & 0 & 0\\ & (e-\nu_2^2) & \nu_2(1+\nu_1) & 0 & 0 & 0\\ & & (1-\nu_1^2) & 0 & 0 & 0\\ & & & \frac{n}{2}(1-\nu_1-2\nu_2^2/e) & 0 & 0\\ & & & & m\Delta & 0\\ & & & & & m\Delta\end{bmatrix} \tag{7-2}$$

其中，$\Delta=(1+\nu_1)(1-\nu_1-2\nu_2^2/e)$，$e=\dfrac{E_1}{E_2}$，$m=\dfrac{G_2}{E_1}$。

若结构面厚度很小，结构面间岩层平均厚度为 S，弹性模量为 E，泊松比为 ν，结构面的法向刚度为 K_n，切向刚度为 K_S，则当把这种岩体化为等效横观同性材料时，其 5 个等效参数可由下式计算：

$$\left.\begin{aligned}E_1&=E\\ \nu_1&=\nu\\ \frac{1}{E_2}&=\frac{1}{E}+\frac{1}{K_nS}\\ \nu_2&=\frac{\nu}{E}E_2\\ \frac{1}{G_2}&=\frac{1}{G}+\frac{1}{K_SS}\end{aligned}\right\} \tag{7-3}$$

如果各层岩体厚度和材料特性相差较大，可用下述方法求得岩体的 5 个等效参数。

设层状岩体有 n 层，第 i 层厚度、弹性模量、剪切模量和泊松比分别为 d_i、E_i、G_i 和 ν_i，则岩体的等效弹模 E_{1e}、E_{2e}和 G_{2e} 为：

$$
\begin{cases}
E_{1e} = \sum_{i=1}^{n} d_i E_i / \sum_{i=1}^{n} d_i \\
E_{2e} = \sum_{i=1}^{n} d_i / \sum_{i=1}^{n} \dfrac{d_i}{E_i} \\
G_{2e} = \sum_{i=1}^{n} d_i / \sum_{i=1}^{n} \dfrac{d_i}{E_i}
\end{cases}
\tag{7-4}
$$

岩体的等效泊松比由上到下逐层计算,先求头两层的等效泊松比:

$$
\begin{cases}
\nu_{1e} = \dfrac{\nu_1 d_1 + \nu_2 d_2}{d_1 + d_2} \\
\nu_{2e} = \dfrac{\nu_1 (d_1 + d_2) E_2}{d_1 E_2 + d_2 E_1}
\end{cases}
\tag{7-5}
$$

然后把这两层看作一层,再用上式计算前三层的等效泊松比。

需要注意的是,以上本构关系弹性矩阵是建立在特殊坐标系中的,即 z 轴为各向同性面的法线,而 x 及 y 轴取为层面的走向及倾向。这一坐标系往往与整体坐标系并不一致,必须进行转换,求出整体坐标系中的本构方程表达式。

C 类岩体是由两组或三组正交结构面裂隙切割的岩体,可处理为正交各向异性材料。这种材料有 9 个弹性常数,其弹性矩阵和柔度矩阵从略,可查阅有关资料。

D 类为具有随机分布的裂隙(或断裂)的岩体,可以利用损伤力学、断裂力学等方法进行处理,但如果裂隙分组不明显或结构面优势不强,一般可取折减的力学参数,按一般各向同性连续体计算。要注意的是这种材料一般假定为不能承受任何拉应力。

7.2.5 节理构造面的模拟

岩体中的节理、软夹层、层面及小型断层等,通常采用结构面单元来模拟。

(1)平面结构面单元

这种单元称 Goodman 单元,如图 7-6 所示,假定位移沿结构面单元长度方向呈线性变化,结构面单元的应力和相对位移之间有如下关系:

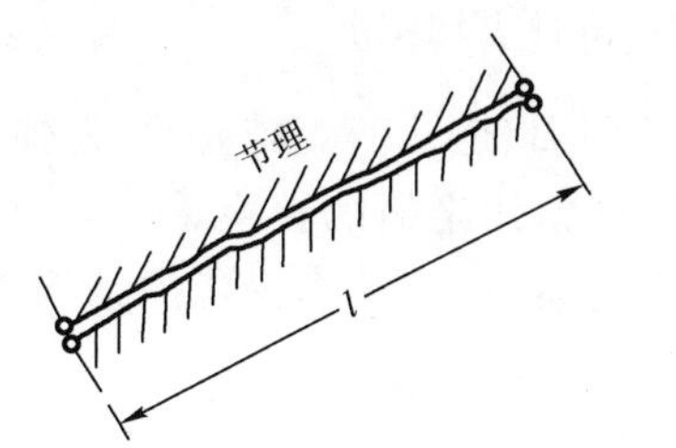

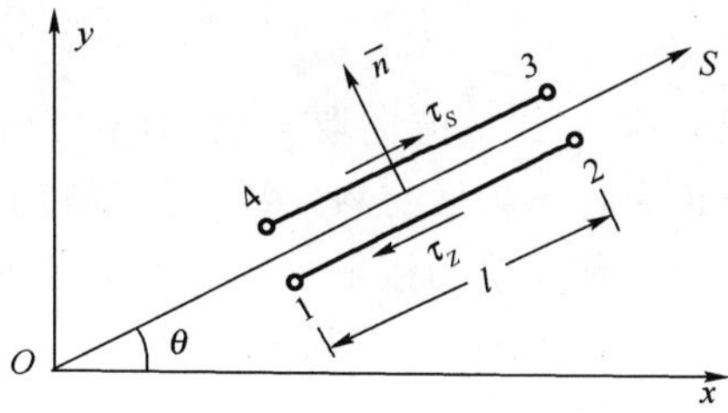

图 7-6 无厚度结构面单元

$$
\begin{Bmatrix} \tau_S \\ \sigma_n \end{Bmatrix} = \begin{bmatrix} K_S & 0 \\ 0 & K_n \end{bmatrix} \begin{Bmatrix} \Delta u_S \\ \Delta v_n \end{Bmatrix}
\tag{7-6}
$$

式中:σ_n,τ_S——分别为法向和切向应力;

K_n,K_S——分别为结构面法向及切向刚度;

v_n,u_S——分别是单元两侧相对法向及切向位移。

相应的单元节点力 $\{F\}^e$ 与单元节点位移 $\{\delta\}^e$ 在局部坐标系统 S-n 下有如下关系:

$$\{F\}^e = [K']\{\delta\}^e \tag{7-7}$$

其中，$\{K'\}^e$ 是 8×8 对称阵：

$$[K']^e = \frac{tl}{6}\begin{bmatrix} 2K_S & & & & & & & \\ 0 & 2K_n & & & & & & \\ K_S & 0 & 2K_S & & & & & \\ 0 & K_n & 0 & 2K_n & & & & \\ -K_S & 0 & -2K_S & 0 & 2K_S & & & \\ 0 & -K_n & 0 & -2K_n & 0 & 2K_n & & \\ -2K_S & 0 & -2K_S & 0 & K_S & 0 & 2K_S & \\ 0 & -2K_n & 0 & K_n & 0 & K_n & 0 & 2K_n \end{bmatrix} \tag{7-8}$$

式中：t——沿垂直平面方向的结构面宽度，取单宽时为 1。

(2)变厚度结构面单元

图 7-7 所示为一种六节点变厚度结构面单元，具有更广泛的适用性，可用于变厚度、等厚度及曲面结构面。

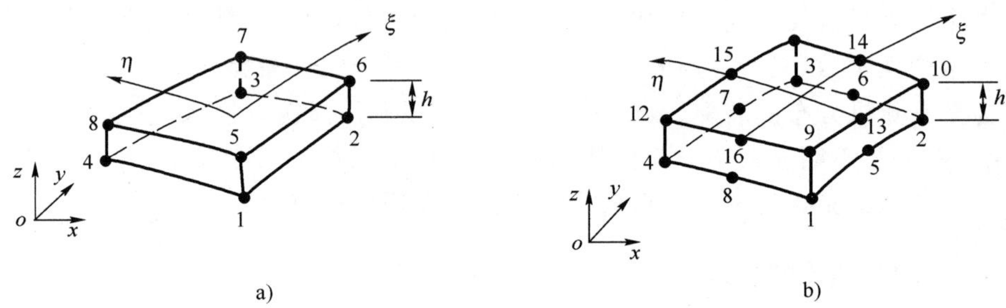

图 7-7　三维结构面单元形式

对于有一定厚度的结构面，采用平面应变问题的本构关系，按平面等参元处理，其单元刚度为：

$$[K]^e = \int_{-1}^{1}\int_{-1}^{1}[B]^T[D][B]\det[J]\mathrm{d}\xi\mathrm{d}\eta \tag{7-9}$$

由高斯积分算出，沿 ξ 方向取 3 点，沿 η 方向取 2 点，$[B]$是几何矩阵，$[D]$为弹性矩阵，如为横观同性或正交各向异性材料，要注意材料局部坐标到整体坐标的转换。

还有人提出一种简单的接触—摩擦界面节元(或称约束单元)。它仅考虑结构面的约束和接触力，而不引入结构面的弹性刚度参数。

(3)三维结构面单元

图 7-7 给出了两种形式的等厚度三维结构面单元。

其求解方法，本节不作讨论，可参照有关资料。

应用上述二维或三维结构面单元，可以方便地模拟岩体中的结构面、裂隙及软弱夹层等构造面。

7.2.6　地下工程数值分析中的非线性问题

因篇幅所限，这里仅就有限元材料非线性问题的处理方法和应用作一简单介绍。

有限元法解非线性问题通常有两种基本方法，即增量法和迭代法，通过分段线性解来逼近非线性解。

分段线性化的增量法如图 7-8 所示，把总荷载 $\{P\}$ 化为若干增量段 $\{\Delta P\}$，逐级施加进行求解。有限元增量方程为：

$$[K_{i-1}]\{\Delta u_i\}=\{\Delta P\} \tag{7-10}$$

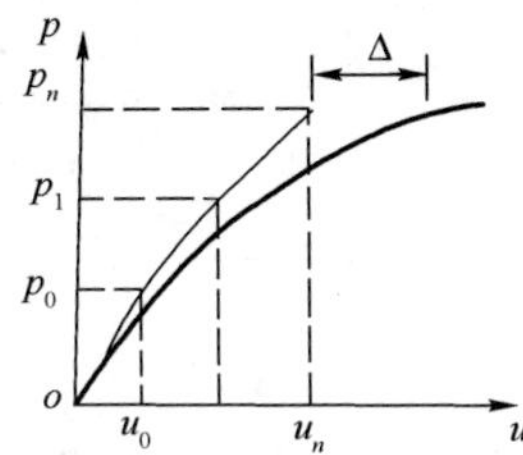

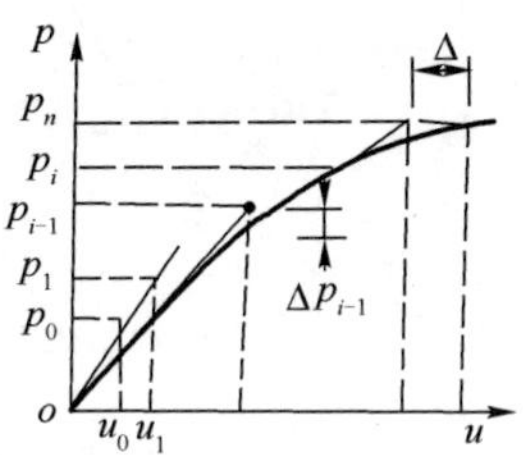

图 7-8　增量法原理

总位移为：
$$\{u\}=\{u_0\}+\sum_{i=1}^{n}\{\Delta u_i\}$$

总荷载为：
$$\{P\}=\{P_0\}+\sum_{i=1}^{n}\{\Delta P_i\} \tag{7-11}$$

总误差为各级增量段误差的累积。为减少误差，可采用所谓的“一阶自校修正法”，即在每一级增量之后，考虑荷载一修正项 $\Delta P'_{i-1}$，增量方程变为：

$$[K_{i-1}]\{\Delta u_i\}=\{\Delta P_i\}+\{\Delta P'_{i-1}\} \tag{7-12}$$

增量法是变刚度法，即每增加一次荷载，修正一次刚度矩阵，但第 i 段加载是用 $i-1$ 段的刚度矩阵，故称始点刚度矩阵法。还有用中点刚度法来减少误差的，即在第 i 段先加 $\frac{1}{2}\{\Delta P_i\}$，求得 $\{\Delta u_{i-\frac{1}{2}}\}$ 为：

$$[K_{i-1}]\{\Delta u_{i-\frac{1}{2}}\}=\frac{1}{2}\{\Delta P_i\} \tag{7-13}$$

则 $i-\frac{1}{2}$ 段的位移为：

$$\{u_{i-\frac{1}{2}}\}=\{u_{i-1}\}+\{\Delta u_{i-\frac{1}{2}}\} \tag{7-14}$$

由 P-u 曲线可求得 $[K_{i-\frac{1}{2}}]$，则第 i 段有：

$$[K_{i-\frac{1}{2}}]\{\Delta u_i\}=\{\Delta P_i\} \tag{7-15}$$

增量法的优点是适用范围广，但计算容易漂移，误差较大。

另一种基本方法是迭代法，又称牛顿法，这种方法的特点是全部荷载一次施加，逐步调整位移进行迭代，最终使方程得到满足。迭代法又常采用以下几种方法进行计算。

(1)变刚度法(牛顿法)

由非线性方程 $[K(u)]\{\Delta u\}=\{P\}$ 出发，从初始刚度 $[K_0]$ 求得位移 $\{\Delta u_1\}$：

$$\{\Delta u_1\}=[K_0]^{-1}\{P\} \tag{7-16}$$

由 $\{\Delta u_1\}$ 求得 $\{u_1\}$，由 $\{u_1\}$ 从 P-u 曲线上求得割线刚度 $[K_1]$，再由 $[K(u_1)]\{\Delta u\}=P$ 求得 $\{\Delta u\}$ 的第二次值 $\{\Delta u_2\}$(注意用割线刚度求得的 $\{\Delta u\}$ 即为 P-u 平面中的 $\{\Delta u\}$)，如此重复计算，直到 $\{\Delta u_i\}$ 与 $\{\Delta u_{i-1}\}$ 充分接近，使得 $\{\Delta u_i\}-\{u_{i-1}\}=\varepsilon_{\Delta u}\leqslant[\varepsilon]$，即给定精度为止，这一过程可由图 7-9 表示。这种方法收敛较快，但每一次迭代都要形成新刚度矩阵，计算量较大。

(2)修正牛顿法

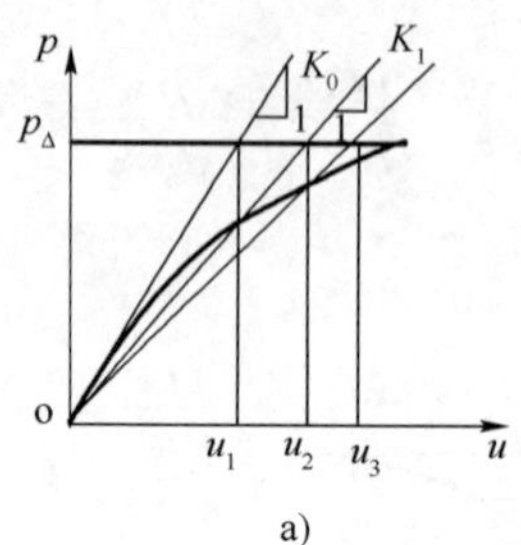

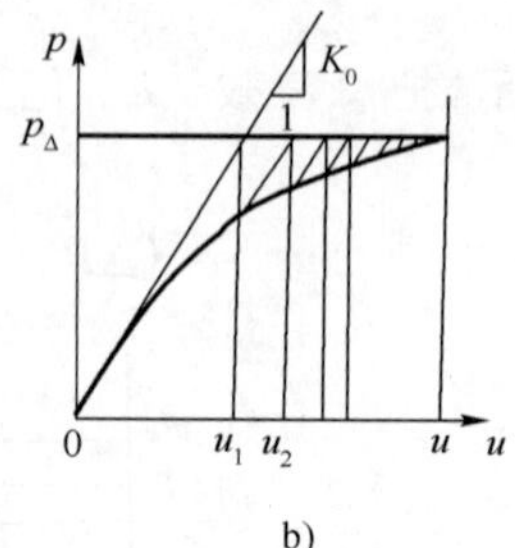

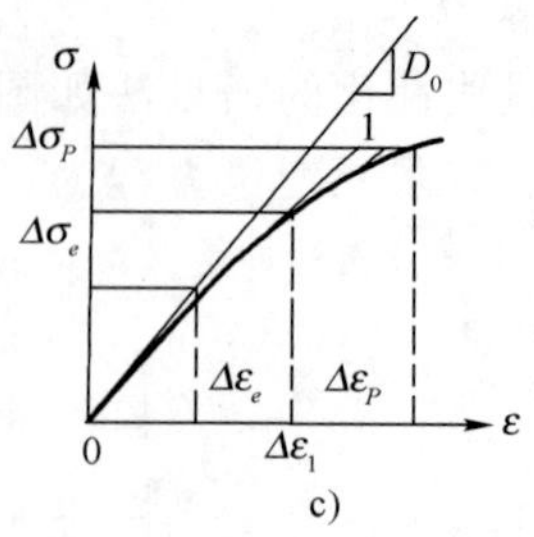

图 7-9　迭代法原理

对上述方法的一种修正是每一叠代步均采用初始刚度 $[K_0]$，迭代方程可写为：

$$\begin{aligned}[K_0]\{\Delta u_i\} &= \{P\}-\{P_{i-1}\} \\ \{u_i\} &= \{u_{i-1}\}+\{\Delta u_i\}\end{aligned} \tag{7-17}$$

由图 7-9b)不难理解这种方法的迭代计算过程。这种方法的迭代次数较多，但因省去了重新计算刚度矩阵的时间，速度比一般牛顿法还要快一些。

(3)初应力法

若某线弹性系统具有已知初应力 $\{\sigma_0\}$，则该系统总应力为：

$$\{\sigma\} = \{\sigma_e\}+\{\sigma_0\} \tag{7-18}$$

用最小势能原理或虚功原理可求出这种系统的有限元基本方程：

$$[K]\{u\} = \{P\}+\{\Delta P_0\} \tag{7-19}$$

式中：

$$\{\Delta P_0\} = -\sum_e\int_{V_e}[B]^2\{\sigma_0\}\mathrm{d}V_e \tag{7-20}$$

$\{\Delta P_0\}$ 是由初应力 $\{\sigma_0\}$ 引起的节点荷载修正项，积分是对单元的面积(二维)或体积(三维)，求和是对所有单元。

弹塑性问题的应力增量表达式为(参照图 7-9c)：

$$\{\mathrm{d}\sigma\} = ([D_e]-[D_P])\{\mathrm{d}\varepsilon\} = \{\mathrm{d}\varepsilon_e\}-\{\mathrm{d}\varepsilon_P\} \tag{7-21}$$

其有限元基本方程可写成与式(7-19)类似的形式：

$$[K]\{\mathrm{d}u_i\} = \{\mathrm{d}P_i\}+\{\mathrm{d}P'_i\} \tag{7-22}$$

式中：

$$\{\mathrm{d}P'_i\} = \sum_e\int_{V_e}[B]^T\{\mathrm{d}\sigma_P\}\mathrm{d}V \tag{7-23}$$

比较上述两个系统的相对应方程的形式可知，非线性的弹塑性问题可借助于具有初应力的弹性系统的求解方式来求。但在弹性系统中，$\{\sigma_0\}$ 为已知，可直接按积分求 $\{\Delta P_0\}$，代入式(7-19)求解；而 $\{\mathrm{d}\sigma_P\}$ 与加载历史和当前的应力状态有关，也即 $\{\mathrm{d}P'_i\}$ 与位移有关，故必须进行迭代求解。对每一增量段 $\{\Delta P_i\}$，采用前面提到的修正牛顿法进行迭代。

初应力法求解过程可按下列步骤进行：

①确定荷载增量段 $\{\Delta P\}$，逐级按式(7-22)求解，初始阶段为弹性阶段，故 $\{\Delta\sigma_P\}$ 为零，即有 $\{\Delta P'_i\} = 0$，直接求解 $[K]\{\Delta u_i\} = \{\Delta P_i\}$ 即可。

②得到 $\{\Delta u_i\}$ 后，计算各单元 $\{\Delta\sigma\}$ 和当前应力 $\{\sigma\}$：

$$\{\Delta\varepsilon_i\} = [B]\{\Delta u_i\}_j$$

$$\{\Delta\sigma_i\}_j = [D]\{\Delta\varepsilon_i\}_j$$

$$\{\sigma_i\}_j = \{\sigma_i\}_{j-1} + \{\Delta\sigma_i\}_j$$

式中：下标 i 表示第 i 级增量，j 表示迭代次数。

③由各单元应力计算屈服函数 F，判别单元是否屈服及加、卸载条件。对于处在加载条件下的塑性单元，计算应力修正项并修正应力：

$$\{\sigma_{iP}\}_j = [D_{iP}]\{\Delta\varepsilon_i\}_j$$

$$\{\sigma'_i\}_j = \{\sigma_i\}_j - \{\Delta\sigma_{iP}\}_j$$

屈服函数取决于采用材料的本构模型，塑性矩阵及加、卸载条件可查阅弹塑性力学及岩石力学等有关资料。

④对塑性单元，由修正项 $\{\Delta\sigma_{iP}\}_j$ 按式(7-23)计算等效节点力，对所有塑性单元的等效节点力按节点号相迭加即构成总的修正荷载矢量 $\{\Delta P'_i\}_j$ 。

⑤在 $\{\Delta P'_i\}_j$ 的作用下进行下一次迭代运算，此时基本方程为：

$$[K]\{\Delta u_i\}_j = \{\Delta P'_i\}_j \tag{7-24}$$

⑥重复进行②～⑤步的计算，直到各塑性单元收敛至所要求的精度为止(两次迭代应力误差小于规定值)。

⑦施加下一级荷载增量 $\{\Delta P_{i+1}\}$ ，进行①～⑥的运算，直到全部荷载增量施加完毕。

为了加快收敛速度，可采用常刚度和变刚度相结合的方法及采取收敛因子的方法。

以下讨论构造结构面的非线性分析问题。一般结构面的本构关系如图 7-10 所示。

结构面初始抗剪强度条件(屈服准则)为：

$$F = \tau_S - C - (-\sigma_n)\tan\varphi = 0 \tag{7-25}$$

残余抗剪强度条件(屈服准则)为：

$$F' = \tau_S - (-\sigma_n)\tan\varphi' = 0 \tag{7-26}$$

式中：$(-\sigma_n)$ ——法向压应力；

C、φ——结构面初始黏聚力和摩擦角；

φ' ——残余摩擦角。

法向受压时结构面特征如图 7-10c)所示，当结构面压缩至最大闭合度时($\nu_{\max}$)，法向刚度将趋于无穷大。

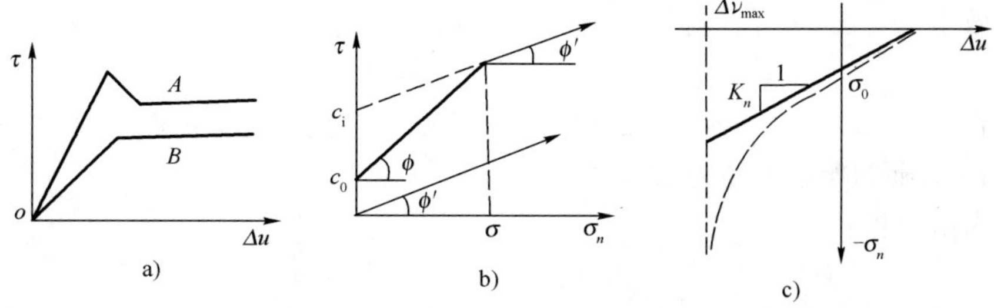

图 7-10　结构面本构关系及强度曲线

由式(7-25)和式(7-26)可导出结构面剪切滑移的弹塑性矩阵：

$$
\left.\begin{aligned}
[D_{eP}] &= [D_e] - [D_P] \\
[D_e] &= \begin{bmatrix} D_{11} & 0 \\ 0 & D_{22} \end{bmatrix} \\
[D_P] &= \frac{1}{S_0}\begin{bmatrix} D_{11}^2 & D_{11}S_1 \\ D_{11}S_1 & S_1^2 \end{bmatrix} \\
S_0 &= D_{11} + D_{22}\tan^2\varphi \\
S_1 &= D_{22}\tan^2\varphi
\end{aligned}\right\} \tag{7-27}
$$

式中：D_{11}、D_{22} 可取为结构面刚度系数 K_S、K_n。

由于结构面剪切滑移模型图 7-10a）与塑性软化（A）或理想弹塑性（B）类似，因此，也可以用上述处理非线性问题的方法来分析，但要考虑结构面受拉开裂全部 σ_n 和 τ 变为零及受压时最大法向位移不能超过 $v_{\max}$ 的特点。这样，结构面非线性的相应初应力应分别考虑如下值。

$$
\left.\begin{aligned}
&\text{结构面滑移：} && \{\Delta\sigma_P\} = [D_P]\{\Delta u\} \\
&\text{结构面受拉：} && \{\Delta\sigma_P\} = \{\Delta\sigma\} = [\tau_S \quad \sigma_n]^T \\
&\text{结构面受压闭合：} && \{\Delta\sigma_P\} = [D]\{\Delta u - \Delta v_{\max}\} \\
&\text{则：} && \{\sigma'_i\}_j = \{\sigma_i\}_j - \{\Delta\sigma_P\}_j
\end{aligned}\right\} \tag{7-28}
$$

这样，结构面单元的非线性问题可与其他岩体单元一起，用初应力法进行计算。

7.3 有限元法应用实例

（1）工程概况

以某公路隧道工程为例，选取隧洞位于地下 30 m 处，实际施工中毛洞净高 9.8 m，跨度约 12 m，其具体尺寸见图 7-11。根据工程地质勘察报告、施工现场实地踏勘及后期实验数据，岩土体各项参数取值分别为：$\rho=2\,400\mathrm{kg/m^3}$，$E=1.4\mathrm{GPa}$，$\nu=0.35$，$C=0.2\mathrm{MPa}$，$\varphi=25°$。本计算模拟采用有限元分析软件 Ansys 建模、求解，对分离式单洞隧道台阶法施工上、下台阶分别开挖后围岩拱顶沉降及应力分布进行分析。

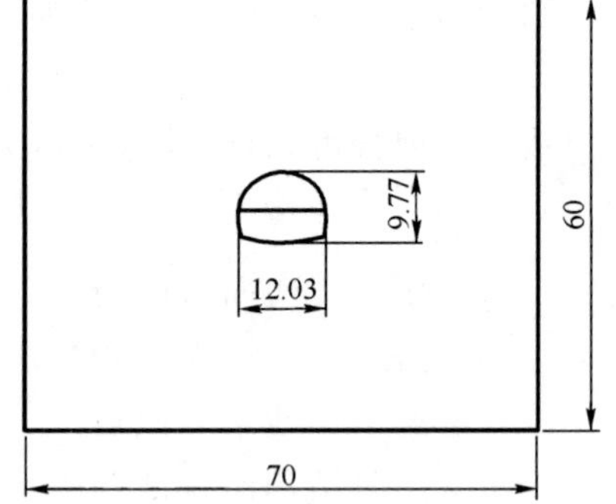

图 7-11　工程截面及计算边界图（尺寸单位：m）

（2）计算前处理

①理论分析

采用等效节点力法，未开挖时先求解如下方程：

$$[K_0]\{\delta_0\} = [W] \tag{7-29}$$

求解方程 $\{\delta_0\}$ 后，再计算各单元的应力。通常认为开挖前位移已经完成，与开挖无关，故可以取 $\{\delta_0\}=0$，而初始应力场为 $\{\delta_0\}$。

开挖后求解方程：

$$[K_2]\{\delta_0\} = -[F] \tag{7-30}$$

开挖后的总位移、总应力分别为：

总位移　$\{\delta\} = \{\delta_0\} + \{\Delta\delta\}$

总应力　$\{\sigma\} = \{\sigma_0\} + \{\Delta\sigma\}$

应用 Mohr-coulomb 准则，则屈服条件为：

$$F = \tau_n + \mu \sigma_n - C \tag{7-31}$$

式中，$\mu = \tan\varphi$，φ、C 分别为结构体内的摩擦力和黏结力。

②计算模型的选择

a. 计算模型边界的确定

地下工程：一般来说，地下洞室的开挖影响范围在 3～5 倍开挖洞径以内，为保证计算的可信度，消除边界效应的影响，本模型的边界范围取左右边界分别距中线 35m，即模型水平方向总长 70m，竖向总高为 60m，见图 7-11 所示。

b. 模型的选择

根据本工程情况，岩体强度较低，不考虑结构面的影响，将其视为连续体；在设定模型的位移边界条件方面，对隧洞左方、右方、下方进行约束，即限制了模型除地表面上边界外的 3 个边界面，上边界依据模型地形条件在自重应力作用下加载；下边界限制其 Y 方向的位移；在左右两边界加滑动支座，只约束 X 方向位移而释放 Y 方向上的位移，以模拟岩体的沉降。

c. 单元类型的选择

本分析中采用 PLANE42 单元。PLANE42 单元一般用于二维固体结构中，也可以作为平面单元，既可以用于平面应变，也可以用于平面应力分析，或者用于轴对称分析。此单元在每一个节点上有两个自由度，即沿着坐标 X 轴和 Y 轴方向的自由度。单元中包含了塑性、蠕变、应力刚度、大变形和大应变分析。

d. 材料类型的确定

根据岩石参数及相关分析，材料选择情况为：在各向同性线弹性材料中输入弹性模量和泊松比两个参数，在非线性材料中的 D-P 材料中输入黏聚力和摩擦角这两个参数，再在密度栏中输入密度值。

e. 单元的划分

本分析采用四边形四节点等参单元。考虑到单元划分的疏密、大小和形状影响计算精度，理论上越密越小越规则，计算精度越高；但是由于单元划分过细，计算速度慢，在实际分析中在所关注的区域单元划分得更密，而其他区域划分得稀疏一些。本分析中将隧洞内部及外边界范围内作为细化区域；而其他范围均为非细化区。

(3)计算分析

①在 Ansys 前处理中单元类型选为 PLANE42，材料特性中输入各参数(E、ν、r、C、j)。

②建立模型(关键点→线→面)。

③进行网格划分：在划分时采用影射形式，隧道边界外单元边设为 2，隧道内边界的单元边上台阶为 0.3，下台阶为 0.5，共划分 2 058 个网格单元，如图 7-12所示。

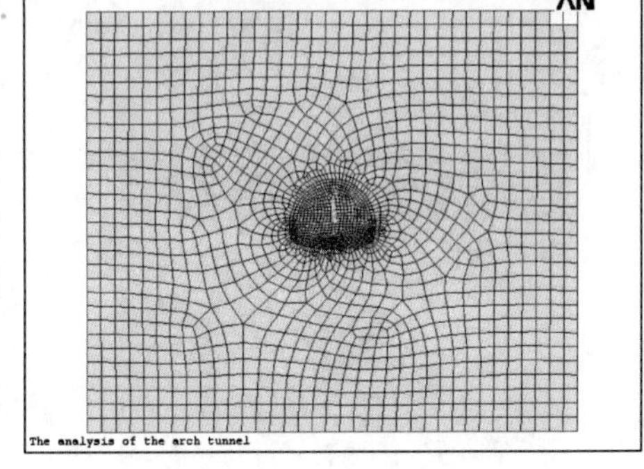

图 7-12　模型网格划分图

④施加约束：在隧洞左右边界施加 X 方向的位移约束，在隧洞底部边界施加 Y 方向的位移约束；

⑤进行求解：将分析类型设为静力分析，打开大应变分析按钮及辛普生—牛顿准则。

⑥后处理及分析：在后处理中读入相关数据，读入相关的图形进行分析。

⑦结果分析。

a.初始应力分布

隧道开挖前初始地应力条件如图 7-13 所示，隧道所处范围初始竖向应力约为 0.6～0.7MPa。

b.自重作用下位移

在自重作用下，围岩产生向下的位移，其中 Y 方向位移较大，具体如图 7-14 所示，而 X 方向位移极小，可以忽略不计。

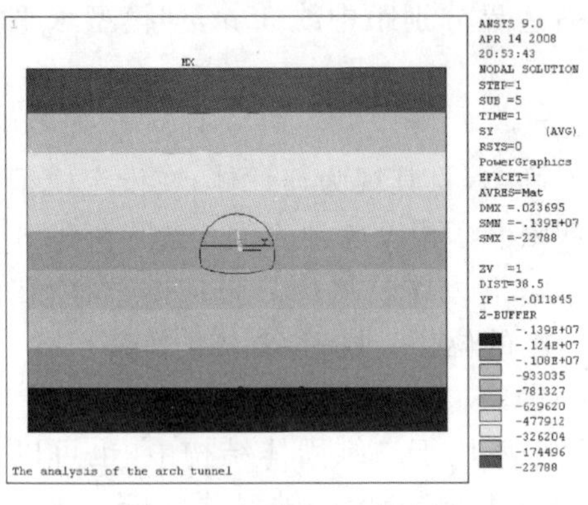

图 7-13 初始地应力分布图

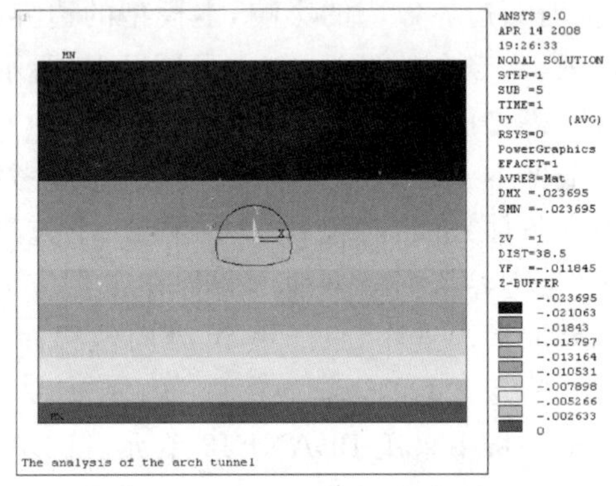

图 7-14 自重作用下 Y 方向位移

c.上台阶施工后位移场分析

隧道上台阶开挖后，拱顶沉降与洞周收敛如图 7-15、图 7-16 所示，Y 方向和 X 方向应力分布如图 7-17、图 7-18 所示。

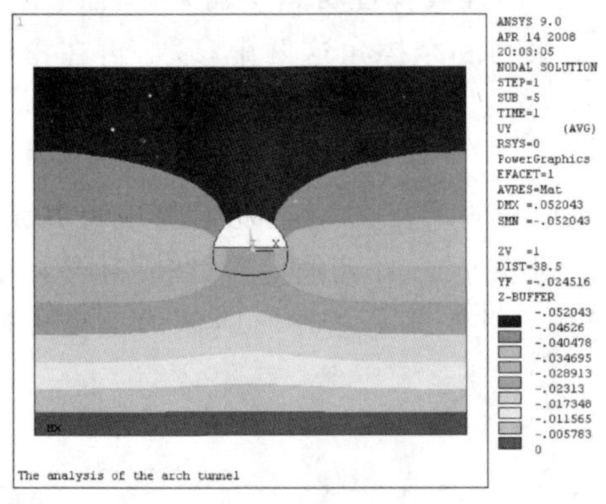

图 7-15 上台阶施工 Y 方向位移图

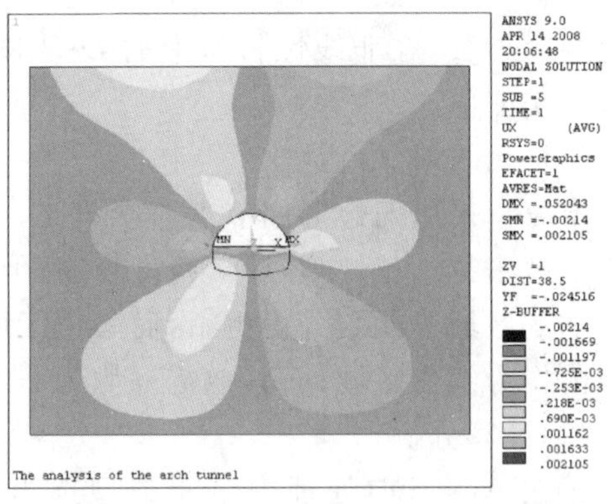

图 7-16 上台阶施工后 X 方向位移图

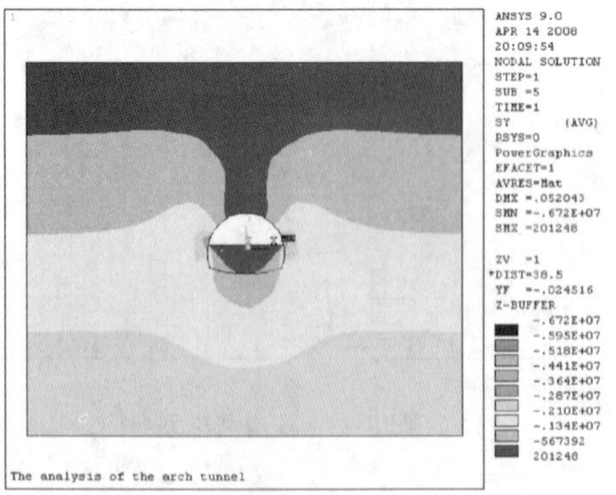

图 7-17 上台阶施工 Y 方向应力图

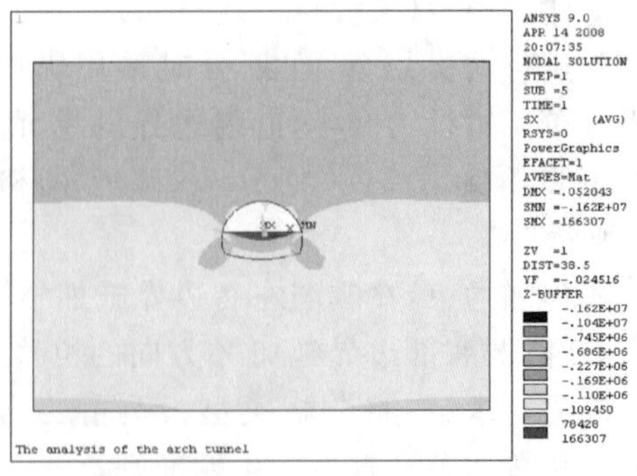

图 7-18 上台阶施工后 X 方向应力图

由图可知，隧道上台阶施工后，隧道拱顶沉降最大值为：0.052 043～0.021 063＝0.030 98 m，即其施工后拱顶沉降值约为 30.98mm；X 方向位移即洞周收敛达 2.1mm。可见上台阶开挖后隧道变形以拱顶沉降为主，在实际施工中应对拱顶沉降重点监测。在竖直方向围岩应力分布方面，拱顶与拱底有小部分区域分布有拉应力，最大约 2.01MPa，施工后可能会产生拉破坏，最大压应力分布于上台阶拱脚部位，约 6.72MPa；水平应力分布则最大拉应力约1.62 MPa，压应力约 1.66MPa。施工后围岩位移及应力分布都基本呈对称分布状态。

d.下台阶施工后位移场分析

隧道下台阶施工后其应力与位移分布如图 7-19～图 7-22 所示。

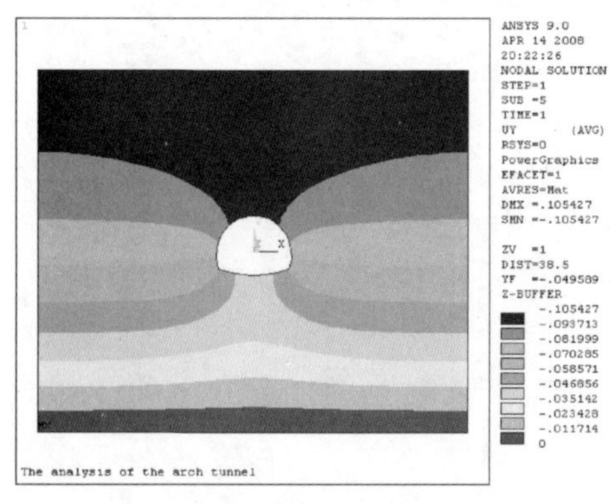

图 7-19　下台阶施工 Y 方向位移图

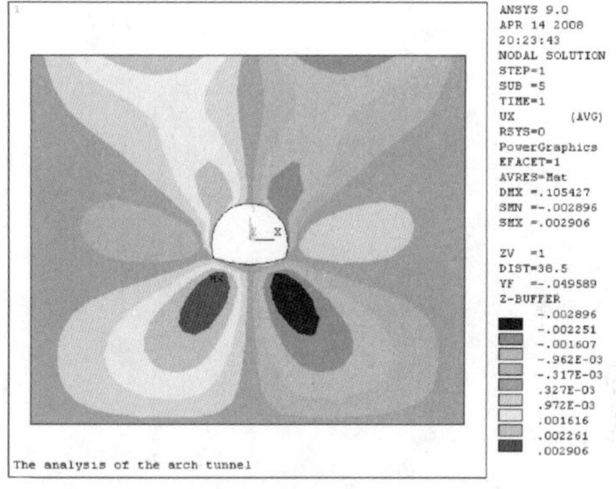

图 7-20　下台阶施工后 X 方向位移图

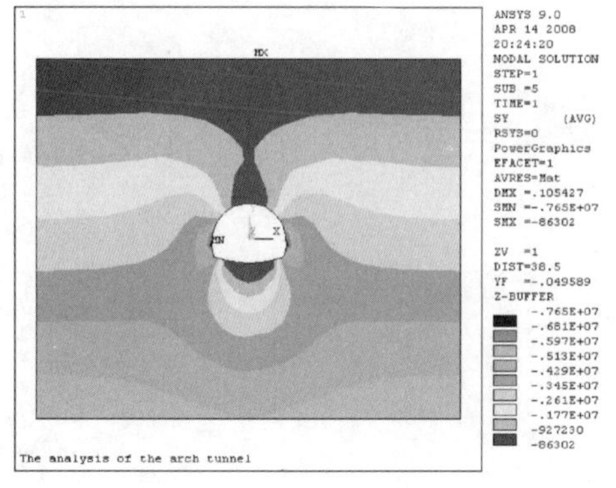

图 7-21　下台阶施工 Y 方向应力图

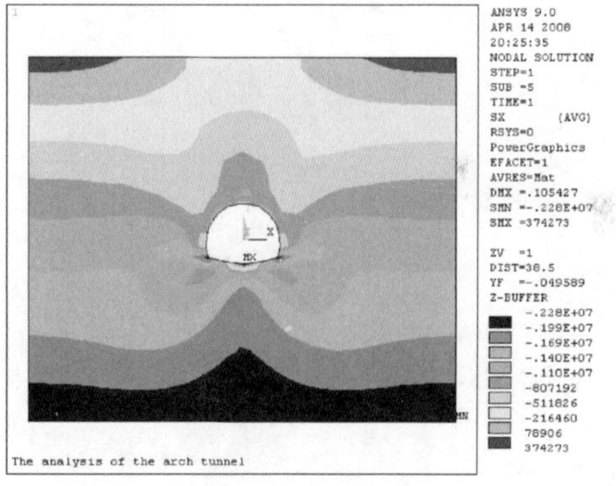

图 7-22　下台阶施工后 X 方向应力图

由图可知，下台阶施工后，围岩位移及应力分布仍处于对称分布，在施工中并未出现偏压现象。隧道下台阶施工后，隧道拱顶沉降最大值为：0.105 427－0.021 063＝0.084 36m，即下台阶施工完成后拱顶沉降值约为 84.36mm；X 方向位移即洞周收敛达 2.9mm。在竖直方向围岩应力分布方面，没有拉应力分布，最大压应力分布于拱腰部位，约 7.65MPa；水平应力分布则最大拉应力约 3.74MPa，极少量分布于拱底，而最大压应力约 2.28MPa，分布于拱脚部位。

从以上分析可以看出，无论是上台阶施工还是下台阶施工，在施工过程中隧道整体围岩以拱顶沉降为隧道主要变形，因此在施工过程中需注重对拱顶沉降的监测，防止由于其沉降值过大而进一步导致围岩变形失稳破坏，最终导致塌方等事故的发生，在实际现场施工过程中所发现的事故中有不少都是由于未能及时控制隧道沉降而产生的。同时，施工中拱脚及上下台阶相交部位容易产生应力集中现象，在初期支护施作过程中应对这些部位予以重视。

思 考 题

1. 常用的数值分析方法有哪些？各自的特点和适用条件是什么？

2. 以隧道的复合式衬砌为例，说明数值分析的计算过程及分布开挖和支护过程的模拟方法。

第8章 基坑支护结构

8.1 支护结构的作用与构成

为了充分利用地下空间，地面建筑结构常与地下建筑结构相关联，高层建筑多设计有多层地下室，有的基坑埋深较深，并形成范围与深度大的大型基坑，这给施工带来很多困难，尤其在软土地区或城市建筑物密集地区。施工场地邻近的已有建筑物、道路、纵横交错的地下管线等对沉降和位移很敏感，不允许采用较经济的放坡开挖，而需在人工支护条件下进行基坑开挖。因而基坑结构及支护要求非常复杂而严格。设计时需要对支护结构选型、合理布置和计算等进行认真研究。

支护结构的设计，影响因素众多，如土层种类及其物理力学性能、地下水情况、周围环境、施工条件和施工方法、气候等因素都对支护结构产生影响；再加上荷载取值的精确性和计算理论方面存在的问题，要想使支护结构的设计完全符合客观实际，目前还存在一定的困难。虽然支护结构多数为施工期间挡土、挡水、保护环境等所用的临时结构，但其设计和施工都要采取极端慎重的态度，在保证施工安全的前提下，尽力做到结构与经济合理。

支护结构的种类很多，其构成亦各异。

①重力式水泥土挡墙式。通常以挡墙的自重和刚度保护基坑壁，既挡土又挡水，一般不设内支撑，个别情况下亦可辅以内支撑，以加大基坑的支护深度。

②排桩与板墙式。由板桩、排桩（有的地区加止水帷幕）或地下连续墙等用作挡墙，另设内支撑或外拉的土层锚杆。

③边坡稳定式。有土钉墙和喷锚支护，是一种利用加固后的原位土体来维护基坑边坡土体稳定的支护方法，由土钉（锚杆）、钢丝网喷射混凝土面板和加固后的原位土体3部分组成。除上述3类支护结构外，还有其他一些形式，有时还可以两种类型混合应用，如上面用土钉墙下面用排桩支护等。各类基坑支护结构形式及其适用范围见表8-1。

基坑支护结构及其适用范围 表8-1

结构形式		适用范围
排桩结构	稀疏排桩	土质较好，地下水位低或降水效果好
	连续排桩	土质差，地下水位高或降水效果差
	框架式排桩	单排桩刚度不能满足变形要求
组合排桩结构	排桩加挡板	排桩桩距较大，利用挡板传递土压，并有一定防渗作用
	排桩加水泥搅拌桩	以水泥搅拌桩互搭组成平面拱代替挡板传递土压力，具有较好防涌效果
	排桩加水泥防渗墙	地下水位较高的软土地区

结构形式	适用范围
排桩或组合排桩加锚杆结构	开挖深度较大,排桩或组合排桩结构强度无法满足要求
地下连续墙结构	与地下室墙体合一,防渗性强,施工场地较小,开挖深度大
沉井结构	软土地区
重力式挡土墙结构	具有一定施工空间,软土地区

8.2 支护结构的选型

支护结构设计的第一步即支护结构选型,根据基坑的安全等级、开挖深度、周围环境情况、土层及地下水位,根据工程经验或专家系统并经过经济比较,正确地选择支护结构形式。

8.2.1 挡墙的选型

支护结构中常用的挡墙结构有下列一些类型。

(1)钢板桩(图 8-1)

钢板桩常用的有简易的槽钢钢板桩和热轧锁口钢板桩。

(2)钢筋混凝土板桩(图 8-2)

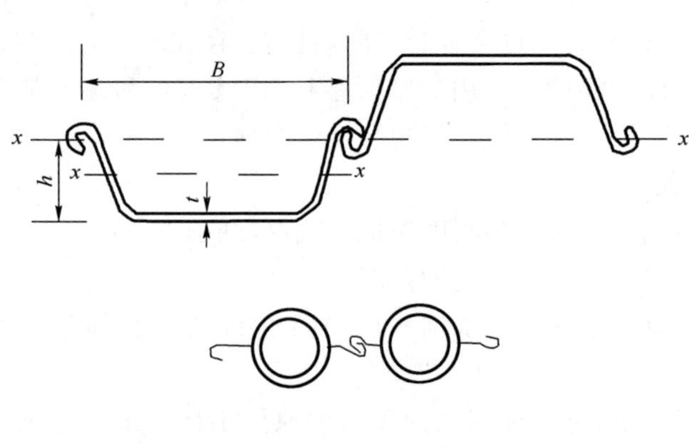

图 8-1 钢板桩

B-宽度;h-有效高度;t-厚度

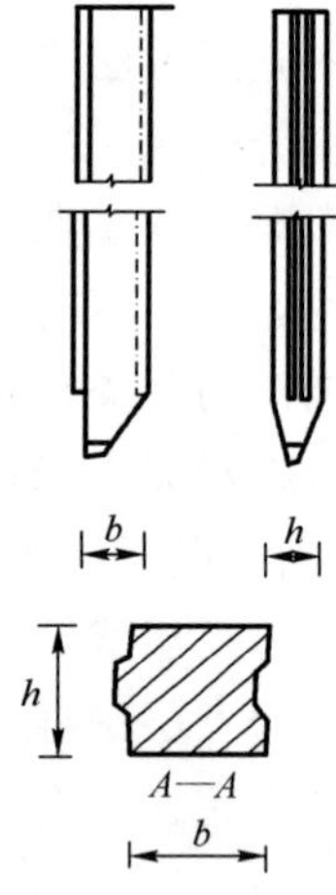

图 8-2 矩形钢筋混凝土板桩

这是一种传统的支护结构,顶部设圈梁,下部设钢筋混凝土板桩。

(3)钻孔灌注桩排桩挡墙

常用者为 ϕ600～1 000mm,作成排桩挡墙,顶部浇筑钢筋混凝土圈梁,设内支撑体系。

(4)H 型钢支柱、木挡板支护挡墙

H 型钢支柱按一定间距打入,支柱间设木挡板或其他挡土设施,共同形成支挡结构。

(5)地下连续墙

地下连续墙已成为深基坑的主要支护结构挡墙之一,国内大城市深基坑工程利用此支护结构为多,常用墙体厚度为 600～1 000mm,是基坑中常用的支护结构体。地下连续墙如单纯用作支护结构,费用较高,如施工后即成为地下结构的组成部分(即两墙合一)则较为理想。

(6)深层搅拌水泥土桩挡墙

深层搅拌水泥土桩挡墙是用特制进入土深层的深层搅拌机将喷出的水泥浆固化剂与地基土进行原位强制拌和而制成水泥土桩，相互搭接，硬化后即形成具有一定强度的壁状挡墙，既可挡土，又可形成隔水帷幕。

深层搅拌水泥土桩挡墙，属重力式挡墙，深度大时可在水泥土中插入加筋杆件，形成加筋水泥土挡墙，必要时还可辅以内支撑等。

(7)旋喷桩挡墙

它是钻孔后将钻杆从地基土深处逐渐上提，同时利用插入钻杆端部的旋转喷嘴，将水泥浆固化剂喷入地基土中形成水泥土桩，桩体相连形成帷幕墙，可用作支护结构挡墙。它与深层搅拌水泥土桩一样，亦为重力式挡墙，只是形成水泥土桩的工艺不同而已。

(8)土钉墙

土钉墙是一种利用土钉加固后的原位土体来维护基坑边坡土体稳定的支护方法。它由土钉、钢筋网喷射混凝土面板和加固后的原位土体 3 部分组成。该种支护结构简单、经济、施工方便，是一种较有前途的基坑边坡支护技术，适用于地下水位以上或经降水后的黏性土或密实性较好的砂土地层，基坑深度一般不大于 15m。

除上述者外，还有用人工挖孔桩等支护结构挡墙。

8.2.2 支撑或拉锚的选型

当基坑深度较大，悬臂的挡墙在强度和变形方面不能满足要求时，即需增设支撑系统。支撑系统分两类：基坑内支撑和基坑外拉锚。基坑外拉锚又分为顶部拉锚与土层锚杆拉锚，前者用于不太深的基坑，多为钢板桩，在基坑顶部将钢板桩挡墙用钢筋或钢丝绳等拉结锚固在一定距离之外的锚桩上。土层锚杆锚固多用于较深的基坑。

目前支护结构的内支撑，常用的有钢结构支撑和钢筋混凝土结构支撑两类。钢结构支撑多用圆钢管和 H 型钢。

8.3 荷载与抗力计算

作用于挡墙上的水平荷载，主要是土压力、水压力和地面附加荷载产生的水平荷载。

要求精确计算土压力是困难的，因为影响因素很多，它不仅取决于土质，还与挡墙的刚度、施工方法、基坑空间尺寸、无支撑时间的长短、气候条件等有关。

目前计算土压力多用朗金(Ranking)土压力理论。其基本假定是：

①挡墙背竖直、光滑。

②墙后为砂性填土，且表面水平并无限长。

③墙对破坏楔体无干扰。

该理论由于未考虑墙背和填土间的摩擦力，求得的主动土压力偏大，而被动土压力偏小，用于设计围护墙偏于安全。

由上述朗金土压力理论的基本假定可知，其墙后填土为匀质无黏性砂土，非一般基坑的杂填土、黏性土、粉土、淤泥质土等，不呈散粒状；朗金理论的土体应力是先筑墙后填土，土体应力是增加的过程，而基坑开挖是土体应力释放过程，两种过程完全不同；朗金理论将土压力视为定值，实际上土压力在开挖过程中是变化的；朗金理论所解决的挡墙土压力为平面问题，实际上土压力存在显著的空间效应；朗金理论属极限平衡原理，属静态设计原理，而土压力处于动态平衡状态，开挖后由于土体蠕变等原因，会使土体强度逐渐降低，具有时间效应；另外，在朗金计算公式中，土工参数（φ、c 等）是定值，不考虑施工效应，实际上在施工过程中由于打桩、降水等施工措施，会引起挤土效应和土壤固结，使 φ、c 值得到提高。

由于上述原因，所以目前要精确计算土压力是困难的，只能根据具体情况选用较合理的计算公式，并进行必要的修正。

根据《建筑基坑支护技术规程》的规定，荷载和抗力按以下所列公式进行计算。

8.3.1 水平荷载标准值

作用于挡墙上的土压力、水压力和地面附加荷载产生的水平荷载标准值，宜按当地经验确定，当无经验时按下列规定计算。水平荷载标准值计算简图见图 8-3。

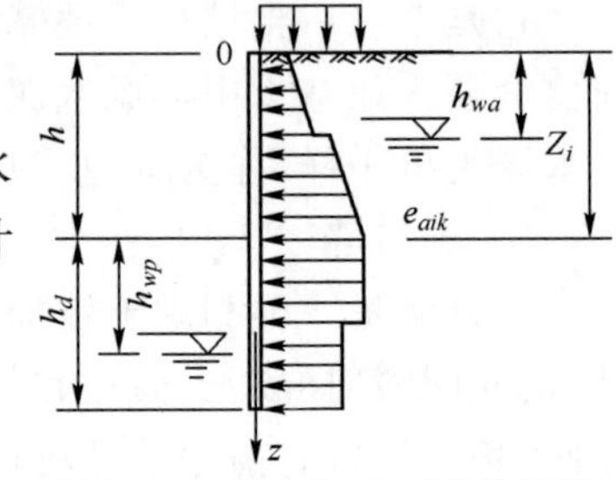

图 8-3 水平荷载标准值计算简图

（1）对于碎石土和砂土

当计算点位于地下水位以上时：

$$e_{aik}=\sigma_{aik}K_{ai}-2C_i\sqrt{K_{ai}} \tag{8-1}$$

当计算点位于地下水位以下时：

$$e_{aik}=\sigma_{aik}K_{ai}-2C_i\sqrt{K_{ai}}+\eta_{wa}(Z_i-h_{wa})(1-K_{ai})\gamma_w \tag{8-2}$$

对于桩、墙底部土层为透水层时：

$$\eta_{wa}=\frac{2(h_d-h_{wp})}{h-h_{wa}+h_{wp}+2(h_d-h_{wp})} \tag{8-3}$$

式中：σ_{aik}——作用于深度 Z_i 处的竖向应力标准值，按式(8-5)计算；

K_{ai}——第 i 层土的主动土压力系数，$K_{ai}=\tan^2\left(45^\circ-\frac{\varphi_i}{2}\right)$；$\varphi_i$ 为第 i 层土的内摩擦角标准值；

Z_i——计算点深度；

h_{wa}——基坑外侧地下水位深度；

η_{wa}——基坑外侧水压力系数，对于密排桩、墙底部土层为隔水层时，$\eta_{wa}=1.0$。

γ_w——水的重度。

（2）对于粉土和黏土

$$e_{aik}=\sigma_{aik}K_{ai}-2C_i\sqrt{K_{ai}} \tag{8-4}$$

当按上述公式计算的基坑开挖面以上水平荷载标准值小于零时，取其值为零。

8.3.2 基坑外侧竖向应力标准值

竖向应力标准值 σ_{aik} 按下列规定计算：

$$\sigma_{aik}=\sigma_{\gamma k}+\sigma_{0k}+\sigma_{1k} \tag{8-5}$$

（1）自重竖向应力

当计算点位于基坑开挖面以上时，计算点深度 Z_i 处自重竖向应力 $\sigma_{\gamma k}$：

$$\sigma_{\gamma k}=\gamma_{mi}Z_i \tag{8-6}$$

当计算点位于基坑开挖面以下时，计算点深度 Z_i 处自重竖向应力 $\sigma_{\gamma\kappa}$：

$$\sigma_{\gamma\kappa} = \gamma_{mh} h \tag{8-7}$$

式中：γ_{mi}——深度 Z_i 以上土的加权平均天然重度；

γ_{mh}——开挖面以上土的加权平均天然重度。

(2)地面附加荷载引起的竖向应力

当支护结构外侧地面作用均布荷载 q_0 时(图 8-4)，基坑外侧任意深度处竖向应力标准值 σ_{0k}，按下式计算：

$$\sigma_{0k} = q_0 \tag{8-8}$$

当距离支护结构外侧 b_1 处开始作用有宽度为 b_0 的条形荷载 q_1 时(图 8-5)，基坑外侧深度 CD 范围内的附加竖向应力标准值 σ_{1k}，按下式计算：

$$\sigma_{1k} = q_1 \frac{b_0}{b_0 + 2b_1} \tag{8-9}$$

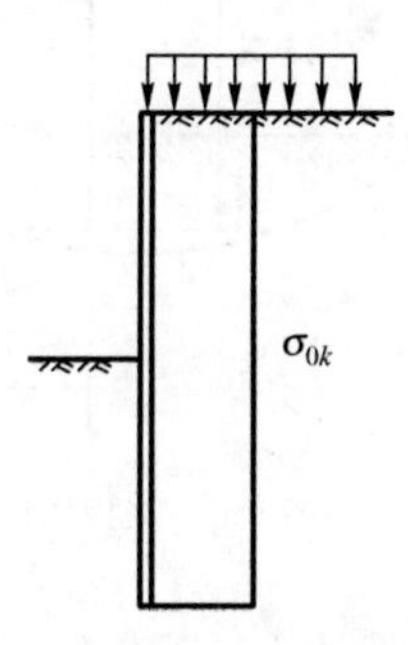

图 8-4　地面均布荷载时基坑外侧附加竖向应力计算简图

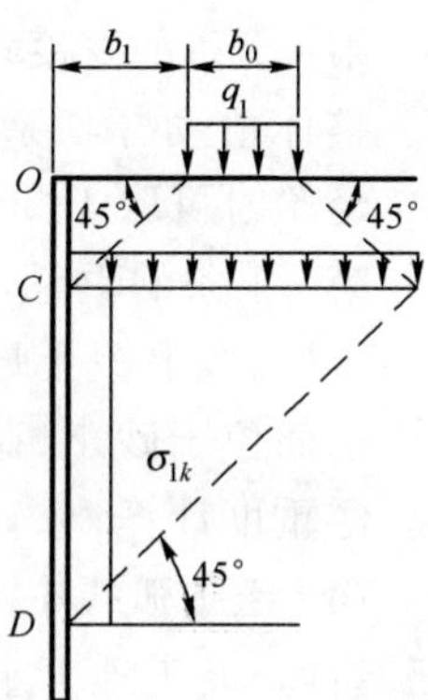

图 8-5　局部荷载作用时基坑外侧附加竖向应力计算简图

8.3.3　基坑内侧被动区水平抗力标准值

被动区水平抗力标准值 e_{pik} 按下列规定计算(图 8-6)：

(1)对于砂土和碎石土

$$e_{pik} = \sigma_{pik} K_{pi} - 2C_i \sqrt{K_{pi}} + \eta_{wp}(Z_i - h_{wp})(1 - K_{pi})\gamma_w \tag{8-10}$$

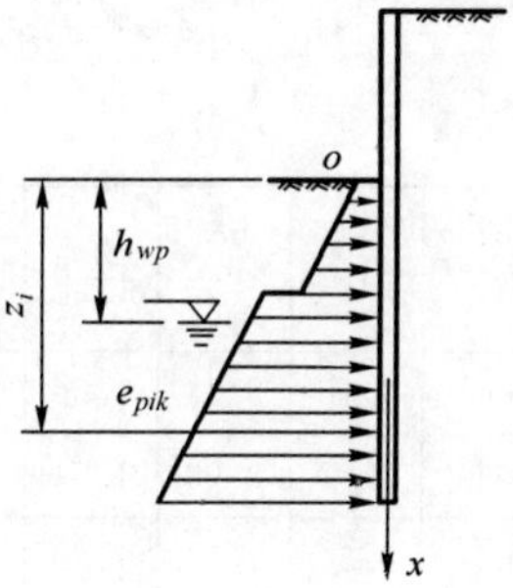

图 8-6　水平抗力标准值计算图

式中：e_{pik}——作用于基坑底面以下 Z_i 处的竖向应力标准值；

$$e_{pik} = \gamma_{mi} Z_i \tag{8-11}$$

η_{wp}——基坑内侧水压力系数，对于密排桩、墙底部土层为隔水层时，$\eta_{wp}=1.0$。

在桩、墙底部土层为透水层时：

$$\eta_{wp} = 2 \frac{h - h_{wa} - h_d - h_{wp}}{h - h_{wa} + h_{wp} + 2(h_d - h_{wp})} \tag{8-12}$$

$$K_{pi} = \tan^2\left(45° + \frac{\varphi_i}{2}\right) \tag{8-13}$$

(2)对于黏性土及粉土

$$e_{pik} = \sigma_{pik} K_{pi} + 2C_i \sqrt{K_{pi}} \tag{8-14}$$

8.4 水泥土墙式支护结构

水泥土墙式支护结构包括深层搅拌水泥土桩排挡墙和旋喷桩排挡墙，都属重力式支护结构，除个别情况例外，一般都不设支撑。

水泥土挡墙结构一般要进行如下计算。

(1)嵌固深度计算

水泥土挡墙的嵌固深度设计值 h_d，宜按圆弧滑动简单条分法进行计算(图 8-7)：

$$\sum c_i l_i + \sum (q_0 b_i + W_i)\cos\theta_i \tan\varphi_i - \gamma_k \sum (q_0 b_i + W_i) sin\theta_i \geqslant 0 \tag{8-15}$$

式中：c_i、φ_i——最危险滑动面上第 i 土条滑动面上的黏聚力、内摩擦角；

l_i——第 i 土条的弧长；

b_i——第 i 土条的宽度；

γ_k——整体滑动分项系数，应根据经验确定，当无经验时可取 1.30；

W_i——第 i 土条的重量，当滑动面位于黏性土或粉土中，按上覆土层的饱和土重度计算，当滑动面位于砂土、碎石类土中，按上覆土层的浮重度计算；

θ_i——第 i 土条弧线中点切线与水平线的夹角。

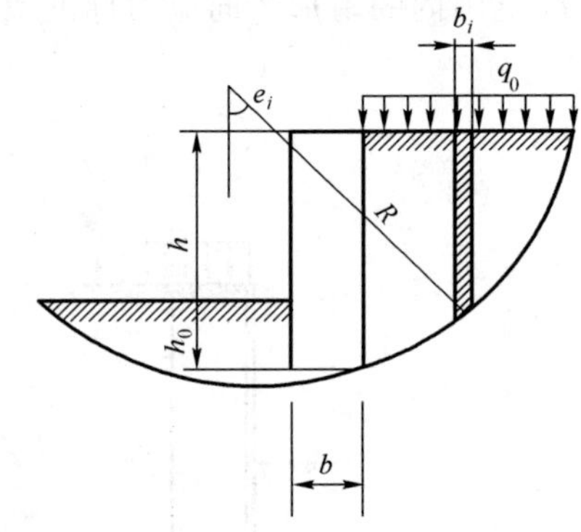

图 8-7 嵌固深度计算简图

对于均质黏性土及无地下水的粉土或砂类土，嵌固深度计算值 h_0，可按下式确定：

$$h_0 = n_0 h \tag{8-16}$$

式中：n_0——嵌固深度系数，当 γ_k 取 1.3 时，根据土层固结快剪摩擦角 φ 及黏聚力系数 $\delta = C/\gamma h$，查表 8-2 取值。

嵌固深度系数 n_0 表 表 8-2

δ \ φ(°)	7.5	10.0	12.5	15.0	17.5	20.0	22.5	25.0	27.5	30.0	32.5	35.0	37.5	40.0	42.5
0.00	3.18	2.24	1.69	1.28	1.05	0.80	0.67	0.55	0.40	0.31	0.26	0.25	0.15	<0.1	
0.02	2.87	2.03	1.51	1.15	0.90	0.72	0.58	0.44	0.36	0.26	0.19	0.14	<0.1		
0.04	2.54	1.74	1.29	1.01	0.74	0.60	0.47	0.36	0.24	0.19	0.13	<0.1			
0.06	2.19	1.54	1.11	0.81	0.63	0.48	0.36	0.27	0.17	0.12	<0.1				
0.08	1.89	1.28	0.94	0.69	0.51	0.35	0.26	0.15	<0.1	<0.1					
0.10	1.57	1.05	0.74	0.52	0.35	0.25	0.13	<0.1							
0.12	1.22	0.81	0.54	0.36	0.22	<0.1	<0.1								
0.14	0.95	0.55	0.35	0.24	<0.1										
0.16	0.68	0.35	0.24	<0.1											
0.18	0.34	0.24	<0.1												
0.20	0.24	<0.1													
0.22	<0.1														

围护墙的嵌固深度设计值则为：

$$h_d = 1.15\gamma_0 h_0 \tag{8-17}$$

当嵌固深度下部存在软弱土层时，尚应继续验算下卧层的整体稳定性。

当按上述方法计算求得的水泥土挡墙嵌固深度设计值 $h_d<0.4h$ 时，宜取 $h_d=0.4h$。

当基坑底的土质为砂土和碎石土、而且基坑内降排水且作用有渗透水压时，水泥土墙的嵌固深度除按圆弧滑动简单条分法计算外，尚应按抗渗透稳定条件进行验算。

(2)墙体厚度计算

水泥土墙的厚度设计值 b，宜根据抗倾覆稳定条件计算确定。

①当水泥土墙底部位于砂土、碎石土时(图 8-8a)，墙体厚度设计值 b，宜按下式计算：

$$b>1.15\gamma_0\sqrt{\frac{6(h_a\sum E_a-h_p\sum E_p)}{3\gamma_{cs}(h+h_d)-6\gamma_w\dfrac{(h_d-h_{wp})(h-h_{wa}+h_d-h_{wp})}{h-h_{wa}+h_{wp}+2(h_d-h_{wp})}}} \tag{8-18}$$

式中：$\sum E_a$——水泥土墙底以上基坑外侧水平荷载标准值的合力；

$\sum E_p$——水泥土墙底以上基坑内侧水平抗力标准值的合力；

h_a——合力 $\sum E_a$ 作用点至水泥土墙底的距离；

h_p——合力 $\sum E_p$ 作用点至水泥土墙底的距离；

γ_{cs}——水泥土墙的平均重度；

γ_w——水的重度；

h_{wa}——基坑外侧地下水位深度；

h_{wp}——基坑内侧地下水位深度。

②当水泥土墙底部位于黏性土或粉土中时(图 8-8b)，墙体厚度设计值 b，宜按下式计算：

$$b\geqslant 1.15\gamma_0\sqrt{\frac{2(h_a\sum E_a-h_p\sum E_p)}{\gamma_{cs}(h+h_d)}} \tag{8-19}$$

当按式(8-18)、式(8-19)计算得出的水泥土墙厚度设计值 $b<0.4h$ 时，宜取 $b=0.4h$。

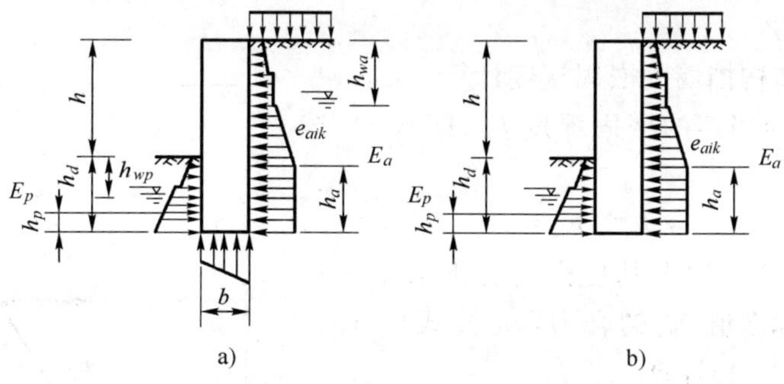

图 8-8　水泥土墙宽度计算简图

a)砂土及碎石土；b)粉土及黏性土

(3)正截面承载力验算

水泥土墙厚度设计值，除应符合上述要求外，其正截面承载力尚需符合下述要求。

①正应力验算

$$1.25\gamma_0\gamma_{cs}Z+\frac{M}{W}\leqslant f_{cs} \tag{8-20}$$

式中：γ_{cs}——水泥土墙平均重度；

γ_0——重要性系数，见表 8-3；

Z——由墙顶至计算截面的深度；

M——单位长度水泥土墙截面组合弯矩设计值；

$$M=1.25\gamma_0M_c \tag{8-21}$$

M_c——截面弯矩计算值，可按静力平衡条件确定；

W——水泥土墙的截面模量；

f_{cs}——泥土开挖龄期的抗压强度设计值。

基坑侧壁安全等级及重要性系数 表 8-3

安全等级	破坏后果	γ_0
一级	支护结构破坏、土体失稳或过大变形对基坑周边环境及地下结构施工影响很严重	1.10
二级	支护结构破坏、土体失稳或过大变形对基坑周边环境及地下结构施工影响一般	1.00
三级	支护结构破坏、土体失稳或过大变形对基坑周边环境及地下结构施工影响不严重	0.90

注：有特殊要求的建筑基坑侧壁安全等级可根据具体情况另行确定。

②拉应力验算

$$\frac{M}{W}-\gamma_{cs}Z\leqslant 0.06f_{cs} \tag{8-22}$$

8.5 排桩与板墙式支护结构

排桩与板墙式支护结构是应用最多的一类。这一类支护结构虽然包括的种类较多，但其计算原理基本一致。下面分别介绍其挡墙和支撑体系的计算内容和计算方法。

8.5.1 排桩和地下连续墙的挡墙计算

(1)嵌固深度计算

①悬臂式支护结构挡墙的嵌固深度计算

悬臂式支护结构挡墙的嵌固深度 h_d（图 8-9），按下式确定：

$$h_p\sum E_{pj}-1.2\gamma_0h_a\sum E_{ai}=0 \tag{8-23}$$

式中：$\sum E_{pj}$——桩、墙底以上基坑内侧各土层水平抗力标准值 e_{pik} 的合力，e_{pik} 按式(8-10)、式(8-14)计算；

h_p——合力 $\sum E_{pj}$ 作用点至挡墙底的距离；

$\sum E_{ai}$——桩、墙底以上基坑外侧各土层水平荷载标准值 e_{aik} 的合力；

h_a——合力 $\sum E_{ai}$ 作用点至桩、墙底的距离。

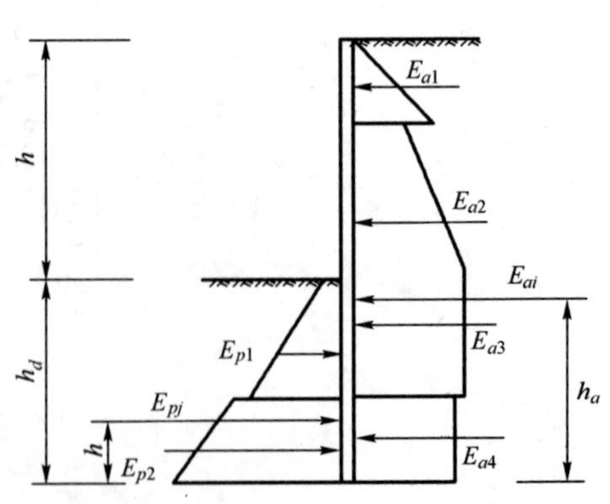

图 8-9 悬臂式支护结构嵌固深度计算简图

②单层支点支护结构挡墙嵌固深度计算

单层支点支护结构挡墙的支点力及嵌固深度设计值 h_d 按下列规定计算。

a. 基坑底面以下，支护结构设定弯矩零点位置至基坑底面的距离 h_{cl}，按下式确定（图 8-10）：

$$e_{ai1} = e_{pi1} \tag{8-24}$$

b. 支点力 T_{cl} 按下式计算：

$$T_{c1} = \frac{h_{a1}\sum E_{ac} - h_{p1}\sum E_{pc}}{h_{T1} + h_{c1}} \tag{8-25}$$

式中：e_{ai1}——水平荷载标准值；

e_{pi1}——水平抗力标准值；

h_{a1}——合力 $\sum E_{ac}$ 作用点至设定弯矩零点的距离；

$\sum E_{ac}$——设定弯矩零点位置以上基坑外侧各土层水平荷载标准值的合力；

$\sum E_{pc}$——设定弯矩零点位置以上基坑内坑各土层水平抗力标准值的合力；

h_{p1}——合力 $\sum E_{pc}$ 作用点至设定弯矩零点的距离；

h_{T1}——支点至基坑底面的距离；

h_{c1}——基坑底面至设定弯矩零点位置的距离。

c. 挡墙嵌固深度设计值 h_d，按下式计算（图 8-11）：

$$h_p \sum E_{pj} + T_{c1}(h_{T1} + h_d) - 1.2\gamma_0 h_a \sum E_{ai} = 0 \tag{8-26}$$

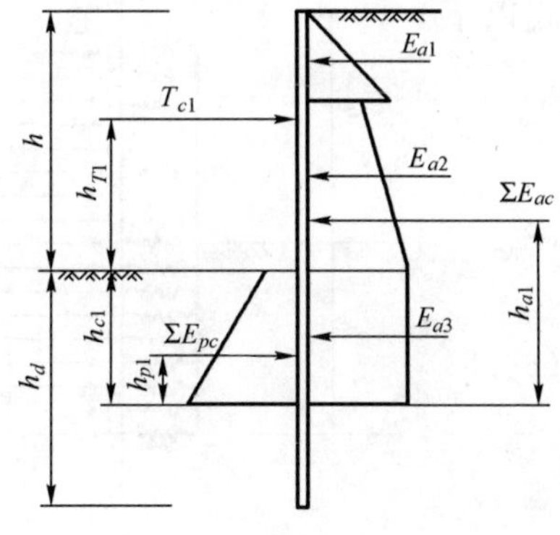

图 8-10 单层支点支护结构支点力计算简图

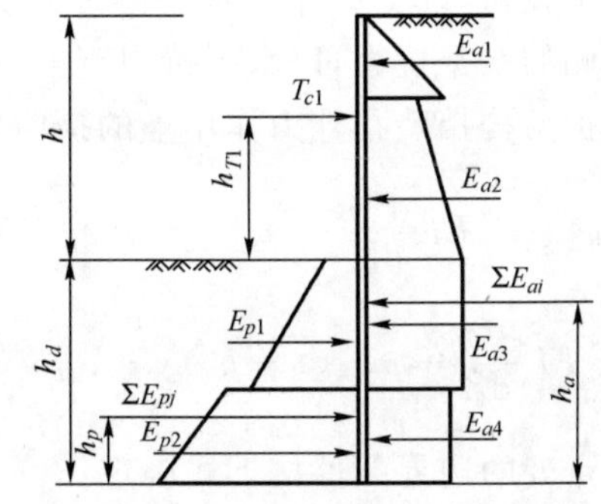

图 8-11 单层支点支护结构嵌固深度计算简图

③多层支点支护结构挡墙嵌固深度计算

多层支点支护结构挡墙的嵌固深度计算值，按整体稳定条件用圆弧滑动简单条分法计算（图 8-7），此处不再重复。

当按上述方法计算求得的悬臂式及单层支点支护结构挡墙的嵌固深度设计值 $h_d < 0.3h$ 时，宜取 $h_d = 0.3h$；多层支点支护结构挡墙的嵌固深度设计值 $h_d < 0.2h$ 时，宜取 $h_d = 0.2h$。

当基坑底为碎石土及砂土、基坑内排水且作用有渗透水压力时，侧向截水的排桩、地下连续墙挡墙除应满足上述计算外，其嵌固深度设计值，尚应按抗渗透稳定条件确定。

(2)内力与变形计算

支护结构挡墙和支撑体系的内力和变形计算，要根据基坑开挖和地下结构的施工过程，分别按不同工况进行计算，从中找出最大的内力和变形值，供设计挡墙和支撑体系之用。

支护结构挡墙的内力和变形计算方法很多，在各个不同发展阶段有各种不同的计算理论和方法，近年来其计算方法还与计算技术及电子计算机的发展密切相关。从目前来看，其计算方法有两大类。

一类是传统的计算方法，此类方法是以土压力作为媒体，将挡墙从其与土体共同作用体中分离出来，以较简单的力学模型，用结构力学等知识（如静力平衡方程等）求解其内力和变形。此类方法简单实用，用一般计算工具（手工计算）即能胜任。但此类方法未考虑挡墙与土体的共同作用，难以考虑时空效应，计算精度有待提高。此类方法的关键是土压力的合理确定，过去常用的等值梁法、弹性曲线法等皆属此类。

另一类是桩（墙）土共同作用的计算方法，此类方法有杆系有限元法和连续介质有限元法。目前前者应用较多。杆系有限元法是将内支撑（或锚杆）、被动土体都视为弹性杆件，将挡墙作为弹性梁，根据基坑开挖的各个工况，以有限元方法分别求得挡墙的内力、水平位移及支撑（或锚杆）的轴力。连续介质有限元法是假定挡墙为二维弹性体，土体假定为线性弹性体、非线性弹性体、弹塑性体或其他模型，挡墙及土体一般采用八节点等参单元，支撑或锚杆为一维弹性杆单元，根据基坑开挖的各个工况，分别求解挡墙的内力、位移、支撑（或锚杆）轴力、基坑周围土体与坑底土体的位移等。有限元方法是解决挡墙及支撑内力计算的有力工具，计算迅速，计算结果较准确，输出结果形象。有限元方法需利用计算程序以电子计算机进行计算，目前已有不少较成熟的计算程序可供选用。

下面介绍国家标准《建筑基坑支护技术规程》中推荐的弹性支点法。

弹性支点法的计算简图如图 8-12 所示。挡墙外侧承受土压力、附加荷载等产生的水平荷载标准值 e_{aik}；挡墙内侧的支点化作支承弹簧，以支撑体系水平刚度系数表示；挡墙坑底以下的被动侧的水平抗力，以水平抗力刚度系数表示。

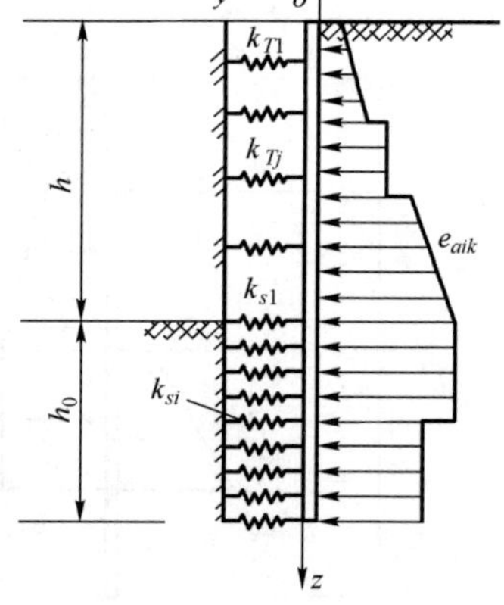

图 8-12　弹性支点法的计算简图

支护结构挡墙在外力作用下的挠曲方程如下所示：

$$EI\,\frac{d^4 y}{dZ} - e_{aik}b_s = 0(0 \leqslant Z \leqslant h_0) \tag{8-27}$$

$$EI\,\frac{d^4 y}{dZ} + mb_0(z - h_n)y - e_{aik}b_s = 0(Z \geqslant h_n) \tag{8-28}$$

支点处的边界条件按下式确定：

$$T_j = k_{Tj}(y_j - y_{oj}) + T_{oj} \tag{8-29}$$

式中：EI——结构计算宽度内的抗弯刚度；

m——地基土水平抗力系数的比例系数；

b_0——抗力计算宽度[地下连续墙取单位宽度，圆形桩排桩结构取 $b_0=0.9(1.5d+0.5)$（d 为桩直径），方形桩排桩结构取 $b_0=1.5b+0.5$（b 为方桩边长），如计算的抗力计算宽度大于排桩间距时，应取排桩间距]；

z——基坑开挖从地面至计算点的距离；

h_n——第 n 工况基坑开挖深度；

y——计算点处的水平变形；

b_s——荷载计算宽度，排桩取桩中心距，地下连续墙取单位宽度；

k_{Tj}——第 j 层支点的水平刚度系数；

y_j——第 j 层支点处的水平位移值；

y_{oj}——在支点设置前，第 j 层支点处的水平位移值；

T_{oj}——第 j 层支点处的预加力，当 $T_j \leqslant T_{oj}$ 时，第 j 层支点力 T_j 应按该层支点位移为 y_{oj} 的边界条件确定。

上式中的 m 值，应根据单桩水平荷载试验结果按下式计算：

$$m = \frac{\left(\frac{H_{cr}}{x_{cr}} V_x\right)^{\frac{3}{5}}}{b_0 (EI)^{\frac{2}{3}}} \tag{8-30}$$

当无试验结果或缺少当地经验时，m 值按下列经验公式计算：

$$m = \frac{1}{\Delta}(0.2\varphi^2 - \varphi + c) \tag{8-31}$$

式中：m——地基土水平抗力系数的比例系数，kN/m^4，该值为基坑开挖面以下 $2(d+1)$m 深度内各土层的综合值；

H_{cr}——单桩水平临界荷载，kN，按《建筑桩基技术规范》(JCJ 94—94)附录 E 方法确定；

x_{cr}——单桩水平临界荷载对应的位移，m；

V_x——桩顶位移系数，按表 8-4 采用(根据表 8-4 注先假定 m，试算 α)；

b_0——计算宽度；

φ——土的内摩擦角(°)；

c——土的内聚力，kPa；

Δ——基坑底面位移值，按地区经验取值，无经验时可取 10。

桩顶位移系数 V_x 表 表 8-4

换算深度 αh_d	≥4.0	3.5	3.0	2.8	2.6	2.4
V_x	2.441	2.502	2.727	2.905	3.163	3.526

注：表中 $\alpha = \sqrt[5]{\frac{mb_0}{EI}}$。

式(8-29)中的支点水平刚度系数 k_T，按下列计算：

对于支撑体系的水平刚度系数 k_T；应根据支撑体系平面布置按平面框架方法计算；当基坑周边支护结构荷载相同、支撑体系采用等间距布置的对撑时，k_T 按下式计算：

$$k_T = \frac{2\alpha E_Z A_Z}{LS}\left(\frac{1}{1+\frac{\alpha E_Z A_Z x^2}{12LSE_j I_j}}\right) \tag{8-32}$$

式中：α——与支撑松弛有关的系数，取 0.5～1.0；

E_Z——支撑构件材料的弹性模量；

A_Z——支撑构件断面面积；

L——支撑构件的受压计算长度；

S——支撑的水平间距；

E_j——冠梁或腰梁(围檩)材料的弹性模量；

I_j——冠梁或腰梁(围檩)的断面惯性矩；

x——计算点至支撑点的距离，取值范围应符合 $0 \leqslant x \leqslant \frac{S}{2}$。

对于锚杆的水平刚度系数 k_T，应按锚杆基本试验确定，当无试验资料时，按下式计算：

$$k_T = \frac{3AE_sE_cA_c}{(3l_fE_cA_c + E_sAl_a)\cos\theta} \tag{8-33}$$

式中：l_f——锚杆自由段长度；

l_a——销杆锚固段长度；

E_s——杆体弹性模量；

E_c——锚固体组合弹性模量，按下式计算：

$$E_c = \frac{AE_s + (A_c + A)E_m}{A_c} \tag{8-34}$$

A——杆体截面面积；

A_c——锚固体截面面积；

E_m——锚固体中注浆体弹性模量；

θ——锚杆水平倾角。

①悬臂式支护结构挡墙的弯矩计算值 M_c 和剪力计算值 V_c 的计算(图 8-13a)M_c 和 V_c 按下列公式计算：

$$M_c = h_{mz}\sum E_{mz} - h_{az}\sum E_{az} \tag{8-35}$$

$$V_c = \sum E_{mz} - \sum E_{az} \tag{8-36}$$

式中：$\sum E_{mz}$——计算截面以上根据式(8-27)、式(8-28)确定的基坑外侧各土层水平荷载标准值 $e_{aik}b_s$ 的合力；

h_{az}——合力$\sum E_{az}$作用点至计算截面的距离。

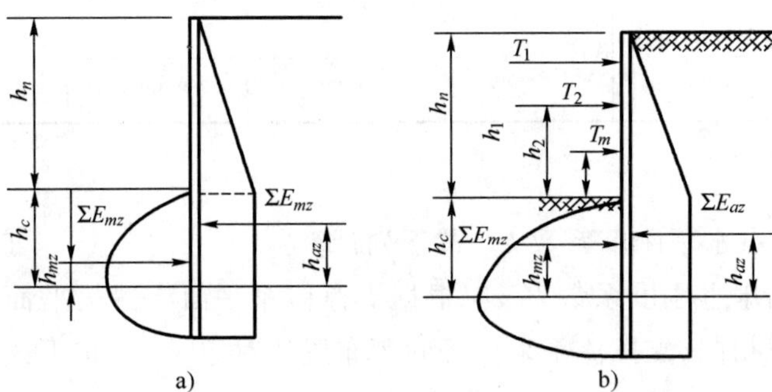

图 8-13　内力计算简图

②有支点的支护结构挡墙的弯矩计算值 M_c 和剪力计算值 V_c 的计算(图 8-13b)

此种情况的 M_c 和 V_c，按下式计算：

$$M_c = \sum T_j(h_j + h_c) + h_{mz}\sum E_{mz} - h_{az}\sum E_{az} \tag{8-37}$$

$$V_c = \sum T_j + \sum E_{mz} - \sum E_{az} \tag{8-38}$$

式中：h_j——支点力 T_j 至基坑底的距离；

h_c——基坑底面至计算截面的距离，当计算截面在基坑底面以上时取负值。

按上述计算方法求得的弯矩计算值 M_c，宜根据地区经验折减。当无经验时，可取折减系数为 0.85。

(3)挡墙结构计算

①内力及支点力设计值的计算

按上述方法算出截面的弯矩、剪力和支点力的计算值后，根据国家标准《建筑基坑支护技术规程》的规定，按下列规定计算其设计值。

a. 截面组合弯矩设计值：

$$M = 1.25\gamma_0 M_c \tag{8-39}$$

式中：γ_0——重要性系数，见表 8-3。

b. 截面组合剪力设计值：

$$V = 1.25\gamma_0 V_c \tag{8-40}$$

c. 支点结构第 j 层支点力设计值：

$$T_{dj} = 1.25\gamma_0 T_{cj} \tag{8-41}$$

式中：T_{cj}——第 j 层支点力计算值。

②截面承载力计算

a. 沿周边均匀配置纵向钢筋的圆形截面和矩形截面的排桩和地下连续墙，其正截面受弯及斜截面受剪承载力计算，以及有关纵向钢筋和箍筋等的构造要求，均应符合现行规范《混凝土结构设计规范》(GB 110—89)的有关规定。

b. 沿截面受拉区和受压区的周边配置局部均匀纵向钢筋或集中纵向钢筋的圆形截面钢筋混凝土桩，其正截面受弯承载力按下式计算：

$$\alpha f_{cm}A\left(1-\frac{\sin 2\pi\alpha}{2\pi\alpha}\right)+f_Y(A'_{sr}+A'_{sc}-A_{sr}-A_{sc})=0 \tag{8-42}$$

$$M \leqslant \frac{2}{3}f_{cm}Ar\,\frac{\sin^3\pi\alpha}{\pi}+f_YA_{sr}r_s\,\frac{\sin\pi\alpha_s}{\pi\alpha_s}+f_YA_{sc}y_{sc}+f_YA'_{sr}r_s\,\frac{\sin\pi\alpha'_s}{\pi\alpha'_s}+f_YA'_{sc}y'_{sc} \tag{8-43}$$

选取的距离 y_{sc}、y'_{sc} 应符合下列条件：

$$y_{sc} \geqslant r_s\cos\pi\alpha_s \tag{8-44}$$

$$y'_{sc} \geqslant r_s\cos\pi\alpha'_s \tag{8-45}$$

混凝土受压区圆心半角的余弦应符合下列要求：

$$\cos\pi\alpha \geqslant 1-\left(1-\frac{r_s}{r}\cos\pi\alpha_s\right)\xi_b \tag{8-46}$$

式中：α——对应于受压区混凝土截面面积的圆心角(rad)与 2π 的比值；

α_s——对应于周边均匀受拉钢筋的圆心角(rad)与 2π 的比值；α_s 宜在 1/6～1/3 之间选取，通常可取定值 0.25；

α'_s——对应于周边均匀受压钢筋的圆心角(rad)与 2π 的比值，宜取 $\alpha'_s \leqslant 0.5\alpha$；

A——构件截面面积；

A_{sr}、A'_{sr}——均匀配置在圆心角 $2\pi\alpha_s$、$2\pi\alpha'_s$ 内沿周边的纵向受拉、受压钢筋的截面面积；

r——圆形截面的半径；

r_s——纵向钢筋所在圆周的半径；

y_{sc}、y'_{sc}——纵向受拉、受压钢筋截面面积 A_{sc}、A'_{sc} 的重心至圆心的距离；

f_Y——钢筋的抗拉强度设计值；

f_{cm}——混凝土的弯曲抗压强度设计值；

ξ_b——矩形截面的相对界限受压区高度，应按《混凝土结构设计规范》(GB 110—89)第 4.1.3 条的规定确定。

计算的受压区混凝土截面面积的圆心角(rad)与 2π 的比值，宜符合下列条件：

$$\alpha \geqslant 1/35 \tag{8-47}$$

当不符合上述条件时，其正截面受弯承载力可按下式计算：

$$M \leqslant f_Y A_{sr}\left(0.78r + r_s \frac{\sin\pi\alpha_s}{\pi\alpha_s}\right) + f_Y A_{sc}(0.78r + y_{sc}) \tag{8-48}$$

沿圆形截面受拉区和受压区周边实际配置均匀纵向钢筋的圆心角，应分别取为 $2\frac{n-1}{n}\pi\alpha_s$ 和 $2\frac{m-1}{m}\pi\alpha'_s$，其中 n、m 分别为受拉区、受压区均匀配置纵向钢筋的根数。

配置在圆形截面受拉区的纵向钢筋的最小配筋率(按全截面面积计算)，在任何情况下不宜小于 0.2%。在不配置纵向受力钢筋的圆周范围内，应设置周边纵向构造钢筋，纵向构造钢筋直径不应小于纵向受力钢筋直径的 1/2，且不应小于 10mm；纵向构造钢筋的环向间距，不应大于圆截面的半径和 250mm 两者中的较小值，且不得少于 1 根。

8.5.2 支撑体系的设计与计算

内支撑体系受力明确，变形较小，使用可靠，能有效地保护周围环境，应用较广泛。近年来不论是结构形式还是计算理论皆有很大发展。

(1)设计和计算内容

支护结构的内支撑体系，包括冠梁或腰梁(亦称围檩)、支撑和立柱 3 部分。其设计和计算内容包括：

①支撑体系材料选择和结构体系布置；

②支撑体系结构的内力和变形计算；

③支撑体系构件的强度和稳定验算；

④支撑体系构件的节点设计；

⑤支撑体系结构的安装和拆除设计。

(2)荷载

作用在支撑结构上的水平荷载设计值，包括土压力、水压力、基坑外的地面荷载及相邻建(构)筑物引起的挡墙侧向压力、支撑的预加压力(一般不宜大于支撑力设计值的 40%～60%及温度变化的影响等。

作用在支撑结构上的竖向荷载设计值，包括支撑构件自重及施工荷载。施工荷载要根据具体情况确定。如支撑顶面用作施工栈桥，上面要运行大的施工机械或运输工具，则根据具体情况估算确定。如挖土时挖土机上支撑，亦需考虑这部分施工荷载。如支撑上堆放材料，则亦应考虑。

(3)计算模型

在确定支撑结构的计算模型时，可采取如下假定：

①计算模型的尺寸，取支撑构件的中心距；

②现浇混凝土支撑构件的抗弯刚度，按弹性刚度乘以折减系数 0.6；

③钢支撑采取分段拼装或拼装点的构造不能满足截面等强度连接要求时，按铰接考虑。

(4)计算方法

①平面形状规则、相互正交的支撑体系

其内力和变形可按以下简化方法计算：

a.支撑轴向力按挡墙沿冠梁或腰梁长度方向的水平反力乘以支撑中心距计算。当支撑与冠梁或腰梁斜交时，按水平反力沿支撑长度方向的投影计算。

b.垂直荷载作用下，支撑的内力和变形，按单跨或多跨梁计算，计算跨度取相邻立柱的中心距。

c.立柱的轴向力 N_Z 取纵横向支撑的支座反力之和，或取：

$$N_Z = N_{Z1} + \sum_{i=1}^{n} 0.1N_i \tag{8-49}$$

式中：N_{Z1}——水平支撑及立柱自重产生的轴向力；

N_i——第 i 层支撑交汇于该立柱的受力构件的轴力设计值；

n——支撑层数。

d.钢冠梁或腰梁的内力和变形，宜按简支梁计算，计算跨度取相邻水平支撑的中心距，混凝土冠梁或腰梁，在水平力作用下的内力和变形，按多跨连续梁计算，计算跨度取相邻支撑点的中心距。

e.当水平支撑与冠梁或腰梁斜交时，尚应考虑水平力在冠梁或腰梁长度方向产生的轴向力。

②平面形状较复杂的支撑体系

对这种支撑体系宜按空间杆系模型计算，一般利用计算程序和计算机进行计算。计算模型的边界条件可按以下原则确定：

a.在支撑与冠梁或腰梁、立柱的节点处，以及冠梁或腰梁转角处，设置竖向铰支座或弹簧。

b.当基坑四周与冠梁或腰梁长度方向正交的水平荷载分布不均匀，或者支撑的刚度在平面内分布不均匀时，可在适当位置上设置避免模型整体平移或转动的水平约束。

支撑体系的内力和变形，在各个工况下是不同的，应根据各工况下的荷载作用的效应包络图进行计算。

(5)构件截面承载力计算

①冠梁或腰梁

冠梁或腰梁一般可按水平方向的受弯构件计算。当冠梁或腰梁与水平支撑斜交或作为边桁架的弦杆时，应按偏心受压构件计算。

冠梁或腰梁的受压计算长度，取相邻支撑点的中心距。

钢冠梁或腰梁，当拼装点按铰接考虑时，其受压计算长度取相邻支撑点中心距的 1.5 倍。

现浇混凝土冠梁或腰梁的支座弯矩，可乘以 0.8～0.9 的系数折减，但跨中弯矩应相应增加。

②支撑

支撑应按偏心受压构件计算。截面的偏心弯矩，除竖向荷载产生的弯短外，尚应考虑轴向力对构件的初始偏心距(取支撑计算长度的 1～3/1 000，对混凝土支撑不宜小于 20mm，对钢支撑不宜小于 40mm）产生的附加弯矩。

支撑构件的受压计算长度，按下列规定确定：

a. 当水平平面支撑交汇点处设有立柱时，在竖向平面内的受压计算长度，取相邻两立柱的中心距；在水平平面内的受压计算长度，取与该支撑相交的相邻横向水平支撑的中心距；当支撑交汇点不在同一水平面时，其受压计算长度应取与该支撑相交的相邻横向水平支撑或连系构件中心距的 1.5 倍。

b. 当水平平面支撑交汇点未设有立柱时，在竖向平面内的受压计算长度取支撑的全长。

c. 斜角撑和八字撑的受压计算长度，在两个平面内均取支撑全长。当斜角撑中间设有立柱或水平联系杆件时，其受压计算长度按上述规定取用。

现浇混凝土支撑，在竖向平面内的支座弯矩可乘以 0.8～0.9 的折减系数，但跨中弯矩应相应增加。

如支撑结构的内力计算未考虑支撑预压力或强度变化的影响时，截面验算时的支撑轴向力，宜分别乘以 1.1～1.2 的增大系数。

③立柱

立柱承受的弯矩，应包括下列各项：

a. 竖向荷载对立柱截面形心产生的偏心弯矩；

b. 支撑轴向力 1/50 的横向力对立柱产生的弯矩；

c. 土方开挖时，作用于立柱上的侧向土压力引起的弯矩，根据分层挖土的高差计算。

立柱截面承载力应按偏心受压构件计算；其计算长度取竖向相邻水平支撑的中心距。最下一层支撑以下的立柱，其计算长度取该层支撑中心线至开挖面以下 5 倍立柱直径（或边长）处的距离。

开挖面以下立柱的竖向和水平承载力，按单桩承载力验算。

（6）变形限制

支撑构件的刚度，可根据构件刚度，按结构力学方法计算。混凝土支撑构件的抗弯刚度按下式计算：

$$B_L = 0.6E_cI \tag{8-50}$$

式中：B_L——混凝土支撑构件的抗弯刚度，N/m^2；

E_c——混凝土的弹性模量，N/mm^2；

I——支撑构件的截面惯性矩，mm^4，对于混凝土桁架取等效惯性矩。

冠梁或腰梁、边桁架的主要支撑构件的水平挠度，宜小于其计算跨度的 1/1 500～1/1 000。

8.6 土钉墙和喷锚的设计

8.6.1 土钉墙的设计

土钉墙的设计内容主要包括：开挖基坑的几何尺寸设计、土钉的几何尺寸设计、土钉的抗拔力验算和土钉墙的整体稳定性验算、施工现场的监控设计等。此处主要介绍土钉的抗拔力验算和土钉墙的整体稳定性验算方法。

（1）土钉抗拉承载力计算

单根土钉的抗拉承载力计算应符合下式要求：

$$25\gamma_0 T_{jk} \leqslant T_{uj} \tag{8-51}$$

式中：T_{jk}——第 j 根土钉受拉荷载标准值，可按式(8-52)确定；

T_{uj}——第 j 根土钉抗拉承载力设计值，按后述规定确定；

γ_0——基坑侧壁重要性系数，安全等级为二级的基坑，γ_0 取 1.0；安全等级为三级的基坑，γ_0 取 0.9。

单根土钉的受拉荷载标准值可按下式计算：

$$T_{jk} = \zeta e_{ajk} S_{xj} \cdot S_{yj} / \cos\theta_j \tag{8-52}$$

式中：ζ——荷载折减系数，根据式(8-53)计算确定；

e_{ajk}——第 j 个土钉位置处基坑水平荷载标准值；

S_{xj}、S_{yj}——第 j 个土钉与相邻土钉的水平、垂直间距；

θ_j——第 j 根土钉与水平面的夹角。

荷载折减系数 ζ 可按下式计算：

$$\zeta = \tan\frac{\beta-\varphi}{2}\left[\frac{1}{\tan\frac{\beta+\varphi}{2}} - \frac{1}{\tan\beta}\right] \Big/ \tan^2\left(45^\circ - \frac{\varphi}{2}\right) \tag{8-53}$$

式中：β——土钉墙坡面与水平面的夹角；

φ——土体各土层加权内摩擦角。

土钉抗拉承载力设计值 T_{uj}，当基坑侧壁安全等级为二级时，应按试验确定；当基坑侧壁安全等级为三级时，可按下式计算(图 8-14)：

$$T_{uj} = \frac{1}{\gamma_s}\pi d_{nj} q_{sjk} l_j \tag{8-54}$$

式中：γ_s——土钉抗拉抗力分项系数，取 1.3；

d_{nj}——第 j 根土钉锚固体直径；

q_{sjk}——土体与锚固体极限摩阻力标准值，应由现场试验确定；

l_j——第 j 根土钉在直线破裂面外稳定土体内的长度，破裂面与水平面的夹角为$\frac{\beta+\varphi}{2}$。

(2)土钉墙的整体稳定性验算

土钉墙应根据施工期基坑开挖深度及基坑底面以下可能滑动面，采用圆弧滑动简单条分法(图 8-15)按下式进行整体稳定性验算：

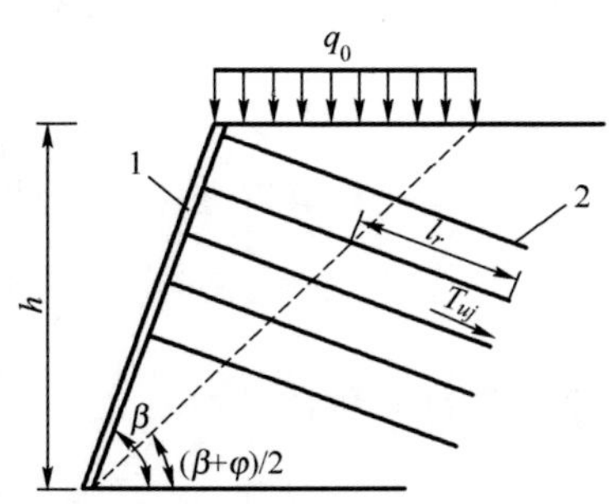

图 8-14　土钉抗拉承载力计算简图

1-喷射混凝土面层；2-土钉

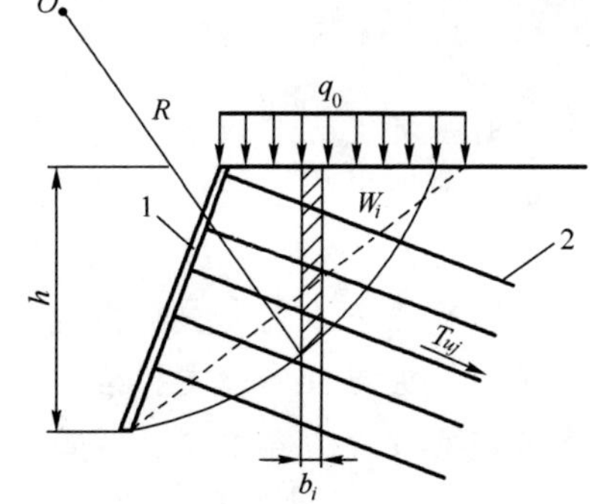

图 8-15　整体稳定性验算简图

1-喷射混凝土面层；2-土钉

$$\sum_{i=1}^{n}C_iL_iS+\sum_{i=1}^{n}(W_i+q_0b_i)\cos\theta_i\tan\varphi_i\cdot S+\sum_{j=1}^{m}T_{nj}[\cos(\alpha_j+\theta_j)+\frac{1}{2}\sin(\alpha_j+\theta_j)\tan\varphi_j]-$$

$$\gamma_k\gamma_0[\sum_{i=1}^{m}(q_0b_i+W_i)\sin\theta_i\cdot S]\geqslant 0 \tag{8-55}$$

式中：n——滑动体分条数；

m——滑动体内土钉数；

γ_k——整体滑动分项系数，应根据经验确定，当无经验时可取 1.3；

γ_0——基坑侧壁重要性系数；

W_i——第 i 分条土重，滑裂面位于黏性土或粉土中时，按上覆土层的饱和土重计算；滑裂面位于砂土或碎石类土中时，按上覆土层的浮重度计算；

b_i——第 i 分条宽度；

C_i——第 i 分条滑裂面处土体固结快剪黏聚力标准值；

φ_i——第 i 分条滑裂面处土体固结快剪内摩擦角标准值；

θ_i——第 i 分条滑裂面处中点切线与水平面夹角；

α_j——土钉与水平面之间的夹角；

L_j——第 i 分条滑裂面处弧长；

S——计算滑动体的单元长度；

T_{nj}——第 j 根土钉在圆弧滑裂面外销固体与土体的极限抗拉力，可按式(8-56)确定。

单根土钉在圆弧滑裂面外锚固体与土体的极限抗拉力可按下式确定：

$$T_{nj}=\pi d_{nj}q_{sjk}l_{nj} \tag{8-56}$$

式中：l_{nj}——第 j 根土钉在圆弧滑裂面外稳定土体内的长度。

8.6.2 喷锚的设计

喷锚支护设计主要包括下述 3 个内容：

①未支护条件下的边壁稳定性分析；

②计算确定支护的各项参数；

③支护条件下边壁稳定性校核。

喷锚支护的锚杆布置和构造要求与土锚的要求一致，喷射混凝土面层和钢筋网的构造要求同土钉墙的有关内容。

思　考　题

1. 常用的基坑支护结构形式有哪些？各自的适用范围是什么？

2. 作用在挡墙上的水平荷载由哪几部分构成？土压力的计算理论有哪些？各自的基本假设和内容是什么？

3. 试说明水泥土墙式支护结构的计算步骤。

4. 试说明排桩与板墙式支护结构中挡墙和支撑体系的计算内容和计算方法。

5. 土钉墙的设计内容主要包括哪几部分？

第 9 章
盾构衬砌结构与顶管

9.1 概　　述

盾构隧道结构中，管片衬砌直接支承地层，保持规定的隧道净空，防止渗漏，同时又能承受施工荷载。它在受力变形过程中与周围的地层有着密切的联系，对隧道结构稳定性和隧道防水起着重要作用。衬砌的作用主要表现在：

①衬砌在施工阶段作为隧道施工的支护结构，它保护开挖面以防止土体变形、土体坍塌及泥水渗入，并承受盾构推进时的千斤顶顶力以及其他施工荷载。

②竣工后，衬砌单独或与内衬一起作为隧道永久性支撑结构，并防止泥、水渗入，同时支撑衬砌结构周围的水、土压力以及使用阶段和某些特殊需要的荷载，以满足结构的预期使用要求。

③在水工隧道及通风隧道中要达到一定的光滑和抗腐蚀的作用，为此，常有在外层用装配式衬砌结构，而内里用现浇混凝土内衬。这对隧道防水、防锈蚀、修正隧道施工误差以及减少内壁粗糙率均具有较好的作用。如果在两层衬砌间的连接结构措施得到满足，则二层衬砌可视作整体式结构以起到共同抵抗外荷载的作用。

本章主要介绍了盾构衬砌结构的分类、衬砌结构的内力计算和设计方法。

9.2 盾构衬砌分类

盾构法隧道的衬砌结构在施工阶段作为隧道施工的支护结构，用于保护开挖面以防止土体变形、坍塌及泥水渗入，并承受盾构千斤顶顶力及其他施工荷载；在隧道竣工变形后作为永久性支撑结构，并防止泥水渗入，同时支承衬砌周围的水、土压力以及使用阶段和某些特殊需要的荷载，以满足结构的预期使用要求。因而，需依据隧道的使用要求、设备条件、施工技术的可行性、隧道区间土层的特性、隧道受力特征等，合理选择衬砌的强度、结构、形式和种类。盾构隧道横断面一般有圆形、半圆形、矩形、马蹄形等多种形式，但衬砌最常用的横断面形式为圆形。圆形隧道衬砌断面作为隧道断面形式有以下优点：

①可以等同地承受各方向外部压力，尤其是在饱和软土地层中修建地下隧道，由于顶压、侧压较为接近，更可显示出圆形隧道断面的优越性。

②施工中易于盾构机的推进，管片的制作及拼装。

③盾构即使发生转动，也不妨碍其断面的利用。

9.2.1　管片的分类

管片衬砌按其材料分为钢筋混凝土、铸铁、钢、钢壳与钢筋混凝土复合而成的几种，除特殊需要外，一般都选用钢筋混凝土作为衬砌管片的材料。按其形状分为箱形管片、板形管片、砌块等几种。目前钢筋混凝土板形管片因其造价低廉、制作方便、性能可靠、糙率较低，使用高精度钢模就能保证其尺寸精度而应用较广。

钢筋混凝土管片按手孔成形大小区分，大致可分为箱形管片和平板形管片。所谓箱形管片，就是因手孔较大而呈肋板形结构的管片，如图 9-1 所示。

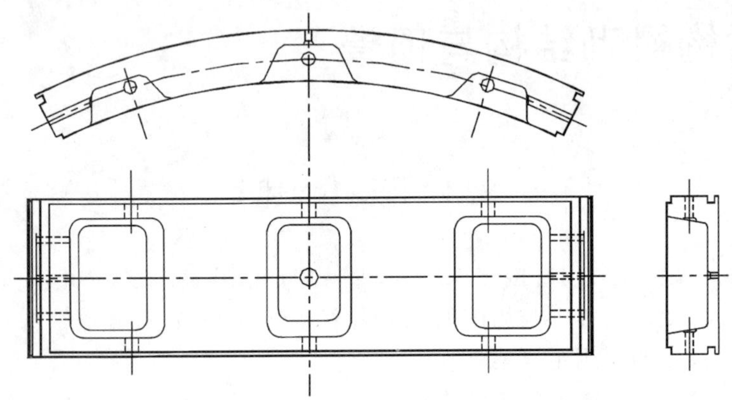

图 9-1 箱形管片（钢筋混凝土）

手孔大不仅方便了螺栓的穿入和拧紧，而且也节省了大量混凝土材料，并使单块管片重量减轻。箱形管片通常使用在大直径隧道中，在等量材料条件下，箱形管片比平板形管片抗弯刚度大，管片的背板厚度较薄，但是若设计不当，在千斤顶作用下，混凝土将易发生剥落、开裂等情况。实践证明，箱形管片形式在紧固螺栓时，扳手和板子空间较宽余，便于穿连接螺栓。

所谓板形管片，是指因为手孔较小而呈曲板形结构的管片，如图 9-2 所示。

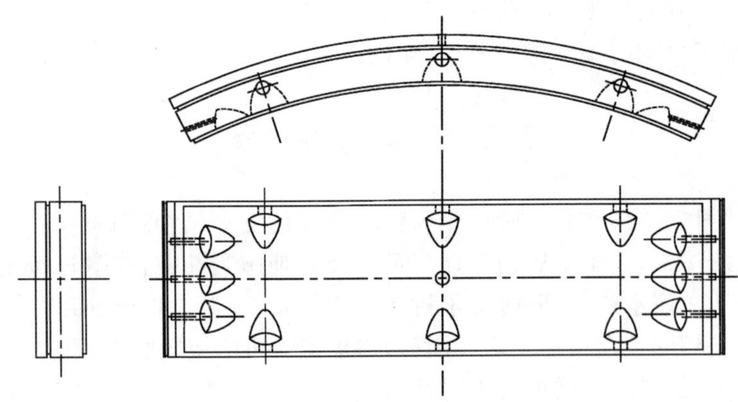

图 9-2 平板形管片（钢筋混凝土）

由于管片混凝土界面削弱少，板形管片对盾构千斤顶的顶力具有较大的抗弯能力，正常运营时对隧道通风阻力也较小。平板形管片在中小直径的隧道中，是常用的一种管片形式，在相等厚度条件下，其抗弯刚度和抗压条件均优于箱形管片。有时在大直径隧道内，也采用该形式的管片，它主要用于地面荷载大，或者穿越地面建筑群时的隧道区间，用于抵抗较大的外荷载。

9.2.2 衬砌分类

盾构法修建的区间隧道衬砌有预制装配式衬砌，预制装配衬砌和模筑钢筋混凝土整体衬砌相结合的双层复合式衬砌，以及挤压混凝土整体式衬砌 3 大类。

(1)预制装配式衬砌

装配式衬砌圆环一般是由分块的预制管片在盾尾拼装标准块、邻接块和封顶块的多块预制管片在盾尾内拼装而成，根据工程需要，组成衬砌的预制管片有铸铁、钢、混凝土、钢筋混凝土管片等，我国目前用得最多的是钢筋混凝土管片。

(2)双层衬砌

为防止隧道渗水和衬砌腐蚀，修正隧道施工误差，减少噪声和振动以及作为内部装饰，可以在装配式衬砌内部再做一层整体式混凝土或钢筋混凝土内衬。根据需要还可以在装配式衬砌与内层之间铺设防水隔离层。双层衬砌主要用在含有腐蚀性地下水的地层中。近年来由于混凝土耐腐蚀性和管片防水性能提高，采用双层衬砌的必要性已大为减少，但仍有一些国家如日本等坚持使用双层衬砌。

(3)挤压混凝土整体式衬砌

挤压混凝土衬砌是指不采用常规管片而通过在盾尾现场浇筑混凝土来进行衬砌的隧道施工法，是随着盾构机向前掘进，用一套衬砌施工设备在盾尾同步灌注的混凝土或钢筋混凝土整体式衬砌，因其灌注后即承受盾构千斤顶推力的挤压作用，故有此称谓。

因该施工法是在盾构机推进的同时对新拌混凝土加压，构成与地层紧密结合的衬砌体，所以可得到密实、质量高的衬砌体，能控制对周围围岩的影响，降低造价、缩短工期。

现浇的挤压混凝土衬砌是盾构法施工隧道的一个发展新趋势，用钢纤维混凝土后更能提高薄型衬砌的抗渗性能，但必须配以高自动化的控制系统，才能保证衬砌的质量。在渗透性较大的砂砾土层中要达到防水要求尚有困难。

9.3 管片结构设计与内力计算

9.3.1 荷载的设定

(1)荷载的种类

衬砌设计时所要考虑的各种荷载，应根据不同的条件和设计方法进行假定，并根据隧道的用途，组合这些荷载，计算截面力。衬砌设计中应考虑下列荷载。

①主要荷载——必须经常考虑的荷载：

a. 竖向与水平土压力；

b. 水压力；

c. 自重(静载)；

d. 超载量；

e. 地基反力。

②次要荷载——必要时考虑的荷载(在施工过程中和竣工后作用的荷载，是根据隧道的使用目的、施工条件以及周围环境进行考虑的荷载)：

a. 内部荷载；

b. 施工期荷载；

c. 地震效应。

③特殊荷载——在特殊条件下必须考虑的荷载，例如：

a. 相邻隧道的影响；

b. 地基沉陷的影响；

c. 瞬时动力荷载等。

(2)荷载计算

当地层为互层分布时，以地层构成中的主要地层为基础，将地层假设为单一地层进行计算，或就以互层的状态进行松弛土压力的计算都是常用的方法。但是，互层地基的松弛土压力会随各层土的性质、厚度以及隧道的相对位置关系发生变化，与均一地层相比，计算比较困难，尤其是隧道上部存在软黏土或松散砂层时，要特别注意松弛土压力的评价问题。

对于圆形断面以外的隧道，只要合理评价松动带的宽度，也可以采用太沙基的公式计算松弛土压力。但是由于荷载的分布形状等条件随隧道的断面而发生变化，应慎重地进行分析判断。另外，在这种情况下现场实测值是评价土压力的重要参考，希望能够根据类似条件时土压力和水压力的实际情况进行判断。

计算土压力时，对于水的影响应根据地层条件，按如下方法计算。

a. 砂性地层：采用水土分算，但实际上，一般根据地层性质，砂土、粉土、粉质黏土等渗透系数较大的地层，采用水土分算，计算时土压采用有效重度及有效抗剪强度指标，如三轴排水剪、三轴固结不排水剪(测空隙水压力)、直剪快剪等强度指标。

b. 黏性地层：黏土层采用水土合算，重度采用天然重度，其强度指标采用在土的有效自重压力下预固结的三轴不排水不固结强度指标。

建立荷载模型如图 9-3 所示。

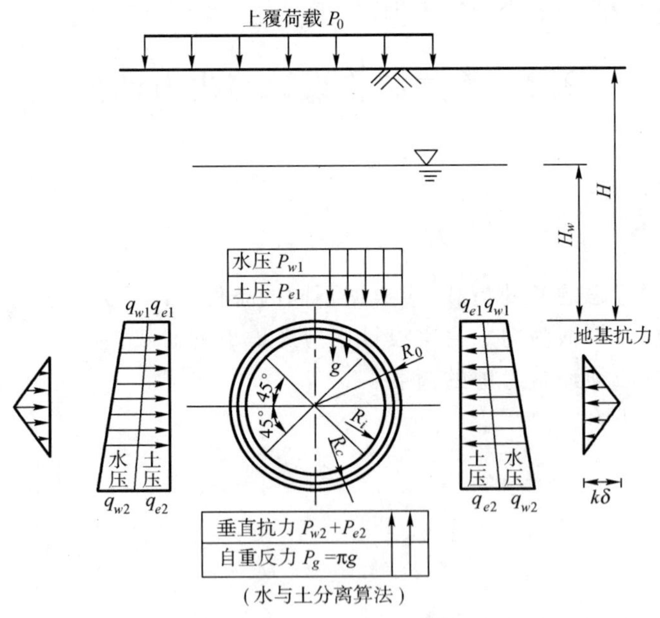

图 9-3 管片所受荷载示意图

①垂直及水平土压力

隧道的垂直和水平压力与隧道的变形无关，对于隧道底部的土压力，考虑为反向土压力，作为地基反力处理。需考虑地下水时计算土压力有两种方法，一种是将水压力作为土压力的一部分来考虑，另一种是将水压力与土压力分开计算。通常前者适用于黏性土，但对于自立性好的硬质黏土及固结粉土也多以水土分离进行考虑；后者适用于砂质土，在水压、土压合算时，地下水位以上用湿容重，地下水位以下用饱和容重；在水压、土压分算时，地下水位以上用湿容重，地下水位以下用浮容重。

a. 垂直土压力

将垂直土压力作为作用于衬砌顶部的均布荷载来考虑，其大小宜根据隧道的覆土厚度、隧道的断面形状（图 9-4）、外径和围岩条件来决定。考虑长期作用于隧道上的土压力时，如果覆土厚度小于隧道外径，则不能产生土拱效应，故采用总覆土压力 P_{e1}：

$$P_{e1}=P_0+\sum\gamma_i H_i+\sum\gamma_j H_j \tag{9-1}$$

式中：P_{e1}——衬砌拱顶处垂直土压；

P_0——附加荷载；

γ_i——处于地下水位以上的 i 号地层土的重度；

H_i——处于地下水位以下的 i 号地层土的厚度；

γ_j——处于地下水位以下的 j 号地层土的重度；

H_j——处于地下水位的 j 号地层土的厚度；

H——覆盖土层厚度，$H=\sum H_i+\sum H_j$。

但当覆土厚度大于隧道的外径时，地基中产生拱效应的可能性比较大，可以考虑在设计计算时采用松动土压力（图 9-5）。在砂性土中，当覆土厚度大于（1～2）D（D 为管片环外径）时，多采用松弛土压力；在黏性土中，如果是由硬质黏土（$N\geqslant0$）构成的良好地基，当覆土厚度大于（1～2）D 时多采用松弛土压力；对于中等固结的黏土（$4\leqslant N<8$）和软黏土（$2\leqslant N<4$），将隧道的全覆土重力作为土压力考虑的实例比较常见。

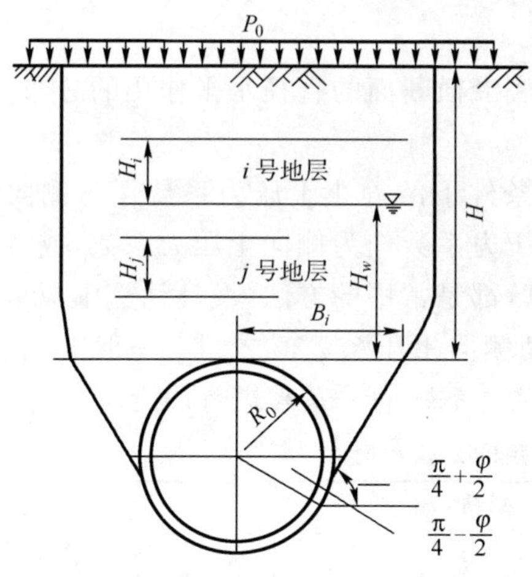

图 9-4　隧道与周围围岩断面图

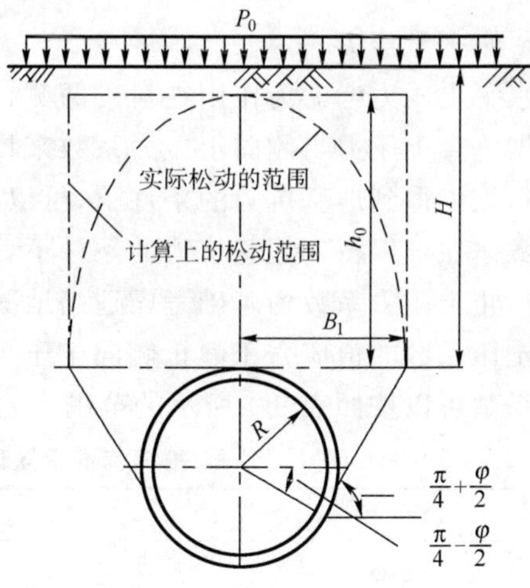

图 9-5　松动土压力

松弛土压力的计算，一般采用 Terzaghi 公式。一般来说，当垂直土压力采用松弛土压力时，考虑到施工时的荷载以及隧道竣工后的变动，多设定一个土压力下限值。垂直土压力的下限值根据隧道使用目的有所不同，但一般将其作为相当于隧道外径的 2 倍的覆土厚度的土压力值。当地层为互层分布时，以地层构成中的支配地层为基础，将地层假定为单一土层进行计算或者就以互层的状态进行松弛土压力的计算。

对于圆形断面以外的隧道，只要合理地评价松动带宽度(B_1)，也可以采用 Terzaghi 公式计算松弛土压力。

$$h_0 = \frac{B_1(1-c/B_1\gamma)}{K_0\tan\varphi}(1-e^{-K_0\tan\varphi\cdot H/B_1}) + \frac{P_0}{\gamma}e^{-K_0\tan\varphi\cdot H/B_1} \tag{9-2}$$

$$\sigma_v = \frac{B_1(\gamma-c/B_1)}{K_0\tan\varphi}(1-e^{-K_0\tan\varphi\cdot H/B_1}) + P_0e^{-K_0\tan\varphi\cdot H/B_1} \tag{9-3}$$

$$B_1 = R_0\cot\left(\frac{\pi/4+\varphi/2}{2}\right) \tag{9-4}$$

式中：h_0——土的松动高度；

σ_v——Terzaghi 竖向松弛土压力；

K_0——水平和竖直土压力之比(通常取 1)；

φ——土的内摩擦角；

P_0——上覆荷载；

γ——土的重度；

c——土的黏聚力；

R_0——初期衬砌的外半径。

但在 P_0/γ 小于 H 的情况下，则采用：

$$h_0 = \frac{B_1(1-c/B_1\gamma)}{K_0\tan\varphi}(1-e^{-K_0\tan\varphi\cdot H/B_1}) \tag{9-5}$$

$$\sigma_v = \frac{B_1(\gamma-c/B_1)}{K_0\tan\varphi}(1-e^{-K_0\tan\varphi\cdot H/B_1}) \tag{9-6}$$

b. 水平土压力

水平土压力考虑为作用在衬砌两侧，自拱顶至隧底沿横断面的直径水平作用的分布荷载，应根据垂直土压力与侧向土压力系数来计算。

在难以得到地基抗力的条件下，可以考虑将施工条件下的静止土压力系数作为侧向土压力系数。在可以得到地基抗力的条件下，使用主动土压力系数作为侧向土压力系数，或者以上述的静止土压力系数为基础考虑适当地减少进行计算，都是常用的方法，设计计算中拟采用的侧向土压系数的值应介于静止侧向土压系数值与主动侧向土压系数值之间。一般来说，侧向土压系数可以按照表 9-1 所示的范围内，根据与地基抗力系数的关系来进行确定。

根据标准贯入试验的 N 值而定的 λ 和 k 值 表 9-1

土 壤 种 类	λ	k(MN/m^3)	N
极密实的砂 非常硬的黏性土	0.35～0.45	30～50	$30\leqslant N$ $25\leqslant N$
密实砂性土 硬黏性土	0.45～0.55	10～30	$15\leqslant N<30$ $8\leqslant N<25$
中硬黏性土		5～10	$4\leqslant N<8$
松砂性土 软黏性土 非常软的黏性土	0.50～0.60 0.55～0.65 0.65～0.75	0～10 0～5 0	$N<15$ $2\leqslant N<4$ $N<2$

式(9-7)～式(9-9)给出了如何确定水平土压力的方法。

若 $H_w \geqslant 0$,则:

$$P_{e1}=P_0+\sum\gamma(H-H_w)+\sum\gamma' H_w \quad (若 H<2D)$$
$$P_{e1}=\sum\gamma(h_0-H_w)+\sum\gamma' H_w \quad (若 H\geqslant 2D,且 h_0>H_w)$$
$$P_{e1}=\sum\gamma h_0 \quad (若 H\geqslant 2D,且 h_0<H_w)$$
$$q_{e1}=\lambda(P_{e1}+\gamma' t/2)$$
$$q_{e1}=\lambda[P_{e1}+\gamma'(t/2+2R_c)] \tag{9-7}$$

若 $0>H_w\geqslant -2R_c$,则:

$$P_{e1}=P_0+\sum\gamma H \quad (若 H<2D)$$
$$P_{e1}=\sum\gamma h_0 \quad (若 H\geqslant 2D)$$
$$q_{e1}=\lambda(P_{e1}+\gamma t/2)$$
$$q_{e2}=\lambda[P_{e1}+\gamma(-H_w)+\gamma'(t/2+2R_c+H_w)] \tag{9-8}$$

若 $-2R_c>H_w$,则:

$$P_{e1}=P_0+\sum\gamma H \quad (若 H<2D)$$
$$P_{e1}=\sum\gamma h_0 \quad (若 H\geqslant 2D)$$
$$q_{e1}=\lambda(P_{e1}+\gamma t/2)$$
$$q_{e2}=\lambda[P_{e1}+\gamma(t/2+2R_c)] \tag{9-9}$$

当无试验值时,可以参照下列公式取值。

$$\lambda=v/(1-v)(根据物理指标)$$
$$\lambda=1-\sin\phi(砂性土)$$
$$\lambda=0.80\sim 0.85(软的或非常软的黏性土)$$

式中: t——管片厚度;

γ'——土的浮重度;

λ——侧向土压系数;

q_{e1}——衬砌顶部水平土压力;

q_{e2}——衬砌底部水平土压力;

D——管片外径;

R_c——初期衬砌的形心半径。

②水压力

一般情况下,作用在衬砌上的水压力为静水压力(图 9-6)。但为简化计算,也可以将水压力取为拱顶以上和隧底以下,其值分别可取为与该处静水压力相等的均布竖向水压力以及由拱顶至隧底均匀变化的水平荷载,或取与拱顶至隧底处的静水压力相等(图 9-3)。

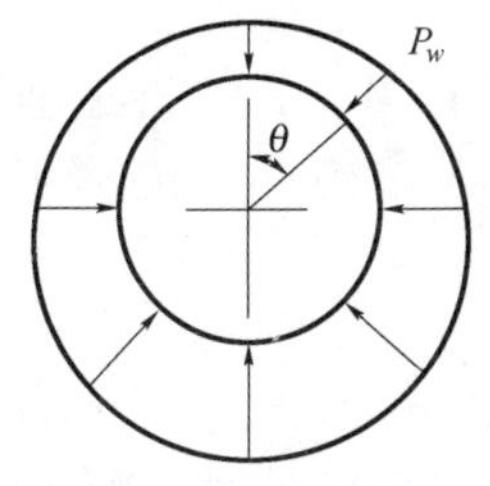

图 9-6 静水压力

由于隧道开挖而失去的水的重力作为浮力作用在衬砌上。若拱顶处的竖向土压力和自重(静荷载)的合力大于浮力,其差值将是作用在隧底的竖向土压力(地基抗力)。而当作用于衬砌顶部的垂直荷载(除掉水压力)与衬砌自重的和小于浮力时,在衬砌顶部的地层中由于抗力而产生土压力以抵抗浮力作用。这种现象出现在隧道覆土厚度小、地下水位高以及地震时容易发生液化的地基中。如果顶部难以产生与浮力相当的抗力时，隧道会上浮，于是必须采取诸如施作二次衬砌以增加隧道重力或在地表面进行加载的措施。

式(9-10)～式(9-19)分别表示计算水压力、浮力和隧底竖向均布土压力的公式。若采用静水压力，则管片上各点处的水压力为：

$$P_w = \gamma_w[(H_w + t/2) + R_c(1 - \cos\theta)] \tag{9-10}$$

若采用垂直均布荷载和水平均匀变化的荷载组合，则衬砌水压力计算如下。

作用于衬砌拱部的垂直水压力 P_{w1} 为：

$$P_{w1} = \gamma_w H_w \tag{9-11}$$

作用于衬砌底部的垂直水压力 P_{w2} 为：

$$P_{w2} = \gamma_w[H_w + (t + 2R_c)] = \gamma_w(H_w + 2R_0) \tag{9-12}$$

作用于衬砌拱部的水平水压力 q_{w1} 为：

$$q_{w1} = \gamma_w(H_w + t/2) \tag{9-13}$$

作用于衬砌底部的水平水压力 q_{w2} 为：

$$q_{w2} = \gamma_w[H_w + (t/2 + 2R_c)] \tag{9-14}$$

若采用静水压力，则浮力 F_w 为：

$$F_w = \gamma_w \pi R_c^2 \tag{9-15}$$

若采用竖向均布荷载和水平均匀变化荷载的组合，则浮力 F_w 为：

$$F_w = 2R_c(P_{w2} - P_{w1}) = 4\gamma_w R_0 R_c \tag{9-16}$$

由弹性方程可得，隧道衬砌底部的垂直均布土压力 P_{e2} 为：

$$P_{e2} = P_{e1} + \pi g - F_w/2R_c \tag{9-17}$$

式中 g 按式(9-18)或式(9-19)计算。

③管片自重

一次衬砌自重为作用在隧道横断面形心线上的竖向荷载，一次衬砌的自重按式(9-18)计算：

$$g = W/(2\pi R_c) \tag{9-18}$$

式中：W——沿隧道轴线方向每米衬砌的重量，kN。

若截面为矩形，则：

$$g = \gamma_c \times t \tag{9-19}$$

式中：γ_c——混凝土单位重度，kN/m³。

二次衬砌的施工时间一般都在管片环稳定后才进行，而且二次衬砌本身也是环形或拱形的，因此二次衬砌的自重由其自身承担，故在一次衬砌设计时可不考虑二次衬砌的重力。

④地面超载

地面超载增加了作用于衬砌上的土压力，道路交通荷载、铁路交通荷载、建筑物的重量作用于衬砌上的力即为地面超载。

地面超载及其参考值如下：

公路车辆荷载 $P_0=10\mathrm{kN/m^2}$，铁路车辆荷载 $P_0=25\mathrm{kN/m^2}$，建筑物重力 $P_0=10\mathrm{kN/m^2}$。

⑤衬砌结构计算模型

各类地层介质均具有一定的自承载能力，地下结构的安全与否，在很大程度上取决于结构物周围的地层能否持续保持稳定。早期的地下工程衬砌结构设计基本上是依照经验进行的。经过长期工程实践，地下结构受力变形特点才开始得到认识，并逐渐形成以考虑地层对结构受力变形约束为特点的地下结构设计计算理论。随着电子计算机技术的出现和发展，以及岩土力学和工程结构等学科研究的进一步深入，地下结构计算理论也有了更大的发展。地下建筑物衬砌结构计算理论的发展可大致分为：

a. 刚性结构阶段；

b. 弹性结构阶段；

c. 假定抗力阶段；

d. 弹性地基梁阶段；

e. 连续介质阶段；

f. 数值方法阶段；

g. 极限优化设计阶段。

国际隧道协会通过对会员国采用的地下结构设计模型进行归纳总结，将目前各国所采用的隧道结构计算模型主要分为了如下 4 类。

a. 连续体或不连续体模型：地层可模拟成均质或异质，各向同性或异性的二维或三维弹性介质。衬砌即可模拟为具有抗弯刚度的梁单元，也可以模拟为连续体。计算只需要采用解析解(弹性、塑性、黏弹性等)和数值解(边界元有限元等)。

b. 作用—反作用模型(基础梁模型)：作用的地层压力由给出的荷载表示，而地层抵抗变形的被动反作用则由 Winkler 地基模量模拟。

c. 收敛—约束模型：根据隧道径向位移和支护反力的相互作用特征曲线，以及表示衬砌结构受力变形的支护限制线，用两者的交点表示的支护抗力值设计衬砌结构。

d. 工程类比法(经验方法)：隧道的初期支护主要通过经验选择，把从隧道修建过程中所取得的成功经验转用到与之类似的新建隧道工程上。

不同模型尽管具有各自的特点，但也有许多共同之处。现有大量研究成果揭示出的不同设计计算模型均存在不同程度的缺陷，其相关计算结果往往易受各种因素的作用和影响。本章计算采用作用—反作用力计算模型。

计算衬砌构件内力时，必须确定地基反力作用的范围、大小和方向。地基反力通常分为两种：一种是独立于地基位移而定的反力，另一种是从属于地基位移而定的反力，具体要结合设计计算方法而定。前者是作为与给定荷载相平衡的反力，预先假定其分布均匀的；后者则认为是与衬砌的地基内位移相关而产生的，并与地层的位移成比例且该比例因子定义为地基反力系数，此比例因子的取值取决于围岩韧度和衬砌尺寸。

地基反作用力是地基反作用系数和衬砌位移的产物，由围岩韧度和管片衬砌的刚度决定，而管片衬砌的刚度取决于管片刚度及接缝的数目和类型。

地基反力的常用计算法中，对垂直方向的与地基位移无关的地基反力取与垂直荷载相平衡的均布反力；另一方面，作用在隧道侧面的水平方向的地基抗力，则是伴随衬砌向围岩方向的变形而产生的，故在衬砌水平直径上下 45°中心角范围内，采用以水平直径为顶点，三角形分布的地基抗力。按作用在水平直径点上地基抗力大小与衬砌向围岩方向的水平变形成正比的关系进行计算，见图 9-7。

其计算公式为：

$$q = k\delta \tag{9-20}$$

式中：q——地基反力作用力，kN/m^2；

k——地基反力系数，需根据土质条件并考虑与侧向土压力系数 λ 的关系来确定；

δ——位移值。

与常用计算法不同，作为伴随地基的位移确定地基抗力的另一种方法，是将管片环与地基间的相互作用通过地基弹簧模型进行考虑，这一方法是将地基抗力考虑为管片向地基方向变形时所产生的反力。常见的有全周地基弹簧模型（图 9-8）和部分地基弹簧模型（图 9-9）两种，从应用实例来看，多数只考虑径向弹簧，也有一些考虑切线方向弹簧进行设计的例子。

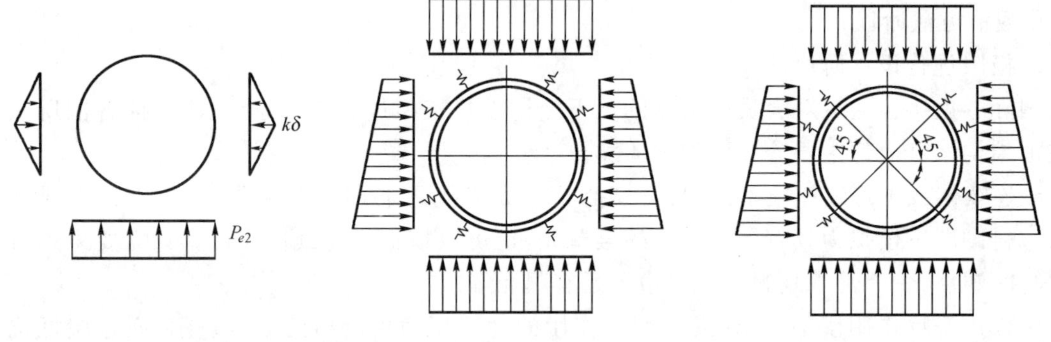

图 9-7　地基反力计算模型　　图 9-8　全周地基弹簧模型　　图 9-9　部分地基弹簧模型

⑥内部荷载

由悬挂于隧道顶板上的设备所产生的荷载以及内部水压力而引起的荷载所致，应进行核查。

⑦施工期间荷载

施工期间作用于衬砌上的荷载有以下各种：

a. 盾构千斤顶的推力。当管片生产时，应测试管片抵抗盾构顶进推力的强度。为了分析盾构千斤顶推力对管片的影响，设计者应该检查由于偏心而引起的剪力和弯矩，包括允许极限放置时的情况。

b. 回填注浆压力。

c. 运输和装卸时的荷载。

d. 管片举重臂操作的荷载。

e. 衬砌环刚出盾尾的初期，衬砌顶部土压即迅速作用到衬砌上，而侧压却因某种原因未能及时作用，这时衬砌可能处于很不利的工作条件。

f. 其他荷载，如后配套设备的自重、管片矫正器的千斤顶推力、切削头的扭矩。

盾构千斤顶推力是最主要的力，其他压力随着荷载条件的给定均取某一参考值，可参考下式计算：

$$F_s = (700 \sim 1\,000)\pi R_c^2 \tag{9-21}$$

式中：F_s——盾构千斤顶推力，kN。

⑧地震的影响

用于抗震设计的方法有诸如地震变形法和地震系数法之类的静力分析法以及动力分析法。地震变形法常用以研究隧道地震反应，这里不作具体讨论。

⑨其他荷载

主要是指相邻隧道施工以及沉降的影响而产生的荷载。

9.3.2 管片结构设计

(1)设计原则

衬砌是盾构隧道的主要结构部分，衬砌设计关系到隧道的安全可靠经济合理性。首先，衬砌结构必须满足盾构法施工及运营状态下的强度和刚度要求；其次，衬砌结构必须满足裂缝开展、接缝变形、抗渗防漏等安全质量指标。衬砌横断面的设计计算应按不同的控制断面进行，如上覆地层厚度最大(最小)的横断面、地下水位最高(最低)的横断面、超载最大的横断面等。

(2)管片内力计算

对管片环的结构模型，根据对管片接头在力学上处理方法的不同加以分类，则大致可以分为以下几类。

①假设管片环是弯曲刚度均匀的环的方法

a. 不考虑管片接头部分的弯曲刚度降低，管片环具有和管片主截面同样的抗弯刚度 EI，且弯曲刚度均匀。

在该法中，水压力按竖向均布荷载和水平均匀变化荷载的组合计算。垂直方向的地基抗力假定为均布载荷，水平方向的地基抗力则假定为自环顶部向左右各 45°～135°区间的渐变荷载，是以隧道的起拱点为顶点的等腰三角形；其大小与位移的大小成正比(Winkler 线性假定)，如图 9-10 和图 9-11 所示。

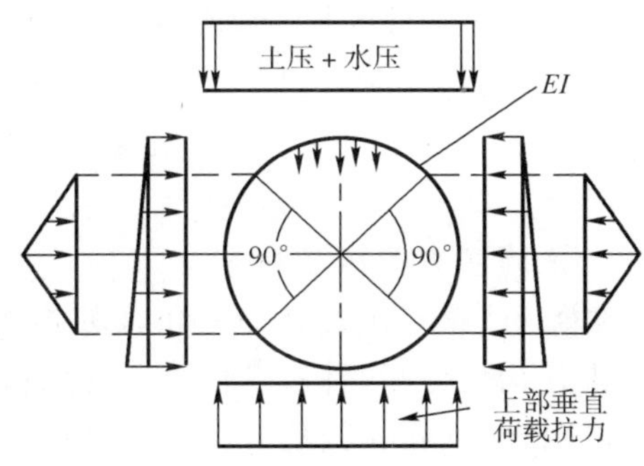

图 9-10 等弯曲刚度环计算模型

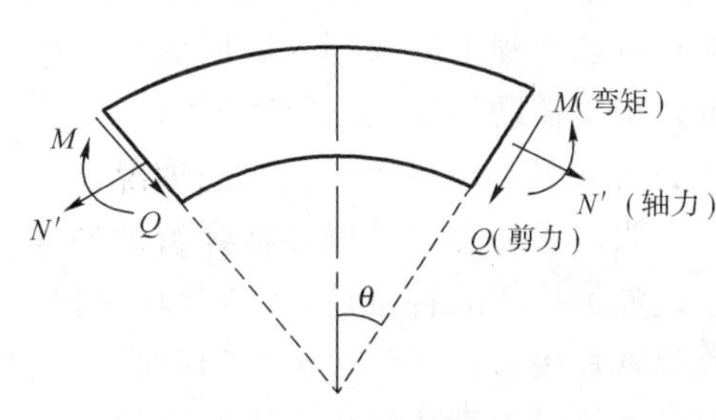

图 9-11 管片截面内力

管片截面内力的计算可以分解为以下几个部分：

(a)垂直均载 $P_{e1}+P_{w1}$；

(b)水平荷载 $q_{e1}+q_{w1}$；

(c)水平三角形荷载 $q_{e2}+q_{w2}-q_{e1}+q_{w1}$；

(d)水平地基反力 $k\delta$；

(e)自重 g。

管片环水平直径点处的水平位移：

$$\delta=\frac{[2(p_{e1}+p_{w1})-(q_{e1}+q_{w1})-(q_{e2}-q_{w2})]R_c^4}{24(\eta EI/h+0.0454kR_c^4)} \tag{9-22}$$

但该法不适用于下列各种情况：由于土壤条件变化而产生的非均匀变化的荷载；有偏压荷载；考虑静水压力，存在模拟地基抗力的弹簧力。

b. 因管片环有接头，故其对管片整体刚度有所影响，可以将接头部分弯曲刚度的降低评价为整环的弯曲刚度的降低，但仍然将其作为抗弯刚度均匀的圆环处理（平均等弯曲刚度方法），见图 9-12。

②假设管片环是多铰环的方法

这种计算方法是一种把接头作为铰接结构的解析法。多铰环本身是非静定结构，只有在隧道围岩的作用下才会成为静定结构，并假定沿圆环分布有均匀的径向地基反力（图 9-13）。以主动土压力方式作用于管片环上的荷载，可以采用前述的不考虑接头影响的等刚度荷载计算模式，而伴随环的变形产生的地基抗力，一般按照 Winkler 的假定计算。

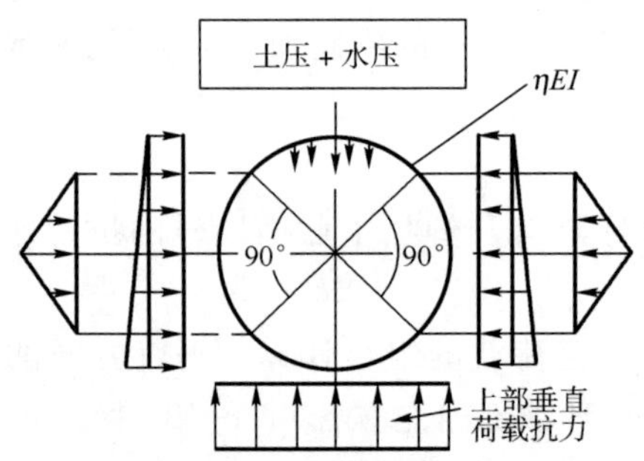

图 9-12　平均等弯曲刚度计算模型

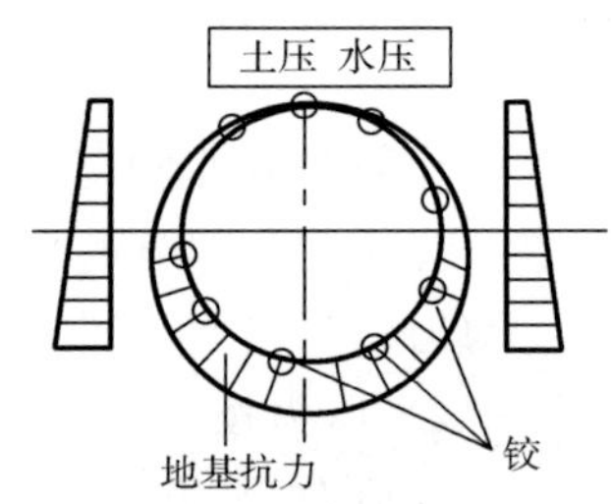

图 9-13　多铰圆环计算模型

采用这种计算方法时，因依赖隧道周边地层的反力，故需要注意选择合适的地基。此外，在管片拼装过程中以及刚入盾尾脱出后地基反力尚未充分发挥作用时，为使管片能够自承，需要研究采用辅助手段，或者使管片接头具有一定的刚度，自身能够保持环状。由此可见，这种计算法通常用于地层条件较好的情况。

③假设管片环是具有旋转弹簧的环，以剪切弹簧评价错缝接头的拼接效应

这种解析法的特点是，将管片环模拟为梁的构架（直梁或曲梁），用旋转弹簧和剪切弹簧分别模拟管片接头和环间接头，将其弹性性能用有限元法进行构架分析，计算截面力。使用这种模型可计算由于管片接头引起的管片环的刚度降低和错缝接头的拼接效应。

(3)截面安全度计算

截面安全度计算亦即管片主截面的应力校核，可将管片作为线性梁构件进行计算，并根据

构件内力的计算结果，按极限状态法校核几种最不利截面的安全度。

①有最大正弯矩的截面；

②有最大负弯矩的截面；

③有最大剪力的截面。

9.4 衬砌管片设计实例

本节介绍平板型钢筋混凝土管片的设计实例，采用不考虑接头影响的等弯曲刚度均匀圆环法。

(1)设计条件

①管片条件

管片类型：平板型；

管片外径：$D=3.35\text{m}$；

管片形心半径：$R_c=1\ 612.5\text{mm}$；

管片宽度：$B=1.0\text{m}$；

管片厚度：$t=0.125\text{m}$；

管片截面面积：$A=0.125\times1.0=0.125\text{m}^2$；

管片单位重度：$\gamma_c=26\text{kN/m}^3$；

管片的弹性模量：$E=3.30\times10^7\text{kN/m}^2$；

管片截面惯性矩：$I=1.627\ 6\times10^4\text{m}^4/\text{m}$；

混凝土标准强度：$f_{ck}=42\text{MN/m}^2$；

混凝土允许抗压强度：$\sigma_{ca}=15\text{MN/m}^2$；

混凝土抗弯刚度有效系数：$\eta=1.0$；

混凝土弹性模量比：$n=15$；

混凝土弯矩增大率：$\xi=0$。

②场地条件

土壤条件：砂质土；

覆盖土层厚度：$H=15.0\text{m}$；

地下水位：$H_w=13.0\text{m}$(水土分离)；

标准贯入试验值：$N=30$；

土的单位体积质量：$\gamma=1.8\text{t/m}^3$；

土的浮重：$\gamma'=0.8\text{t/m}^3$；

土的内摩擦角：$\varphi=32°$；

土的黏着力：$c=0\text{N/m}^2$；

地基反力系数：$k=20\text{N/cm}^3$；

侧向土压力系数：$\lambda=0.5$；

上部荷载：$P_0=10\ 000\text{Pa}$；

千斤顶推力：$T=10^6\text{N}\times10$ 只。

构件的容许应力参考表 9-2。

构件的容许应力 表 9-2

应力＼构件	钢材 SM490A	混凝土	钢筋 SD345	螺栓			
				4.6	6.8	8.8	10.9
压应力($\times10^5$Pa)	1 900	150	2 000	—	—	—	—
拉应力($\times10^5$Pa)	1 900	—	2 000	1 200	1 800	2 400	3 000
剪应力($\times10^5$Pa)	—	—	—	800	1 100	1 500	1 900

在校核管片衬砌抵抗盾构千斤顶轴推力的安全性时，常采用允许应力提高到上面所提到应力(长期应力)的165%。因为管片衬砌作为一个临时结构能够被求出数值。

(2)平板型钢筋混凝土管片的设计

①管片衬砌外载荷计算

由于假定土质为砂质土，所以土压和水压按水土分离处理。在隧道拱部的垂直土压的计算采用Terzaghi公式中的松动土压。

a. 土的松动高度计算

$$h_0=\frac{B_1\left(1-\dfrac{c}{B_1\gamma}\right)}{K_0\tan\varphi}\left(1-e^{-K_0\frac{H}{B_1}\tan\varphi}\right)+\frac{P_0}{\gamma}\left(e^{-K_0\frac{H}{B_1}\tan\varphi}\right) \tag{9-23}$$

$$B_1=R_0\cot\left(\frac{\dfrac{\pi}{4}+\dfrac{\varphi}{2}}{2}\right) \tag{9-24}$$

式中：K_0——水平土压和竖直土压之比(一般可取为1)；

φ——土的内摩擦角，$\varphi=32°$；

c——土的黏着力，$c=0\text{N/m}^2$；

γ——土的单位体积质量，$\gamma=1.8\text{t/m}^3$；

H——上覆土厚度，$H=15.0\text{m}$；

P_0——上部荷载，$P_0=10\,000\text{Pa}$；

R_0——一次衬砌的外半径，$R_0=1.725\text{m}$。

计算结果为：土的松动高度 $h_0=4.518\text{m}$，不足管片外径的2倍，故取最小松动高度等于管片外径的2倍，则 $h_0=2D=6.7\text{m}>4.518\text{m}$。

b. 荷载的计算

(a)自重 g

混凝土的单位密度(w)为 2.6t/m^3，则：

$$g=2.6\times t=3.25(\text{kN/m}^2)$$

(b)自重反力 P_g

$$P_g=\pi\times g=10.21(\text{kN/m}^2)$$

(c)垂直荷载 P_1

ⓐ隧道拱部垂直荷载

土压：$P_{e1}=h_0\gamma'=53.60(\text{kN/m}^2)$

水压：$P_{w1}=\gamma_w H_w=130.00(\text{kN/m}^2)$

ⓑ隧道底部垂直荷载

水压：$P_{w2}=(H_w+D)\gamma_w=163.50(\mathrm{kN/m^2})$

因为：$P_{e1}+P_{w1}>P_{w2}$

所以土压：$P_{e2}=P_{e1}+P_{w1}-P_{w2}=20.10(\mathrm{kN/m^2})$

所以：$P_1=P_{e1}+P_{w1}=183.60(\mathrm{kN/m^2})$

(d)水平荷载 q_0

隧道拱部和底部的侧压。

水压：$q_e=(h_0+R_0-R_0\cos\theta)\lambda\gamma'$

土压：$q_w=(H_w+R_0-R_0\cos\theta)\lambda\gamma_w$

拱部：$q_1(\theta=0°)q_1=(q_{e1}+q_{w1})=157.68(\mathrm{kN/m^2})$

底部：$q_2(\theta=180°)q_2=q_{e2}+q_{w2}=202.83(\mathrm{kN/m^2})$

所以：$q_0=q_2-q_1=45.15(\mathrm{kN/m^2})$

c. 地基和位移

假定作用于两侧的水平地基是随着衬砌向地基内位移产生的，在衬砌水平直径的上下45°中心角范围内呈三角形(以水平直径上的点为顶点)分布。水平直径上点的土反力与衬砌向地基内的水平位移成正比。

考虑了地基的位移 δ：

$$\delta=\delta_1-\delta_2 \tag{9-25}$$

式中：δ_1——土、水压引起的 B 点位移；

δ_2——地基反力引起的与上述方向相反的 B 点位移。

$$\delta=\frac{(2p_1-q_1-q_2)R_c^4}{24(\eta EI+0.0454kR_c^4)}=0.000\,163\,74(\mathrm{m})$$

地基反力 $q=k\delta=3.27\times10^5\,\mathrm{Pa}\ (k=2\,000\mathrm{N/m^3})$

d. 荷载分布

垂直方向的荷载强度：

$$P_{e1}=5.360\times10^4\,\mathrm{Pa}$$

$$P_{w1}=1.30\times10^5\,\mathrm{Pa}$$

$$P_{e2}=1.635\times10^5\,\mathrm{Pa}$$

$$P_{w2}=2.010\times10^4\,\mathrm{Pa}$$

$$P_g=1.021\times10^4\,\mathrm{Pa}$$

水平方向的荷载强度：

$$q_{e1}=2.075\times10^4\,\mathrm{Pa}$$

$$q_{w1}=1.306\,3\times10^5\,\mathrm{Pa}$$

$$q_{e2}=3.995\times10^4\,\mathrm{Pa}$$

$$q_{w2}=2.010\times10^5\,\mathrm{Pa}$$

自重 g：

$$g = 0.325 \times 10^4 \mathrm{Pa}$$

地基反力：

$$k\delta = 0.327 \times 10^4 \mathrm{Pa}$$

图 9-14～图 9-17 给出了根据荷载计算结果获得的荷载分布。

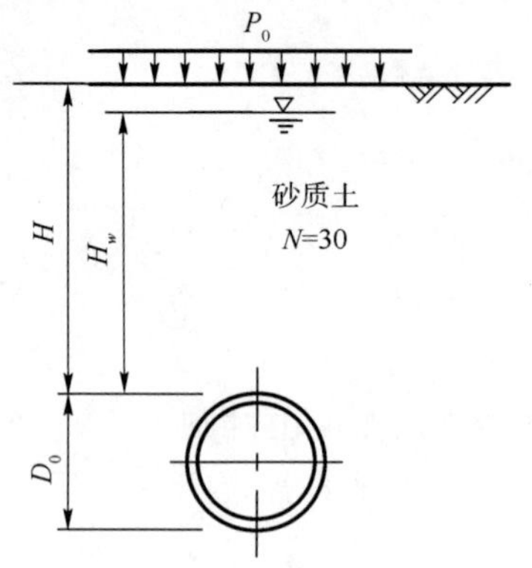

图 9-14 土质条件

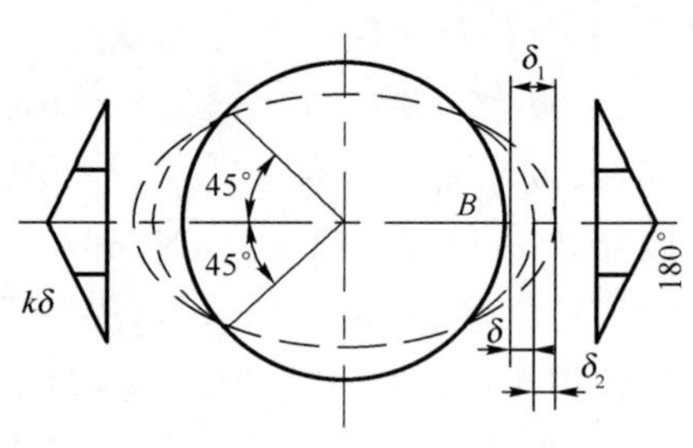

图 9-15 地基反力

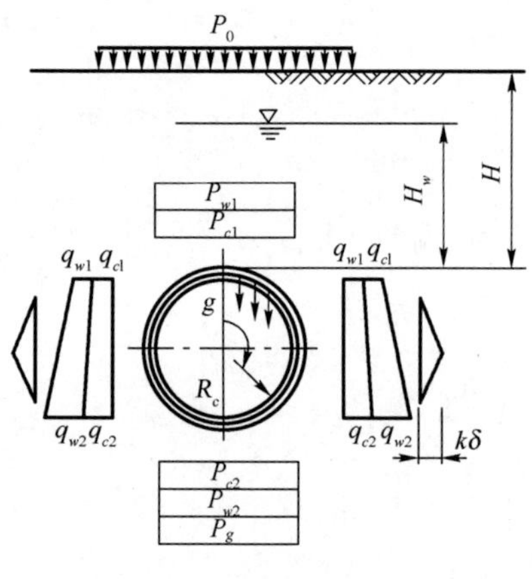

图 9-16 荷载分布

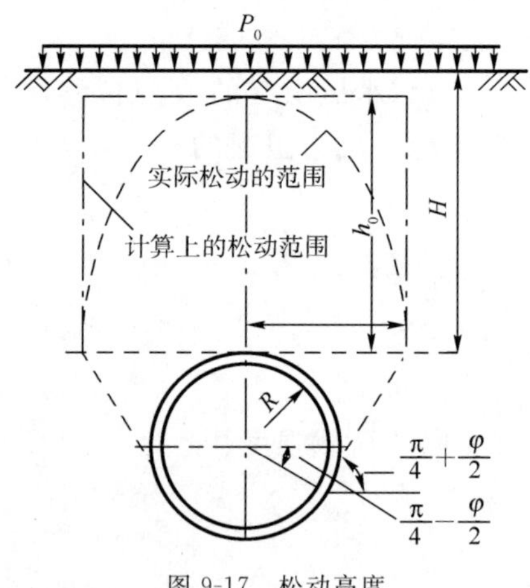

图 9-17 松动高度

②管片环截面力计算

计算相对于外荷载的管片环截面力时，假定的管片形状如图 9-18 所示，各参数如管片条件中所述。

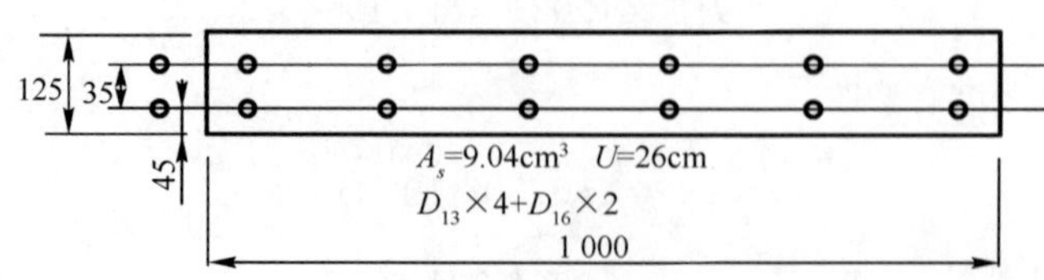

图 9-18 管片的环截面

外荷载在管片环上产生的截面力，采用常规计算法计算，结果见图 9-19 和表 9-3 及表 9-4。

截 面 力 的 计 算 表 9-3

θ(°)	M(×10⁴ N·m/m)	N(×10⁴ N/m)	Q(×10⁴ N/m)	θ(°)	M(×10⁴ N·m/m)	N(×10⁴ N/m)	Q(×10⁴ N/m)
0	0.652	27.800	0.000	100	−0.300	30.425	0.476
10	0.596	27.906	−0.393	110	0.161	30.388	0.500
20	0.439	28.202	−0.705	120	−0.026	30.359	0.449
30	0.212	28.636	−0.877	130	0.087	30.365	0.346
40	−0.039	29.131	−0.876	140	0.168	30.414	0.226
50	0.265	29.605	−0.712	150	0.215	30.501	0.117
60	−0.429	29.988	−0.436	160	0.237	30.599	0.043
70	−0.507	30.244	−0.118	170	0.243	30.676	0.009
80	−0.498	30.378	0.168	180	0.244	30.705	−0.000
90	−0.420	30.429	0.368				

最大截面力一览表(×10⁴ N·m/m)

表 9-4

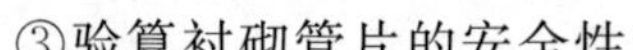

弯矩（正弯矩）	产生位置 θ°	0
	$(1+\zeta)M_{max}$	0.652
	N'(×10⁴N/m)	27.800
弯矩（负弯矩）	产生位置 θ°	70
	$(1+\zeta)M_{min}$	-0.507
	N'(×10⁴N/m)	30.244
剪力	产生位置 θ°	30
	Q_{max}(×10⁴N/m)	-0.877
	$(1+\zeta)M$	0.212
	N'(×10⁴N/m)	28.636

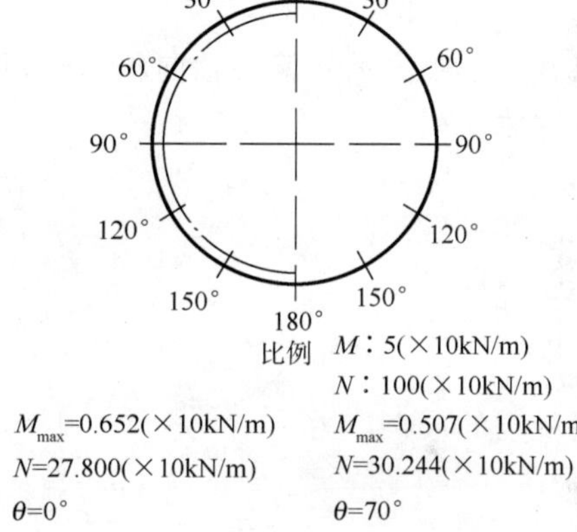

M_{max}=0.652(×10kN/m)
N=27.800(×10kN/m)
θ=0°

M_{max}=0.507(×10kN/m)
N=30.244(×10kN/m)
θ=70°

图 9-19 截面力图

③验算衬砌管片的安全性

a. 承受正弯矩和轴向力时

承受正弯矩和轴向力时的应力分布见图 9-20。

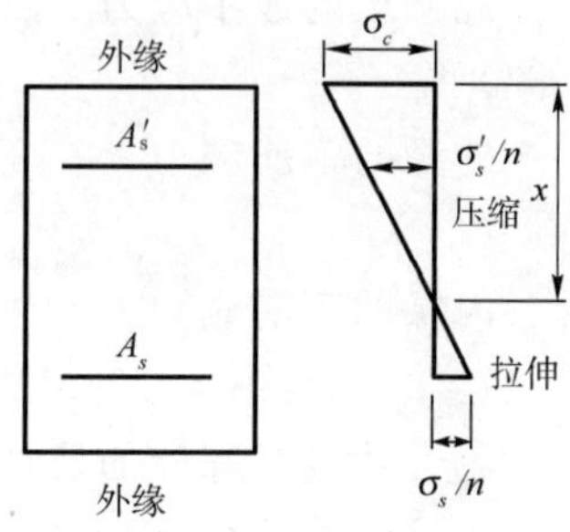

图 9-20 应力分布(正弯矩)

弯矩：$(1+\xi)M_{max}=6.52$kN·m/环

轴力：$N'=278.0$kN/环

$e=2.345>k=1.928$

管片心外承受偏心轴向压力时：

从受压力缘到中心轴的距离：$x=11.191$cm

混凝土的应力（“+”号为压应力）：

$$\sigma_c = 4.09\times10^6\,\text{Pa}\leqslant 15\text{MPa}$$

钢筋应力（“+”号为拉应力，“−”号为压应力）：

$$\sigma_s = -12.02\text{MPa}\leqslant 200.00\text{MPa}$$

$$\sigma'_s = -42.19\text{MPa}\leqslant 200.00\text{MPa}$$

注：此处不等号按绝对值判断。

b. 承受负弯矩和轴向力时

承受负弯矩和轴向力时应力分布见图 9-21，主截面参数见图 9-22。

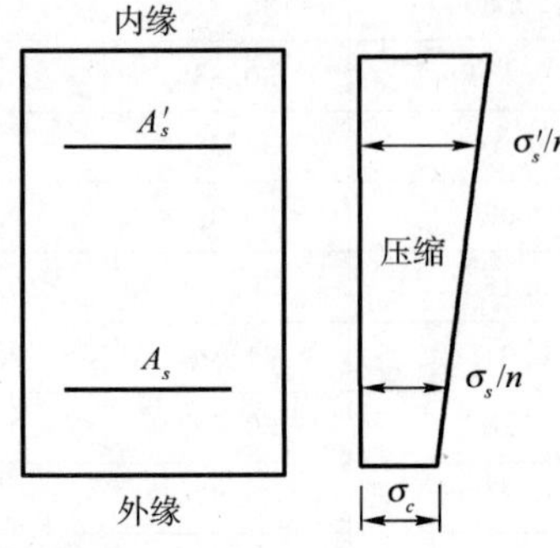

内缘
A_s'
A_s
外缘
σ_s'/n
压缩
σ_s/n
σ_c

图 9-21　应力分布(负弯矩)

主截面
b
d'
x
A_s'
A_s
d
h
b=100.0cm
h=12.5cm
d=9.0cm
d'=3.5cm
A_s=9.040cm²
(D_{13}×4+D_{16}×2)
A_s'=9.040cm²
(D_{13}×4+D_{16}×2)

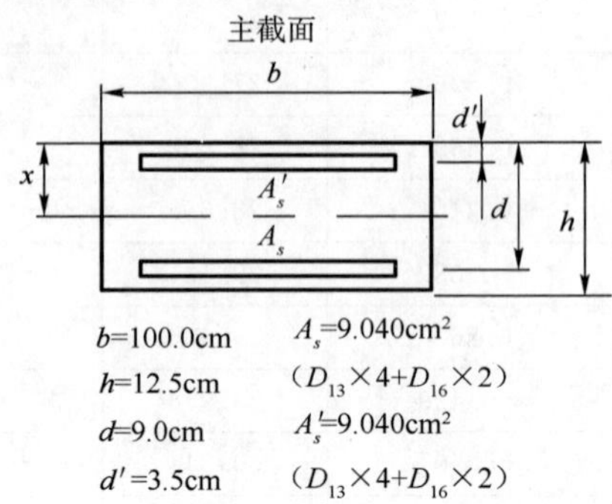

图 9-22　主截面参数

弯矩：$-(1+\xi)M_{\min}=-5.07\text{kN}\cdot\text{m}/$ 环

轴力：$N'=302.44\text{kN}/$ 环

$$e=-1.676\leqslant k=-1.928$$

当管片形心内承受偏心轴向压力时，则有：

等效截面积

$$A=1\,521\text{cm}^2$$

截面惯性矩

$$I=18\,327\text{cm}^4$$

混凝土的最大应力

$$\sigma'_c=\frac{N'}{A}+\frac{M}{I}\frac{h}{2}=3.72\text{MPa}\leqslant 15\text{MPa}$$

混凝土的最小应力

$$\sigma_c=0.26\text{MPa}\leqslant 15\text{MPa}$$

外缘的钢筋应力

$$\sigma_s=18.42\text{MPa}\leqslant 200\text{MPa}$$

内缘的钢筋应力

$$\sigma'_s=-41.23\text{MPa}\leqslant 200.0\text{MPa}$$

④管片接头螺栓的设计

连接缝抵抗弯矩应该不小于管片自身抵抗弯矩的 60%。管片连接断面图如图 9-23。

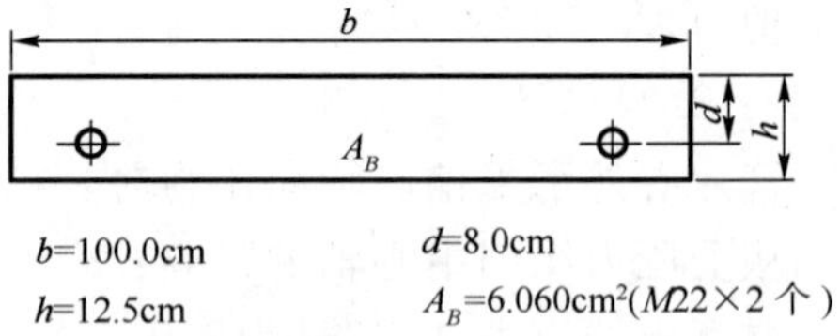

b
d
h
A_B
b=100.0cm
h=12.5cm
d=8.0cm
A_B=6.060cm²(M22×2 个)

图 9-23　管片连接断面

a. 管片自身的抵抗弯矩

当内力 $N=0$ 时，受压区峰值纤维与中和轴线的距离(受压区高度)x：

$$x=-\frac{n(A_s+A'_s)}{b}+\sqrt{\left[\frac{n(A_s+A'_s)}{b}\right]^2+\frac{2n(A_sd+A'_sd')}{b}}$$

$$=3.711(\text{cm})$$

当受压区峰值压力达到 15MN/m^2 时管片的自身抵抗弯矩 M_{rc}（15MN/m^2 是混凝土允许的最大抗压强度）：

$$M_{rc}=\left[\frac{bx}{2}\left(d-\frac{x}{3}\right)+\frac{nA'_s(x-d')(d-d')}{x}\right]\sigma_{ca}=22.24\text{kN}\cdot\text{m/环}$$

当钢筋应力达到 200MN/m^2 时管片自身的抵抗弯矩 M_{rs}（其中 200MN/m^2 是钢筋允许的最大抗拉强度）：

$$M_{rs}=\frac{\left[\frac{bx}{2}\left(d-\frac{x}{3}\right)+\frac{nA'_s(x-d')(d-d')}{x}\right]\sigma_{ra}}{n(d-x)}=13.87\text{kN}\cdot\text{m/环}$$

则单块管片的容许弯矩为：

$$M_r=\min(M_{rc},M_{rs})=M_{rs}=13.87\text{kN}\cdot\text{m/环}$$

b. 管片接头的容许弯矩（管片连接断面见图 9-23）

当内力 $N=0$ 时，受压区峰值纤维与中和轴线的距离 X（受压区高度）：

$$x=\frac{nA_B}{b}\left(-1+\sqrt{1+\frac{2bd}{nA_B}}\right)=3.011(\text{cm})$$

当受压区峰值压应力达到 15MN/m^2 时连接缝的抵抗弯矩 M_{jrc}（15MN/m^2 是混凝土允许的最大抗压强度）：

$$M_{jrc}=\frac{bx}{2}\left(d-\frac{x}{3}\right)\sigma_{ca}=15.80\text{kN}\cdot\text{m/环}$$

$$M_{jrB}=A_B\left(d-\frac{x}{3}\right)\sigma_{Ba}=10.180\text{kN}\cdot\text{m/环}$$

当钢筋应力达到 240MN/m^2 时连接缝的抵抗弯矩 M_{jr}（240 MN/m^2 是螺栓允许应力）：

$$M_{jr}=\min(M_{jrc},M_{jrB})=M_{jrB}=10.180\text{kN}\cdot\text{m/环}$$

则 $M_{jr}/M_r=10.180/13.87=0.733>0.6=60\%$，所以可行。

⑤千斤顶推力

对千斤顶推力从管片厚度的中心向内缘侧偏离 1.0cm 的情况进行研究。千斤顶推力作用简图如图 9-24 所示。

e 为一个盾构千斤顶的中心推力与衬砌管片中心偏心距，$e=1.0\text{cm}$；

P 为每个盾构千斤顶的推力，$P=1\,000\text{kN}$；

l_s 为相邻两个千斤顶的距离，$l_s=10\text{cm}$；

σ_c 为混凝土管片最大抗压强度，MN/m^2；

N_j 为盾构千斤顶数量，$N_j=10$ 片；

t 为管片厚度，$t=12.5\text{cm}$；

B 为定位板中心弧长；

A 为作用在衬砌管片上一个千斤顶推力的接触面积 $A=Bt$。

$$B=\frac{2\pi R_c}{N_j}-l_s=2\pi\times1.612\,5/10-0.1=0.912\,3\text{m};$$

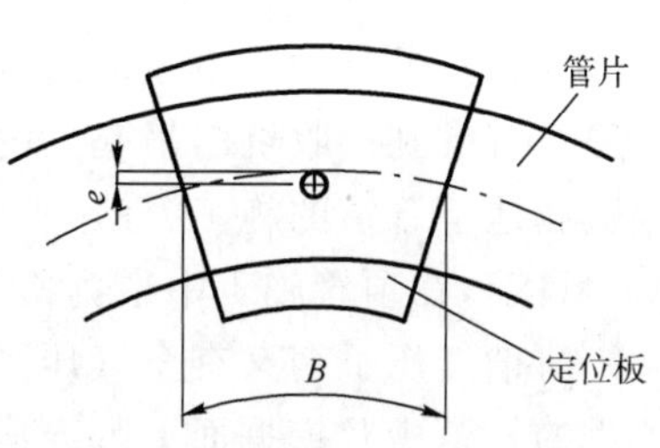

图 9-24　千斤顶推力作用简图

$$A = Bt = 0.1141\text{m}^2;$$

截面惯性矩：$I = \dfrac{Bt^3}{12} = 0.00014863\text{m}^4$；

则混凝土的最大压应力：

$$\sigma_c = \frac{P}{A} + \frac{pe\dfrac{t}{2}}{I} = 13\text{MN/m}^2 < \sigma_{ca} = 15 \times 1.65 = 24.75(\text{MN/m}^2)。$$

⑥结论

衬砌管片设计承载值相对于设计负荷是安全的。

9.5 顶管结构

9.5.1 概述

顶管技术(Pipe Jacking)是一种非开挖技术管道铺设方法，同时也是以顶管施工原理为基础的一些非开挖铺管技术的总称。

顶管技术最初主要用于穿越路基铺设保护套管，目前在该领域仍被广泛采用。随着技术的不断进步，该技术也可直接应用于管道铺设，而不再需要保护管道。特别是顶管施工中的沉降控制技术，在穿越建筑密集区、江河以及各种地下管道时已得到广泛应用。顶管施工法极大地减少了对周边环境和居民生活的影响，有利于在工程中做好文明施工。现在顶管法一般用于修建中小型地下市政管道，以前这类工程一般采用明挖法施工。与明挖法相比，顶管施工具有以下优点：

(1)减少开挖量和土石方运输成本。

(2)顶管法相比明挖法更加环保，除工作井外的大部分工程都处于地下，不会污染外部环境。

(3)不影响交通，特别适于城市内部的施工。

(4)在直径大于 900 mm 的管道中可以进入施工，而顶管施工操作人员比常规的隧道施工方法容易培训。

(5)施工过程中不会受到天气情况的影响。

基于以上原因，顶管技术在市政管道工程和地下通道工程中正被广泛地运用，在近 30 年中得到快速的发展，该技术在许多国家已取代了传统方法，成为施工直径小于 3 000mm 管道的主要方法。该技术在我国也有巨大的市场需求，如在我国西气东输等重大工程的管道穿越长江和黄河的控制性工程项目中该技术已发挥了至关重要的作用，并引起了各级政府和环境部门的高度重视。

顶管法是借助于主顶油缸及管道间中继间等的推力，使工具管或掘进机从工作坑内穿过土层一直推到接收坑内吊起，并把紧随工具管或掘进机后的管道埋设在两坑之间的一种修建隧道和地下管道的施工方法，见图 9-25。

目前，在顶管施工中最为常见的有三种平衡理论：气压平衡、泥水平衡和土压平衡理论。

所谓气压平衡又有全气压平衡和局部气压平衡之分。全气压平衡使用得最早，它是在所顶进的管道中及挖掘面上都充满一定压力的空气，以空气的压力来平衡地下水的压力。而局部气压平衡则往往只有掘进机的土仓内充以一定压力的空气，达到平衡地下水压力和疏干挖掘面土体中地下水的作用。所谓泥水平衡理论就是以含有一定量黏土的且具有一定相对密度的泥浆水充满掘进机的泥水舱,并对它施加一定的压力,以平衡地下水压力和土压力的一种顶管施工理论。按照该理论,泥浆水在挖掘面上能形成泥膜,以防止地下水的渗透,然后再加上一定的压力就可平衡地下水压力,同时,也可以平衡土压力。该理论用于顶管施工始于20世纪50年代末。所谓土压平衡理论就是以掘进机土舱内泥土的压力来平衡掘进机所处土层的土压力和地下水压力的顶管理论。

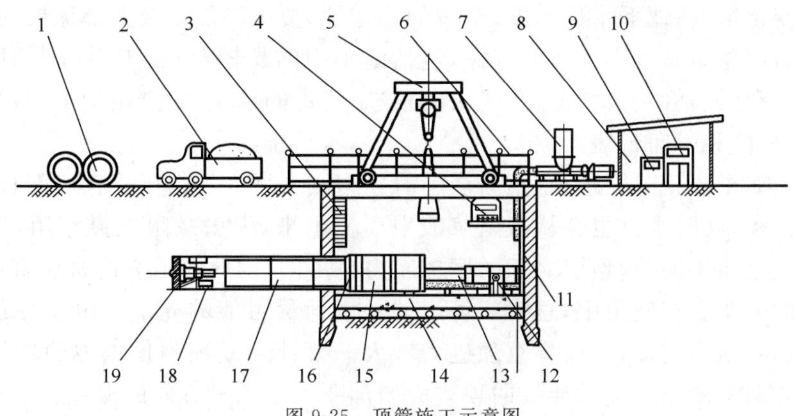

图 9-25 顶管施工示意图

1-混凝土管;2-运输车;3-扶梯;4-主顶油泵;5-行车;6-安全扶栏;7-润滑注浆系统;8-操纵房;9-配电系统;10-操纵系统;11-后座;12-测量系统;13-主顶油缸;14-导轨;15-弧形顶铁;16-环形顶铁;17-混凝土管;18-运土车;19-机头

现在,长距离大口径的顶管日渐增多,顶管施工作为一种常规施工工艺已广泛地被接受,一次顶进的距离也越来越长,最长一次连续顶进距离可达千米之远。为了克服长距离大口径顶进过程中所出现的推力过大的困难,注浆减阻成了重要研究课题。

另外,由于中继环接力顶推装置、触变泥浆减阻顶进技术、自动测斜纠偏技术、曲线顶管技术等新技术的发明,大大推进了顶管技术的发展。从世界范围来看,顶管施工有以下趋势:顶管连续顶进距离越来越长;顶管的精度越来越高,其上下和左右偏差都能控制在5~10 mm的范围内;施工水平越来越高,不仅能够直线项管,而且能够进行三维曲线顶管。另外,顶管技术除了向大口径管的顶进发展以外,也向小口径管的顶进发展,从顶管掘进机的口径来看,有小到75mm的超小口径顶管到3~4m的大口径顶管,并且几乎与所有地质条件都相适应的顶管掘进机。

9.5.2 顶管设计计算

顶管技术中的顶进力(Jacking Loads)是在施工中推进整个管道系统和相关机械设备向前运动的力,需要克服顶进中的各种阻力(摩阻力、工具管前端的迎面阻力或称为贯入阻力等),同时在顶进过程中还不断受到各种外界因素(纠偏、后背的位移等)的影响。所以在顶管工程实施之前,准确计算所需的顶进力不仅有利于合理设计顶进工作站和中继站,而且对于后背墙的设计也是至关重要的。

在顶管施工中,一旦施工的顶进长度确定以后,就可以据此来确定顶进力;然后根据所确定的顶进力的大小来分别进行顶进管道、顶进设备和后背墙等的选择和设计。现浇后背的修建费用占总造价的比率很高,所以尽可能算出接近实际顶力值以便经济合理地选定后背结构形式。如后背结构的设计荷载小于实际顶力值,在最大顶力作用下除后背破坏外,还可能使后背土体破坏，以致地面隆起使后背土体丧失承载能力、工程停顿。如估算的顶力过大，就会提高后背造价。

(1)顶进力的计算

①顶进力的影响因素

顶管施工中的顶进力主要用来克服迎面阻力和作用于管线上的摩阻力，所以影响顶进力的主要因素有顶进管道的尺寸、形状、自重和外表面的性质；施工管线的长度；土层类型及其在施工过程中的变化情况；地下水位高度；土体的稳定性；覆土厚度以及上部地层的重度；地表的荷载情况。顶力值还涉及施工方案的选择，包括施工中的超挖量；施工中所采用的润滑措施；管接头处的台阶和(或)管接头变形；曲线段的顶进；管道的错位；中继站的采用；管道的顶进速度；施工停顿的频度和时间长短。

顶进过程中如果停止时间过长，重新启动时顶力则会增大。由于停顿时间长，四周松土会坍落在管壁上抱实，同时水分也会从减阻浆液中离析出来，失去减阻支撑作用，顶进阻力则增大。管道表面的材质不同，和地层之间的摩擦阻力也不同，因此管道表面材质直接影响着施工中所需顶进力的大小。在施工中，总希望管道的外表面尽可能的光滑。由于在顶进中不断出现偏差，校正过多，阻力增加，从而导致顶进力增大。要计算或预测顶进力的增加幅度是比较困难的。垂直方向上的施工偏差导致的顶进力增加要大于水平方向的偏差。上述大部分影响是针对摩擦阻力的。其中只有少数针对迎面阻力，以下分别讨论。

②迎面切入阻力计算

德国人对顶管施工时切削工具管的切入阻力研究较多，其中 Herzog 通过对打入桩的深入观察研究，并和顶管技术现场记录成功地结合起来，建立了如下水平顶管切削阻力计算公式：

$$P_s = \pi D_s t_s p_s \tag{9-26}$$

式中：P_s ——切削阻力，kN；

D_s ——顶管机外径，m；

t_s ——切削工具管的壁厚，m；

p_s ——单位面积土的端部阻力，kN/m²，见表 9-5。

不同地层的单位面积土的端部阻力 表 9-5

土层类型	p_s (kN/m²)	土层类型	p_s (kN/m²)
软岩、固结土	12.000	松散砂层	2.000
砂砾石层	7.000	硬—坚硬黏土层	3.000
致密砂层	6.000	软—硬黏土层	1.000
中等密实砂层	4.000	粉砂层、淤积层	4.000

这里值得说明的是，Herzog 认为顶管作业是在岩石中掘进，而不是简单地将管道在已开挖好的空洞中向前推进，所以，在岩石中的端部阻力取值较大。

③顶管施工摩擦阻力的分析计算

由于顶管施工中的摩擦阻力受很多因素影响，所以很难对其进行精确计算。一般采用单位面积上摩擦阻力的经验值乘以管道的总的外表面积即得顶进力。不同地层中的摩阻力相差太大，所以这种经验计算方法实际上没有多大的实用价值。下面将介绍有关摩阻力的理论分析计算方法。

Herzog 采用下面的公式来计算管道运动时的阻力：

$$P_p = \pi D_p L f_2 \frac{p_v + p_h}{2} \tag{9-27}$$

式中：P_p ——管道摩阻力，kN；

D_p ——管道外径，m；

f_2 ——摩擦系数，见表 9-6；

p_v ——垂直土压力，kN/m^2；

p_h ——水平土压力，kN/m^2；

L ——管道长度，m。

一般认为，总推力为迎面切入阻力和各种摩擦阻力之和，将总推力记为 F，则有：

$$F = P_s + P_p \tag{9-28}$$

在顶进过程中，由于不断受到各种外界因素的影响，如土质、误差校正、千斤顶行程的同步性、后背的位移等，所以管子周壁的受力状态经常是处于变化之中，变化情况事先又难以估测，如考虑到这种因素，确定顶进设备能力时一定要有适当的安全系数，以便克服在顶进过程中所遇到的各种意外阻力，既应保证安全可靠的顶力值，也要考虑施工的经济性。

管壁与土间的摩擦系数 表 9-6

地层类型	摩擦系数 f_2	
	钢管	混凝土管
砾石层	0.55	0.88
砂层	0.45	0.65
亚黏土(砂质黏土)、泥灰土	0.35	0.40
低级黏土(软的淤积土)	0.30	0.35
黏土	0.20	0.25

④顶进力计算例题

某工程顶进直径为 1 770mm 的钢筋混凝土管，顶进长度 L 为 20m，管顶覆土为黏土层，深度 H 为 4m，土重度 $\gamma = 17kN/m^3$，土的摩擦角 $\varphi = 20°$，摩擦系数 $f = 0.25$，被动土压力系数 K_p 为 0.85，求最大顶力值。设混凝土管外径 $D_1 = 2\,050mm$，管节单位长度重量 $G = 25kN/m$。

由表 9-6 查得 $p_s = 1\,000kN/m^2$ 。又壁厚 $t_s = (2\,050 - 1\,770)/2 = 140mm$，$D_1 = 2.05m$，故迎面切入阻力为：

$$P_s = \pi D_1 t_s p_s = 3.14 \times 2.05 \times 0.14 \times 1\,000 = 901kN$$

管顶的单位长度竖向土压力为：

$$P_v = K_p \gamma H D_1 = 0.85 \times 17 \times 4 \times 2.05 = 118.5kN$$

管侧的单位长度水平土压力为：

$$P_h = \gamma\left(H + \frac{D_1}{2}\right) D_1 \tan^2\left(45° - \frac{\varphi}{2}\right) = 17(4 + 2.05 \div 2) \times 2.05 \times \tan^2 35° = 85.8kN$$

则管道摩阻力为：

$$Pp = \pi D_1 L f_2 \frac{p_v + p_h}{2} = 3.14 \times 2.05 \times 20 \times 0.25 \times (118.5 + 85.8)/2 = 3\ 288\text{kN}$$

则全管段总推力值：

$$F = P_s + P_p = 901 + 3\ 288 = 4\ 189\text{kN}$$

(2)后靠背的设计计算

①后背的功能

后背主要的功能是在顶进过程中自始至终地承担主顶工作站顶管前进时的后坐力。后背的最低强度应保证在设计顶进力的作用下不被破坏，要求其本身的压缩回弹量为最小，以利于充分发挥主顶工作站的顶进效率。当受到主顶工作站的反作用力时，后背材料受压缩而产生变形，卸荷后要恢复原状。如压缩回弹量大，会导致大量行程消耗在后背墙压缩变形上，从而大大降低千斤顶的有效行程，使顶进效率降低，故后背必须具有足够的刚度。后背墙表面应平直，并垂直于顶进管道的轴线，以免产生偏心受压，使顶力损失和发生质量、安全事故。后背材料的材质要均匀一致，以免承受较大的后坐力时造成后背材料压缩不匀，出现倾斜现象。在顶进过程中，由于土质、设备和操作等原因，导致管子的方向或高程出现偏差，这种偏差称为顶进误差，简称误差。这种误差将导致顶力增加，应尽量避免；否则，当误差出现时，校正操之过急易造成管线上出现折线段、错口等现象，从而导致顶力不断增加，使后背遭到破坏。

②后背的计算原理

后背土体受压后产生的被动土压力应按下式计算：

$$\sigma_p = K_p \gamma h \tag{9-29}$$

式中：σ_p ——被动土压力，kN/m^2；

K_p ——被动土压力系数；

γ ——土的重度，kN/m^3。

被动土压力系数与土的内摩擦角有关，其计算式如下：

$$K_p = \tan^2\left(45° + \frac{\varphi}{2}\right) \tag{9-30}$$

不同的 K_p 值见表 9-7。

土的被动土压系数值 表 9-7

土名称	φ(°)	被动土压力系数 K_p	土名称	φ(°)	被动土压力系数 K_p
软土	10	1.42	粉土	27	2.66
黏土	20	2.04	砂土	30	3.00
砂黏土	25	2.46	砂砾土	35	3.69

当顶力通过后背传到土体后，土受压缩产生位移，同时产生被动土压力作用于后背上。这种被动土压力称土抗力，在计算后背土的承载能力时，引入土抗力系数 K_r。此时后背土的承载能力可按下面公式进行计算：

$$R_c = K_r BH\left(h + \frac{H}{2}\right)\gamma K_p \tag{9-31}$$

式中：R_c ——后背土的承载能力，kN；

K_r ——后背的土抗系数；

B ——后背墙的宽度，m；

H ——后背墙的高度，m；

h ——后背墙顶至地面的高度，m；

γ ——土的重度，kN/m^3；

K_p ——被动土压力系数。

后背的结构形式不同，使土受力状况也不一样，为了保证后背的安全，根据不同后背的形式，采用不同的土抗力系数值。

思 考 题

1.装配式衬砌的作用主要表现在哪些方面？

2.管片衬砌按其材料可分为几大类？盾构法修建的区间隧道衬砌包括哪几大类？各自的特点是什么？

3.装配式衬砌施工阶段的荷载有哪些？如何考虑这些荷载对结构安全性的影响？

4.试分析顶管施工最常用的三种平衡理论。

5.阐述顶管顶进力的计算步骤以及后背墙的设计步骤和方法。

6.如图 9-14 所示，已知：圆形隧道的计算半径为 3m，隧道埋深为 12m，地下水位高于隧道顶部 8m，土体的天然重度为 18.5kN/m，饱和重度为 23.5kN/m，计算摩擦角 45°，其他的已知条件详见本章例题。试设计该管片衬砌结构。

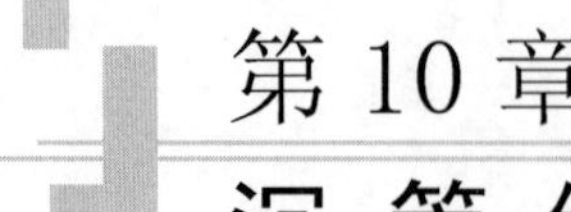

第10章 沉管结构

10.1 概　　述

沉管法亦曾称作预制管段沉放法，简单地说，就是先在干坞中或船台上预制大型混凝土箱形构件或是混凝土和钢的组合箱形构件，并于两端用临时隔墙封闭，舾装好托运、定位等设备，然后将这些浮运沉放在河床上预先挖好的沟槽并连接起来，最后回填砂石（图 10-1）并拆除隔墙形成隧道。

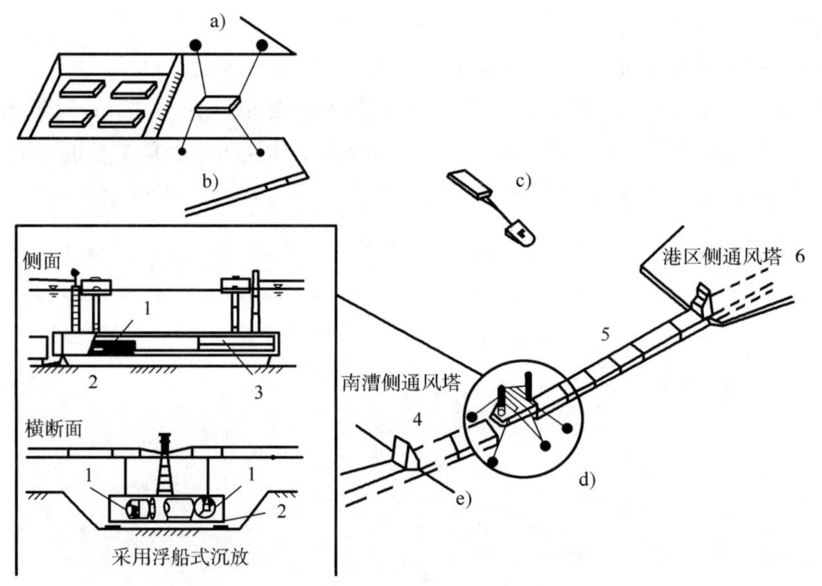

图 10-1　沉管隧道施工方法概念示意图

a)沉埋隧道的制作：在沉埋管段制作场或干船坞内制作；b)舾装：将从船坞运出的沉管管段装上沉放作业用的锚索装置；c)浮运：用拖船拖到沉放预制地点；d)沉放作业：用沉放作业船沉放到预先浚挖好的沟槽内的预定位置，与预先沉放的沉埋管段进行水中连接；e)回填：用砂土回填

1-水平衡镇重箱；2-临时支撑用混凝土块；3-水平衡镇重物；4-沉放预定部分；5-沉放管段；6-陆上隧道部分

10.1.1　沉管法的主要特点

沉管法的主要特点表现在：

①隧道深度与其他隧道相比，因能够设置在只要不妨碍通航的深度下，故隧道全长可以缩短。

②隧道管段是预制的，质量好，水密性高。

③因有浮力作用在隧道上,所以视比重小,要求的地层承载力不大,故也适用于软弱地层。

④断面形状无特殊限制,可按用途自由选择,特别适应较宽的断面形式。

⑤沉管的沉放,虽然需要时间,但基本上可在1～3日内完成,对航运的限制较小。

⑥不需要沉箱法和盾构法的压缩空气作业,在相当水深的条件下,能安全施工。

⑦因采用预制方式施工,效率高,工期短。

但在挖掘沟槽时,会出现妨碍水上交通和弃渣处理等问题。

10.1.2 断面形状和结构形式

沉管隧道按设计断面可分为:圆形和矩形两类,其设计、施工及所用材料有所不同。

(1)圆形沉管隧道

这类沉管内边均为圆形,外边则为圆形、八角形或花篮形,多半用钢壳作为防水层,见图10-2。

(2)矩形沉管隧道

在每个断面内可以同时容纳2～8个车道,矩形断面的空间利用率较高,且不需要钢壳,节省钢材,因而目前大多采用矩形断面沉管。一般来说,圆形多为钢壳方式,长方形多为干船坞方式,见图10-3。

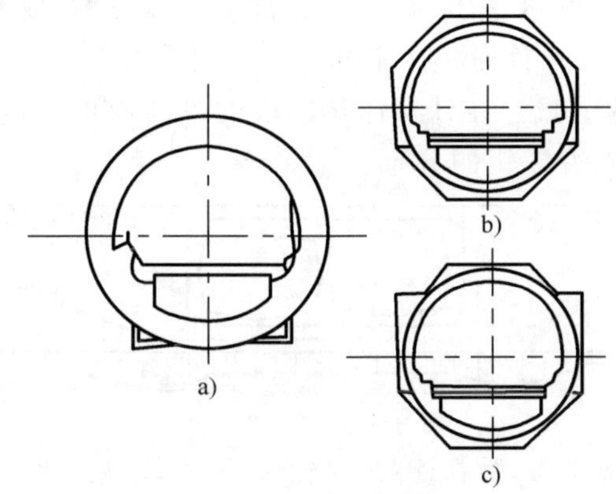

图10-2 圆形沉管

a)圆形;b)八角形;c)花篮形

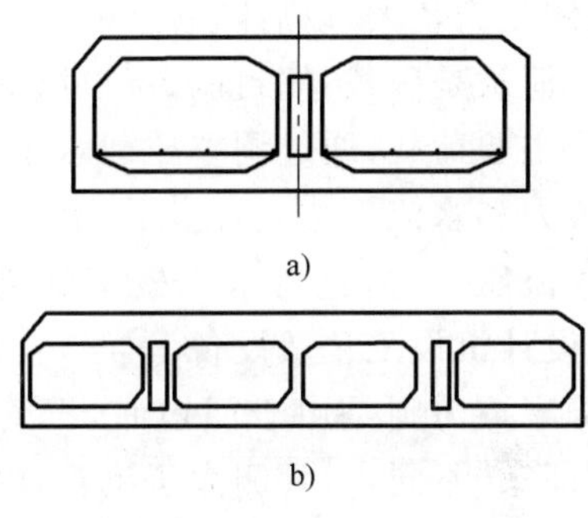

图10-3 矩形沉管

a)6车道的矩形沉管;b)8车道的矩形沉管

按施工和所采用的材料不同可分为如下几种。

(1)钢壳圆形断面

圆形断面对水和土压等外压来说,构件断面力主要是轴力,受力条件有利。在水深条件下采用这种断面是经济的。

(2)钢壳长方形断面

此种断面在日本和美国都采用过。但要注意保证在浮运状态下,灌筑混凝土时的刚性。宽度越大,越要注意加强。其钢材用量较大。

(3)钢筋混凝土长方形断面

因在干船坞内制造节段,对节段大小无很大限制,故可制造大宽度的节段。与圆形断面比,无效空间大为减小。从力学角度看,对外压来说,弯矩是主要的。因此,断面要比圆形厚些。因节段的宽度大,基底的处理要困难些。

(4)预应力混凝土长方形断面

其最大的特点是,因导入预应力而减少开裂,提高了水密性。与钢筋混凝土相比,构件厚度小些，节段重量也轻些。因而节段高度变小，故土方量减少。但在制造节段时，要注意钢材锚固段的防水处理和预应力的偏心等。除上述断面外，尚有一些变化断面，如眼镜断面、长方形的变形断面等。

10.2 沉管结构设计简介

10.2.1 沉管结构所受的荷载

作用在沉管结构上的荷载有：结构自重、水压力、土压力、浮力、施工荷载、波浪和水流压力、沉降摩擦力、车辆活荷载、沉船荷载、地基反力、温度应力、不均匀沉降所产生的附加应力、地震等作用。

上述荷载中，作用在沉管上的水压力是主要荷载。尤其是覆土高度较小时，水压力常是最大荷载。水压力又非定值，常受高低潮位的影响，还需要考虑台风时和特大洪峰时的水位压力。

作用在沉管上的垂直向土压力，一般为河床底到沉管顶面间的土体重量。在河床不稳定地区，还要考虑水位变迁的影响。作用在沉管侧面上的水平土压力，并非常量，在隧道建成初期，土的侧压力较大，以后随着土的固结发展而减小。设计时按照不利组合分别取用。

施工荷载是压载、端封墙、定位塔等施工设施的重量。在计算浮运阶段的纵向弯矩时，这些荷载是主要荷载，通过调整压载水箱的位置可以改变弯矩的分布。

波浪力和水流压力对结构设计影响很小，但对于水流压力，需进行水工模型试验予以确定，据此设计沉设工艺及设备。

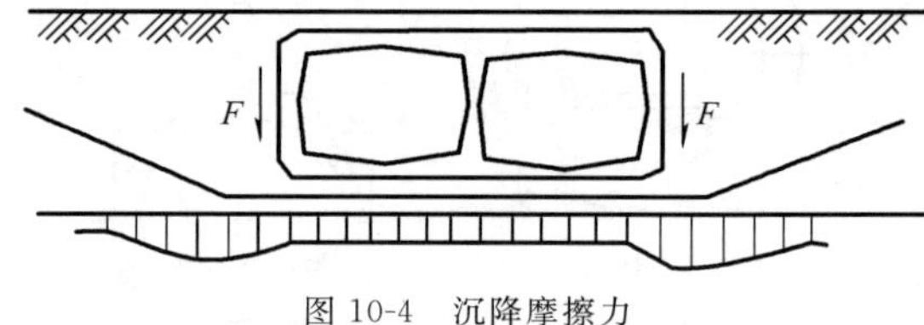

图 10-4　沉降摩擦力

沉降摩擦力则是由于回填后，沉管沉降和沉管侧沉降并不同步，管侧大于沉管，因此在沉管侧壁外承受向下的摩擦力(图 10-4)。为了降低摩擦系数，常在侧壁外喷涂软沥青，以减少摩擦。

在水底隧道中，车辆交通荷载则往往可以忽略。沉船荷载由于产生的几率太小，对此项荷载是否计算，计算采用荷载值的大小仍在探讨之中。

地基反力的分布规律，有如下各种不同的假设：

①直线分布。

②反力强度和各点沉降量成正比，即文克尔假定，又可以分为单一系数和多种地基系数两种。

③假定地基为半无限弹性体，按弹性理论计算反力。

沉管内外壁之间存在温差，外壁基本上与周围土体一致，可以视作恒温，而内壁的温度与外界一致，四季变化。一般冬季外高内低，夏天外低内高，温差将产生温度应力。由于内外壁之间的温度递变需要一个过程，一般设计需要考虑持续 5～7d 的最高温度和最低温度的温差。

10.2.2 浮力设计

沉管结构设计中必须考虑浮力设计，内容包括干舷的选定和抗浮安全系数的验算，浮力设计后，可以确定沉管结构的高度与轮廓尺寸。

(1)干舷

管段在浮运时，为了保持稳定，必须使管顶面露出水面，其露出高度称为干舷。具有一定干舷的管段，遇风浪后产生反向力矩，保持平衡。

一般矩形断面管段，干舷为 10～15cm，而圆形和八角形断面的管段，则多为 40～50cm。干舷的高度应适中，过小其稳定性差，过大则沉设困难。

有些情况下，由于沉管的结构厚度较大，无法自浮，可以设置浮筒、钢或木围堰助浮。另外，管段制作时，混凝土重度和模壳尺寸常有一定幅度的变动，而河水重度也有一定的变化幅度，浮力设计时，按照最大混凝土重度、最大混凝土体积和最小河水的重度来计算干舷。

在进行干舷设计时，干舷计算的理论值也受到很多因素影响，其计算公式如下：

对于矩形断面的管节，根据浮力平衡的原则有：

$$B-G=WLf\gamma_w \tag{10-1}$$

即：

$$f=\frac{B-G}{WL\gamma_w} \tag{10-2}$$

式中：f——干舷高度；

W——管节全宽；

L——管节全长；

γ_w——水的重度；

B——管节总排水量，即全沉没后的总浮力；

G——管节重量。

对于顶面带有倒角的矩形断面的管节，其浮力平衡方程为：

$$B-G=(W-2a+f)fL\gamma_w \tag{10-3}$$

即：

$$f^2+(W-2a)f-\frac{B-G}{L\gamma_w}=0 \tag{10-4}$$

式中：a——管节顶面倒角宽度；

其余符号意义与式(10-2)相同。

(2)抗浮安全系数

在管段沉设施工阶段，应采用 1.05～1.1 的抗浮安全系数。管段沉设完毕后，回填土时，周围河水与砂、土相混，其重度大于原来河水重度，浮力亦相应增大。因此施工阶段的抗浮安全系数，务必大于 1.05，防止“复浮”。

在覆土完毕以后的使用阶段，抗浮安全系数应采用 1.2～1.5，计算时可以考虑两侧填土所产生的负摩阻力。

设计时需要按照最小混凝土重度、最小混凝土体积和最大河水的重度来计算抗浮安全系数，其计算公式为：

$$\text{抗浮安全系数}=\frac{\text{管体重量}}{\text{管体所占的空间}\times\gamma_{w\max}} \tag{10-5}$$

式中的管体重量已包括内部压载的混凝土重量，$\gamma_{w\max}$ 为最大河水密度。在实际情况中，如果考虑到覆土重量与管段侧面的负摩擦力的作用，抗浮安全系数会增大。

(3)沉管结构的外轮廓尺寸

在沉管式水底隧道中，总体几何设计只能确定隧管的内净宽度以及车道净空高度。沉管结构的外轮廓尺寸，必须通过浮力设计才能确定。在浮力设计中，既要保持一定的干舷，又要保证一定的抗浮安全系数。所以沉管结构的外廓高度，往往超过车道净空高度与顶底厚度之和。

10.2.3 结构分析

沉管段的结构设计，按横截面和纵截面分别进行。

(1)钢壳方式管段的设计

①横断面设计

钢壳方式管段的设计特征是钢壳同时要作为混凝土灌注时的模板。而灌注后的管段与干船坞方式的管段是一样的。

钢壳要与混凝土成为一体，作为永久构件存在。但在设计上，因存在腐蚀、残留应力的问题，与混凝土成为一体等问题，很难视为一个有效的承载构件。因此，目前多按临时构件来设计。

钢壳方式的管段，也曾试行按钢和混凝土的组合构件来设计，目前正在研究和试验之中，钢壳的横向强度，是按具有一定间隔的横向肋，形成各自独立的横向闭合框架和受到作用在肋间的荷载的平面骨架，来进行计算的。

横向的钢壳断面，一般决定于混凝土灌注时的应力。随着混凝土的灌注，吃水深度增加，而水压增大。设计断面也随之变化。因此，应对每一施工阶段的混凝土重量和水压进行应力计算，而后按最危险状态，决定钢壳断面。

在横断方向的混凝土灌注顺序，一般都是从下向上灌注的。灌注顺序的自由度不大。但对长方形断面的管段，因混凝土是按集中荷载作用的，为不使变形和应力过大，应仔细安排灌注量和灌注顺序。

②纵断面设计

把整个钢壳视为纵向的梁，按施工荷载研究强度和变形。设计状态可分为：进水时、混凝土灌注时、拖航停泊时等状态。

钢壳在船台上制作及纵向进水状态时，会产生比较大的应力，故多由此状态决定断面尺寸，但也应研究其他状态下的应力和变形。

混凝土灌注时的应力，视一次混凝土的灌注量、灌注地点、灌注顺序，有很大的变化，因此，一次灌注混凝土的区段和灌注顺序，要按使断面力最小的原则决定。

混凝土灌注产生的变形，因各灌注阶段的变形是重合的，在最终阶段，即使荷载分布是均匀的，也会有残留变形。所以，在决定灌注顺序时，要注意管段轴向的变形。

除上述状态外，还有牵引时波浪产生的应力、停泊时波浪产生的应力等，这些状态会产生局部集中应力而需加强。

(2)干船坞方式管段设计

①横断面的设计

用干船坞制作的钢筋混凝土管段，从施工的角度看，在应力方面是不会有问题的。决定横断面时，就是要注意对浮力的平衡。如干船坞的基础软弱时，要进行地层改良或采用桩基，以防止在制作中的管段产生有害的应力。

决定断面尺寸时，一般都按采用平面骨架结构进行应力计算。此时，作为结构系的支撑条件，要设定地基的反力系数。但其值的采用，要考虑地层的性质、基础的宽度等。

横断面构件的厚度，一般按钢筋混凝土构件的计算即可。但因沉管隧道主要是受水压、土压的作用，设计的荷载大半是常荷载。同时，在水下维修也是困难的。因此，混凝土和钢筋的应力，要根据开裂宽度、混凝土的流变影响等，加以充分研究后选定设计的目标值。

计算构件的厚度时，要考虑施工时钢筋的布置，特别是水深大的沉管隧道和大断面的沉管隧道，应按大直径钢筋，小间隔配置，使必要的钢筋量大于200kg/m。

除土压、水压、自重外，还要考虑地震、地层下沉、温度等的影响。因回填土比既有地层重量大，所以，管段侧面的地层会下沉，它对横断面的应力会产生一些影响。此影响，要按管段底面的下沉和作用在管段侧面的摩擦力来研究。

温度变化的影响，表现在构件内的温差所产生的应力和隧道外周构件和中壁的温差所产生的应力，应加以研究。

②纵断面的设计

管段的纵断面设计，除考虑混凝土灌注时、牵引时、沉放时的状态外，还有考虑完成后的地震影响、地层下沉影响、温度变化的影响等。

与横断面设计一样，一般的，施工时没有支配设计的状态。混凝土灌注时因是大体积灌注混凝土，会因温度的变化和混凝土的干燥收缩，产生开裂。在设计阶段应加以研究。

沉管隧道设置后，沿纵向有不均匀荷载作用以及基础地层有压密下沉时，要考虑地层下沉的影响。荷载之所以不均匀，是因为护岸附近的沉管隧道上部回填到地层高度所致。此时沉管隧道会产生下沉。因此，隧道可按支撑在弹性地基梁上来设计。

为考虑温度变化的影响，在采用可挠性接头，设计时要计算出伸缩量。一般的混凝土结构设计时，考虑10～15℃的温度变化量。沉管隧道的长度较长、管体的断面积也大，有可挠性接头时的伸缩量也大。刚性接头时，因约束变形，会沿轴向产生不能忽视的轴向力。

(3)配筋

沉管结构的混凝土强度等级，宜采用C30～C40。

由于沉管结构对贯通裂缝非常敏感，非贯通裂缝宜控制在0.15～0.20mm，因此，采用钢筋等级不宜过高，不宜采用HRB400和RRB400级及以上的钢筋。

(4)预应力的应用

一般情况下，沉管隧道采用普通混凝土结构而不用预应力混凝土结构。因沉管的结构厚度并非强度决定，而是由抗浮安全系数决定。由抗浮安全系数决定的厚度对于强度而言常常有余而非不足。施加预应力结构虽有提高抗渗性的长处，但若纯为防水而采用预应力混凝土结构并不经济。

然而，当隧道跨度较大，达3车道以上，或者水压力、土压力又较大时，沉管结构的顶板、底板受到的剪力相当大。若不采用预应力，就必须放大加腋。但加腋又不能侵入车道净空界限，所以只能增加沉管结构的全高。根据实践经验，为此增加的高度达1～1.5m，将导致造价提高。在这种情况下，采用预应力混凝土结构就比较经济。有的工程中仅在河道最深的部分管段中采用预应力混凝土结构，其余各节都采用普通混凝土的管段结构，这样能更经济地发挥预应力的优点。

10.2.4 临时端隔墙的设计

沉管段的两端部，因牵引、沉放的要求，需设临时隔墙(端隔墙)。端隔墙的结构，因是承受施工中的水压，最好使之重量小，而且易于拆除。为此，其结构形式多是由止水板、桁架、加强肋等构成的钢结构。但是也有钢筋混凝土的和钢筋混凝土板与支持钢桁架构成的。选择时，应考虑止水性、经济性、施工性等。

设计端隔墙时的荷载，主要是以沉放时的水压进行设计。

端隔墙虽说是短期服务的临时结构，但应能够承受沉放时的水压。

设计钢端隔墙时，一般采用与钢桁架同样的设计方法。设计止水板荷载时，由于止水板既承受板的应力，也承受桁架翼缘的应力，故应计算这两个应力的合成应力。

思考题

1. 沉管法的主要特点是什么？

2. 沉管结构在施工和使用的不同阶段，需要考虑哪些方面的抗浮计算？

3. 如何确定结构的高度？作用在沉管结构上的荷载有哪些？

4. 沉管段的结构设计包含哪些方面？各自的要求有哪些？

5. 为什么要设置临时端隔墙，设计上有何要求？

第11章 地下建筑结构可靠度理论

11.1 概　　述

地下结构在整个设计过程中存在大量的不确定性，如结构荷载的不确定性、岩体结构与岩性的不确定性、施工因素的不确定性等。传统方法设计时，用一个笼统的安全系数来考虑众多不确定性的影响，对各参数、变量都假定为定值，这就是常规的定值设计法。虽然以后对某些参数（如材料的强度）取值时也用数理统计方法找出其平均值或某个分位值，但未能考虑各参数的离散性对安全度的影响。所以安全系数法不能真正反映结构的安全储备。研究表明，概率和可靠度分析方法在不确定性越严重的问题中，越能显示出活力来。可靠度设计方法最本质的进步就是将设计中的主要不确定性因素加以量化分析，由以经验为主的定性分析阶段进入到以统计数学为基础的定量分析阶段，从定值设计观念向非定值设计观念转变，考虑了结构在运行过程中可能出现的变化情况，使工程结构设计进一步科学化合理化。

我国于1992年10月起施行《工程结构可靠度设计统一标准》(GB 50153—92)，这是国家级第一层次的统一标准，是其他各类工程结构设计统一标准共同遵守的准则。铁路、公路、水利等行业先后开展结构设计统一标准的编制工作，如交通部门制定了《公路工程结构可靠度设计统一标准》(GB/T 50283—1999)，其中包括了材料与岩土的性能和结构的几何参数、结构分析与试验、极限状态设计方法等内容。

作为上述各类工程的重要组成部分的隧道及地下工程，采用概率极限状态设计也提到日程上来，一些技术难题有待继续攻克，实用化问题也要同时解决。

地下建筑结构可靠度研究的主要内容是：

①工程参数的随机变量的统计特征描述。

②极限状态方程的建立。

③可靠度计算方法。

11.2 地下结构可靠度基本理论

11.2.1 地下建筑结构的可靠性

地下建筑结构在正常使用情况下必须满足下列功能的要求：

①在正常施工和正常使用时，能承受可能出现的各种作用。

②在正常使用时，具有良好的工作性能。

③在正常维护下，具有足够的耐久性能。

④在设计规定的偶然事件发生时和发生后，能保持必需的整体稳定性。

上述第①、④项是对工程结构安全性的要求，第②项是对工程结构适用性的要求，第③项则是耐久性的要求。地下建筑结构的安全性、适用性和耐久性三者总称地下建筑结构的可靠性。

11.2.2 极限状态和极限状态方程

衡量一个结构是否可靠，或者说是否能完成功能要求，应该有明确的标志。在结构可靠度分析中，结构的功能通常以“极限状态”作为标志。所谓结构功能的“极限状态”，是指整个结构或结构的一部分超过某一特定状态就不能满足设计规定的某一功能要求，此特定状态就称为该功能的“极限状态”。对于结构的各种极限状态，均应规定明确的标志及限值。

结构的极限状态可分为下列两类。

(1)承载力极限状态

这种极限状态对应于结构或结构构件达到最大承载能力或不适于继续承载的变形。当结构或结构构件出现下列状态之一时，应认为超过了承载能力极限状态：

①整个结构或结构的一部分作为刚体失去平衡(如倾覆、滑移等)。

②结构构件或连接因材料强度被超过而破坏(包括疲劳破坏)，或因过度变形而不适于继续承载。

③结构转变为机动体系。

④结构或结构构件丧失稳定(如压屈等)。

(2)正常使用极限状态

这种极限状态对应于结构或结构构件达到正常使用或耐久性能的某项规定限值。当结构构件出现下列状态之一时，应认为超过了正常使用极限状态：

①影响正常使用或外观的变形。

②影响正常使用或耐久性能的局部损坏(包括裂缝)。

③影响正常使用的振动。

④影响正常使用的其他特定状态。

为了应用统计数学工具，极限状态用相应的功能函数来描述。对该功能有影响的基本变量视为随机变量。设有 n 个随机变量，结构的功能函数为：

$$Z = g(X_1, X_2, X_3, \cdots X_n) \tag{11-1}$$

式中：$X_i(i=1、2、3、\cdots n)$——基本变量，系指结构上的各种作用或作用效应、材料性能、几何参数等。

当 $Z>0$ 时，结构处于可靠状态；$Z=0$ 时，结构达到极限状态；$Z<0$ 时，结构处于失效状态。

式(11-1)中，当：

$$Z = g(X_1, X_2, X_3, \cdots X_n) = 0 \tag{11-2}$$

称为结构的极限状态方程，是可靠度分析的重要关系式。

工程结构按极限状态设计应符合下列要求：

$$Z = g(X_1, X_2, X_3, \cdots X_n) \geqslant 0 \tag{11-3}$$

为了便于运算，经常把诸多基本变量演化为两个综合变量：一个是作用效应 S(由结构上的作用引起的各种内力、变形、位移等)；另一个是结构抗力 R(结构抵抗破坏或变形的能力，如极限强度、极限内力、刚度以及抗滑力、抗倾力矩等）。这两个综合变量仍然是随机变量。当仅有作用效应和结构抗力两个综合变量时，工程结构按极限状态设计应符合下列要求：

$$Z = g(S,R) = R - S \geqslant 0 \tag{11-4}$$

11.2.3 失效概率与结构可靠度

地下建筑结构可靠度是按概率来度量结构的可靠性。地下建筑结构在正常设计、施工、使用和维护的条件下，在规定的时间内完成预定功能的概率，称为可靠度或可靠概率；不能完成预定功能的概率称为失效概率或破坏概率。完成预定功能的概率越大，其失效概率就越小。

根据可靠度定义，结构可靠概率 P_S 为 $Z>0$ 的概率，则：

$$P_S = P(Z > 0) = \int_0^{\infty} f_Z(Z)\mathrm{d}z \tag{11-5}$$

结构失效概率 P_f 为 $Z<0$ 的概率，则：

$$P_f = P(Z < 0) = \int_{-\infty}^{0} f_Z(Z)\mathrm{d}z \tag{11-6}$$

由概率论可知，可靠概率与失效概率之和等于 1，则结构的失效概率为：

$$P_f = 1 - P_S \tag{11-7}$$

所以，结构的失效概率同样可以用来描述结构的可靠度。

上式中，$f_Z(Z)$ 为功能函数 Z 的概率密度函数，当功能函数 Z 是 R、S 两个综合随机变量联合组成的新的函数时，只要 R、S 两个随机变量的统计特征（概率分布类型、均值、标准差等）已知，用概率论中随机变量运算法则及分布拟合方法，就可求得该功能函数 Z 的统计特征，进而确定其概率密度函数式。

①当 R、S 均为正态分布，且两者相互独立时，其均值和标准差分别为 μ_R 、μ_S 和 σ_R 、σ_S ，其差也是正态分布，并有均值 $\mu_Z = \mu_R - \mu_S$ ，标准差 $\sigma_Z = \sqrt{\sigma_R^2 + \sigma_S^2}$ 。Z 的概率密度函数为：

$$f_Z(Z) = \frac{1}{\sqrt{2\pi\sigma_Z}}\exp\left[-\frac{1}{2}\left(\frac{Z-\mu_Z}{\sigma_Z}\right)^2\right] \tag{11-8}$$

②当 R、S 均服从对数正态分布，两者相互独立，其极限状态功能函数为：

$$Z = \ln R - \ln S = \ln\frac{R}{S} \tag{11-9}$$

Z 的均值为：

$$\mu_Z = \mu_{\ln R} - \mu_{\ln S} = \mu_{\ln\frac{R}{S}}$$

Z 的标准差为：

$$\sigma_Z = \sqrt{\sigma_{\ln R}^2 + \sigma_{\ln S}^2} = \sigma_{\ln\frac{R}{S}} \tag{11-10}$$

③当 R、S 属于其他的概率分布，并相互独立时，抗力 R 的概率密度函数和概率分布函数为 $f_R(R)$ 和 $F_R(R)$ ；作用效应 S 的概率密度函数和概率分布函数为 $f_R(S)$ 和 $F_R(S)$ ，如图 11-1所示。

这时要通过积分来求失效概率。如图中右边两曲线重叠区内，如果 $R<S$，则结构失效，其失效概率与重叠区大小有关，用公式表示为：

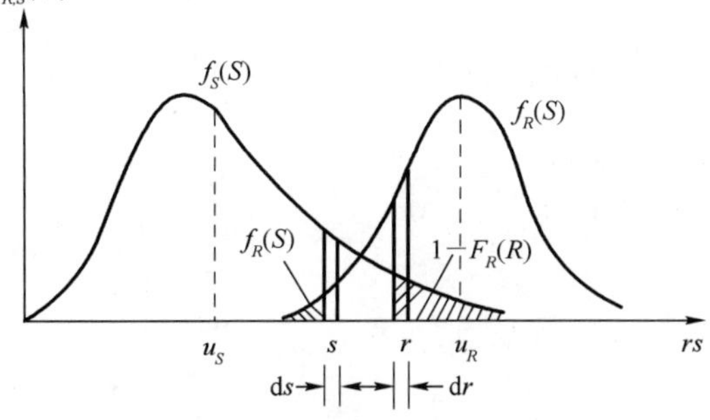

图 11-1　R 和 S 的密度函数与失效概率

$$P_f = P(Z < 0) = P[(R - S) < 0] \tag{11-11}$$

经过推导得失效概率公式：

$$P_f = \int_0^{\infty} F_R(S) f_S(S) \mathrm{d}s \text{ 或 } P_f = \int_0^{\infty} [1 - F_S(R)] f_R(R) \mathrm{d}r \tag{11-12}$$

④当极限状态功能函数为多个基本变量组成时：

$$Z = g(X_1, X_2, \cdots X_n) \tag{11-13}$$

式中 $X_1, X_2, \cdots X_n$ 相互独立，各自的概率密度函数为 $f_{X_1}(x_1)$，$f_{X_2}(x_2)$，$\cdots f_{X_n}(x_n)$。则 Z 的概率分布函数 $F_Z(Z)$ 为：

$$F_Z(Z) = \iint \cdots \int f_{X_1}(X_1) \cdot f_{X_2}(X_2) \cdots f_{X_n}(X_n) \mathrm{d}x_1 \mathrm{d}x_2 \cdots \mathrm{d}x_n \tag{11-14}$$

Z 的概率密度函数 $f_Z(Z)$ 为 $F_Z(Z)$ 的一次导数，则失效概率 P_f 为：

$$P_f = \int_0^{Z_0} f_Z(Z) \mathrm{d}z = F_Z(Z_0) \tag{11-15}$$

式中：Z_0——结构功能的极限值，如强度、挠度等。

11.2.4 结构可靠指标 β

由于考虑各基本变量的真实概率分布难以确定，功能函数的概率密度函数积分关系过于复杂，用数值积分方法计算失效概率或可靠概率比较困难，实际中多采用近似方法，使可靠度分析达到实用目的，由此引入可靠度指标的概念。

设极限状态功能函数仅有两个基本变量 R 和 S，且都服从正态分布，相应的统计参数(平均值及标准差)均已知。结构的失效状态为：

$$Z = R - S < 0 \tag{11-16}$$

经过随机变量运算求出 σ_Z、μ_Z 后求得失效概率为：

$$P_f = P(Z < 0) = \int_{-\infty}^{0} f_Z(Z) \mathrm{d}_z \tag{11-17}$$

f_Z (Z)为正态分布密度函数，代入得：

$$P_f = \int_{-\infty}^{0} \frac{1}{\sqrt{2\pi}\sigma_z} \exp\left[-\frac{1}{2}\left(\frac{Z - \mu_Z}{\sigma_Z}\right)^2\right] \mathrm{d}z \tag{11-18}$$

经标准化变换，令 $t = \dfrac{Z - \mu_Z}{\sigma_Z}$，则有 $\mathrm{d}z = \sigma_z \mathrm{d}t$，$z = -\infty$、$t = -\infty$，$z = 0$、$t = -\dfrac{\mu_Z}{\sigma_Z}$ 代入上式后得：

$$P_f = \frac{1}{\sqrt{2\pi}} \int_{-\infty}^{-\frac{\mu_z}{\sigma_z}} \exp\left(-\frac{t^2}{2}\right) \mathrm{d}t = \varphi\left(-\frac{\mu_Z}{\sigma_Z}\right) \tag{11-19}$$

引入符号 β，并令：

$$\beta = \frac{\mu_Z}{\sigma_Z} \tag{11-20}$$

式中：β——可靠指标，为无因次系数。

失效概率与可靠指标之间关系如下：

$$P_f = \phi(-\beta) = 1 - \phi(\beta) \tag{11-21}$$

$$\beta = \phi^{-1}(1 - P_f) \tag{11-22}$$

由此也可得可靠指标与可靠概率的关系：

$$P_S = 1 - P_f = 1 - \phi(-\beta) = \phi(\beta) \tag{11-23}$$

11.2.5 可靠度指标与分项系数的关系

现行设计标准一般采用分项系数表达式。分项系数是采用分离函数得到的。分离函数的作用是将其与可靠指标联系起来，把安全系数加以分离，使其表达为分项系数的形式，这样做符合设计人员的习惯，从而使基于可靠度的设计实用化。

分项系数的确定方法主要有如下几种：

(1)林德的0.75线性分离法

为将可靠指标公式中的根式进行分离并使其线性化，引入分项函数 Φ_1。

设 X_1、X_2 为任意的两个变量，令 $V_1 = \dfrac{X_1}{X_2}$，则：

$$\Phi_1 = \frac{\sqrt{X_1^2 + X_2^2}}{X_1 + X_2} = \frac{\sqrt{1 + V_1^2}}{1 + V_1} \tag{11-24}$$

林德指出，当 $\dfrac{1}{3} \leqslant V_1 < 3$，取 $\Phi_1 = 0.75$，相对误差不超过6%，因而有：

$$\sqrt{X_1^2 + X_2^2} = \Phi_1(X_1 + X_2) \approx 0.75(X_1 + X_2) \tag{11-25}$$

这个分离并线性化的公式，可用于将可靠度设计表达为分项系数的表达式。

设抗力 R 和荷载效应 S 均为正态分布，而且满足 $\dfrac{1}{3} \leqslant \dfrac{\sigma_R}{\sigma_S} < 3$ 时，则：

$$m_R - m_S = \beta\sqrt{\sigma_R^2 + \sigma_S^2} \approx 0.75(\sigma_R + \sigma_S)\beta \tag{11-26}$$

将公式中的标准差用变异系数表示，移项整理得：

$$(1 - 0.75\delta_R\beta)\mu_R = (1 + 0.75\delta_S\beta)\mu_S \tag{11-27}$$

令： $\gamma_R = 1 - 0.75\delta_S \qquad \beta\gamma_S = 1 + 0.75\delta_S\beta$

从而得到设计表达式：

$$\gamma_R\mu_R \geqslant \gamma_S\mu_S \tag{11-28}$$

式中：γ_R——抗力分项系数；

γ_S——荷载分项系数。

(2)一般分离法

一般分离法通过一定的数学变换，定义分离函数 ϕ_i，然后进行分离。

设有两个任意变量 X_i、X_j，令：

$$\phi_i = \frac{X_i}{\sqrt{X_i^2 + X_j^2}} = \frac{X_i}{X_j} \qquad \phi_j = \frac{X_j}{X} \tag{11-29}$$

ϕ_i 、ϕ_j 称为分离函数，是小于 1 的数，从而有：

$$\sqrt{X_i^2 + X_j^2} = \frac{X_i^2 + X_j^2}{\sqrt{X_i^2 + X_j^2}} = \phi_i X_i + \phi_j X_j \tag{11-30}$$

对于 n 个变量 $X(i=1,2,\cdots n)$，分离函数变为：

$$\phi_i = \frac{X_i}{(\sum\limits_{k=1}^{n} X_k^2)^{1/2}} \tag{11-31}$$

同时有：

$$\sqrt{\sum_{i=1}^{n} X_i^2} = \frac{\sum\limits_{i=1}^{n} X_i^2}{\sqrt{\sum\limits_{i=1}^{n} X_i^2}} = \sum_{i=1}^{n} \phi_i X_i \tag{11-32}$$

可将上式用于分项系数的计算，设极限状态函数为 $Z=g(X_1,X_2,\cdots X_n)$，则 Taylor 展开并取一阶近似式得均值和标准差为：

$$m_Z = g(m_{x_1}, m_{x_2}, \cdots m_{x_n}) \tag{11-33}$$

$$\sigma_Z = \sqrt{\sum_{i=1}^{n} \left[\left(\frac{\partial g}{\partial x_i} \right)^2 \Big|_{x=m_x} \sigma_{x_i}{}^2 \right]} \tag{11-34}$$

定义分项系数为：

$$\varphi_{x_i} = \frac{\frac{\partial g}{\partial x_i} \Big|_{x=m_x} \sigma x_i}{\sqrt{\sum\limits_{i=1}^{n} \left[\left(\frac{\partial g}{\partial x_i} \right)^2 \Big|_{x=m_x} \sigma_{x_i}{}^2 \right]}} \tag{11-35}$$

则有：

$$\sqrt{\sum_{i=1}^{n} \left[\left(\frac{\partial g}{\partial x_i} \right)^2 \Big|_{x=m_i} \sigma_x{}^2 \right]} = \sum_{i=1}^{n} \phi_{x_i} \sigma_{x_i} \tag{11-36}$$

根据可靠度指标定义有：

$$\beta = \frac{m_z}{\sigma_z} = \frac{g(m_{x_1}, m_{x_2}, \cdots m_{x_n})}{\sqrt{\sum\limits_{i=1}^{n} \left[\left(\frac{\partial g}{\partial x_i} \right)^2 \Big|_{x=m_x} \sigma_{x_i}^2 \right]}} \tag{11-37}$$

故有：

$$g(m_{x_1}, m_{x_2}, \cdots m_{x_n}) = \beta \sqrt{\sum_{i=1}^{n} \left[\left(\frac{\partial g}{\partial x_i} \right)^2 \Big|_{x=m_x} \sigma_{x_i}{}^2 \right]} = \sum_{i=1}^{n} \phi_{xi} \cdot \sigma_{xi} \beta \tag{11-38}$$

当 g 为线性函数时，可将上式移项整理得到相应的分项系数表达式。

以上两种方法计算简便，林德线性分离法只适用于两个变量的标准差比值在 1/3～3 的范围，一般分离法可推广到使用于多个变量，但也只能用于线性极限状态方程和正态分布的变量。

11.2.6 可靠度指标计算方法

地下工程围岩和支护相互作用，共同构成一个承载结构，如果把这个承载结构称为“系统”，那么构成这个系统的支护或围岩则称为“单元”。系统和单元是相对而言的。地下结构破坏模式可分为单元破坏和系统破坏两种，相应的地下结构可靠度计算分为单元可靠度计算和系统可靠度计算。

(1)单元可靠度计算

①一次二阶矩法

一次二阶矩法的基本点是将随机变量用它们的一阶矩（均值 μ）和二阶矩（方差 σ^2）表示，同时把极限状态方程的连续函数在均值点处线性化，然后求解单元的可靠度。

设 n 个随机变量相互独立，且服从正态分布，其平均值为 μ_{x_i}，标准差为 σ_{x_i} $(i=1,2,\cdots n)$。由这些随机变量表示的单元极限方程为：

$$Z = g(X) = g(x_1, x_2, \cdots x_n) \tag{11-39}$$

将极限状态函数 Z 在随机变量的均值处展开为泰勒级数，并保留一次项得：

$$Z=g(\mu_{x_1},\mu_{x_2},\cdots\mu_{x_n})+\sum_{i=1}^{n}\left(\frac{\partial g}{\partial x_i}\right)_{|\mu}(x_i-\mu_{x_i}) \tag{11-40}$$

Z 的均值和方差分别为：

$$\mu_Z=E(Z)=g(\mu_{x_1},\mu_{x_2},\cdots\mu_{x_n}) \tag{11-41}$$

$$\sigma_Z^2=E[Z-\mu_Z]^2+\sum_{i=1}^{n}\left(\frac{\partial g}{\partial x_i}\right)_{|\mu}\sigma_{x_i}^2 \tag{11-42}$$

结构的可靠度指标为：

$$\beta=\frac{\mu_Z}{\beta_Z}=\frac{g(\mu_{x_1},\mu_{x_2},\cdots\mu_{x_n})}{\sqrt{\sum_{i=1}^{n}\left(\frac{\partial g}{\partial x_i}\right)_{|\mu}\sigma_{x_i}^2}} \tag{11-43}$$

下面讨论在两种特殊情况下可靠度指标 β 的计算。

a. 两个随机变量 R 和 Q 具有差为 $Z=R-Q$ 的线性关系式，对应的均值和标准差分别为 $\overline{R}$、σ_R、$\overline{Q}$ 和 σ_Q。因此有：$\overline{Z}=\overline{R}-\overline{Q}$。

由于 $Z=R-Q$，因而有 $\frac{\partial g}{\partial R}=\frac{\partial Z}{\partial R}=1$，$\frac{\partial g}{\partial Q}=\frac{\partial Z}{\partial Q}=-1$，$\sigma_Z=\sqrt{\sigma_R^2+\sigma_Q^2}$，最后得到可靠度指标为：

$$\beta=\frac{\overline{Z}}{\sigma_Z}=\frac{\overline{R}-\overline{Q}}{\sigma_R^2+\sigma_Q^2} \tag{11-44}$$

b. 两个统计上独立的随机变量 R 和 Q，具有 $Z=\ln(R/Q)$ 的对数关系式，均值和变异系数分别为 $\overline{R}$、V_R、$\overline{Q}$ 和 V_Q。由 $Z=\ln(R/Q)=\ln R-\ln Q$ 可知，只要 $\ln R$ 和 $\ln Q$ 是正态分布，那么 Z 的均值 $\overline{Z}$ 为：

$$\overline{Z}=\overline{\ln R}-\overline{\ln Q} \tag{11-45}$$

由对数关系，求得对数 R 和 Q 的均值 $\overline{\ln R}$ 和 $\overline{\ln Q}$ 分别为：

$$\overline{\ln R}=\ln\overline{R}-1/2\xi_R^2,\ \overline{\ln Q}=\ln\overline{Q}-1/2\xi_Q^2 \tag{11-46}$$

式中：ξ_R、ξ_Q —— $\ln R$ 和 $\ln Q$ 的标准差，因此有：

$$\overline{Z}=\overline{\ln R}-\overline{\ln Q}-\frac{1}{2}(\xi_R^2-\xi_Q^2)\approx\ln(\overline{R}/\overline{Q}) \tag{11-47}$$

Z 的标准差为：

$$\sigma_Z^2=\xi_R^2+\xi_Q^2=\ln(1+V_R^2)+\ln(1+V_Q^2)=\ln(1+V_R^2)(1+V_Q^2) \tag{11-48}$$

由于 V_R 和 V_Q 都是很小的数值，因此 σ_Z^2 可以取以下近似式，即：

$$\sigma_Z^2\approx V_R^2+V_Q^2 \tag{11-49}$$

故可靠度指标为：

$$\beta=\frac{\ln(\overline{R}/\overline{Q})}{\sqrt{V_R^2+V_Q^2}} \tag{11-50}$$

均值一次二阶矩法计算简便，但却存在明显缺陷：

(a)只是直接取用随机变量的一阶矩和二阶矩，不能考虑随机变量的分布概率。

(b)将非线性极限状态函数在随机变量的平均值处展开后，线性极限状态平面会较大地偏离原来的极限状态曲面。

(c)对具有相同的力学含义、不同的数学表达式的极限状态方程会得到不同的可靠度指标。

②改进的一次二阶矩法

为了改进上述一次二阶矩所存在的缺陷，Hasofer 和 Lind、Rackwitz 和 Fiessler 等人对此作了改进，提出了设计验算点法。该法与上述方法不同之处在于对极限状态方程用泰勒级数展开不是在均值点，而是在“设计验算点”，从而提高了可靠度的计算精度。

把极限状态方程 $Z=g(X)=g(x_1,x_2,\cdots x_n)$ 用泰勒级数在设计验算点处展开，仅取其线性项有：

$$Z=g(x_1^*,x_2^*,\cdots x_n^*)+\sum_{i=1}^{n}\left(\frac{\partial g}{\partial x_i}\right)_{|X^*}(x_i-x_i^*) \tag{11-51}$$

式中 $X^*=x_1^*,x_2^*,\cdots x_n^*$ 为设计验算点，它是在失效边界上与单元最大可能失效概率所对应的点。该点 $g(x_1^*,x_2^*,\cdots x_n^*)=0$，其均值为：

$$\overline{Z\sum_{i=1}^{n}\left(\frac{\partial g}{\partial x_i}\right)_{|X^*}(\overline{x_i}-x_i^*)} \tag{11-52}$$

对应于线性化的标准方差为：

$$\sigma_Z=\sqrt{\sum_{i=1}^{n}\left(\frac{\partial g}{\partial x_i}\right)_{|X^*}\sigma_{x_i}^2} \tag{11-53}$$

根据 Ravindra，Heaney 和 Lind 等的建议，σ_Z 可以用 σ_{x_i} 的线性组合表示，即：

$$\sigma_Z=\sum_{i=1}^{n}\alpha_i\sigma_{x_i}\left(\frac{\partial g}{\partial x_i}\right)_{|X_i^*} \tag{11-54}$$

式中 α_i 称为灵敏系数，其计算公式为：

$$\alpha_i=\frac{\frac{\partial g}{\partial x_i}\big|_{X_i^*}\sigma_{x_i}}{\left[\sum_{j=1}^{n}\left(\frac{\partial g}{\partial x_i}\right)_{|X_j^*}\sigma_{x_j}{}^2\right]^{1/2}} \tag{11-55}$$

则单元的可靠度指标为：

$$\beta=\frac{\overline{Z}}{\sigma_Z}=\frac{\sum\limits_{i=1}^{n}(\overline{x_i}-x_i{}^*)\frac{\partial g}{\partial x_i}|_{x_j{}^*}}{\sum\limits_{i=1}^{n}\alpha_i\sigma_{x_i}\left(\frac{\partial g}{\partial x_i}\right)_{|x_i{}^*}} \tag{11-56}$$

重新整理得：

$$\sum_{i=1}^{n}\left(\frac{\partial g}{\partial x_i}\right)_{|x_i^*}(\overline{x_i}-x_i^*-\beta\alpha_i\sigma_{x_i})=0 \tag{11-57}$$

其解为：

$$x_i^*=\overline{x_i}-\alpha_i\beta\sigma_{x_i}\quad(i=1,2,\cdots n) \tag{11-58}$$

上面β计算式(11-56)确定了设计验算点在给定随机变量的均值$\overline{x_i}$、标准方差σ_{x_i}和β，设计验算点$\overline{X^*}$可以通过α_i计算式(11-55)和x_i^*计算式(11-58)求得。通常采用试算求解，其计算步骤为：

a. 假设初始值β。

b. 对所有的变量，令设计验算点的初值等于其均值，即$x_i^*=\overline{x_i}$。

c. 对所有的变量，在均值处计算$\frac{\partial g}{\partial x_i}$的值。

d. 由α_i计算式对所有的随机变量计算α_i值。

e. 计算x_i^*值。

f. 重复步骤c～e，一直到x_i^*值稳定为止。

g. 计算$Z=g(x_1^*,x_2^*,\cdots x_n^*)$的值。

h. 如果$Z\neq0$，计算$\Delta\beta/\Delta g$的值，并由$\beta_{n+1}=\beta_n-Z_n\Delta\beta/\Delta g$估计一个较好的$\beta$值。重复步骤c～g，直到获得$Z=0$为止。

i. 最后计算单元的失效概率$P_f=\phi(-\beta)$。

在实际计算中，β的精度一般要求在±0.01。该计算方法已经用计算机语言编程在计算机上运行。

③JC法

JC法是拉克维茨和菲斯莱(Bernd Fiessler)等人提出来的。它适用于随机变量为任意分布下结构可靠指标的求解。该法通俗易懂，计算精度又能满足工程实际需要，已经为国际安全度联合委员会(JCSS)所用，故称JC法，我国《建筑结构设计统一标准》(GBJ 68—84)和《铁路工程结构设计统一标准》(GB 50216—94)中都规定采用本法进行结构的可靠度计算。

JC法的基本原理：首先把随机变量X_i原来的非正态分布用正态分布代替，但对于代替的正态分布函数要求在设计验算点x_i^*处的累积概率分布函数(CDF)值和概率密度函数(PDF)值都和原来的分布函数的CDF值和PDF值相同。然后根据这两个条件求得等效正态分布的均值$\overline{X}'_i$和标准差σ'_{x_i}，最后用一次二阶矩法求结构的可靠指标。

下面讨论如何利用上述当量正态化的方法，求解等效正态分布的均值$\overline{X}'_i$和标准差σ'_{x_i}。

利用x_i^*处CDF值相等条件：

原来分布概率为$P(x\leqslant x_i^*)=F_{X_i}(x_i^*)$，代替正态分布的概率为：

$$P(x\leqslant x_i^*)=F'_{Xi}(x_i^*)=\phi\left[\frac{x_i^*-\overline{X}'_i}{\sigma'_{x_i}}\right] \tag{11-59}$$

根据条件，要求以上概率相等，得：

$$F_{X_i}(x_i^*)=\phi\left[\frac{x_i^*-\overline{X}'_i}{\sigma'_{x_i}}\right] \tag{11-60}$$

同理可得正态分布的概率密度为：

$$f_{X_i}(x_i^*)=\phi\left[\frac{x_i^*-\overline{X}'_i}{\sigma'_{x_i}}\right]\cdot\frac{1}{\sigma'_{x_i}} \tag{11-61}$$

由式(11-60)解出：

$$\left[\frac{x_i^*-\overline{X}'_i}{\sigma'_{x_i}}\right]=\phi^{-1}[F_{X_i}(x_i^*)] \tag{11-62}$$

代入式(11-61)得：

$$\sigma'_{x_i}=\Phi[\phi^{-1}(F_{X_i}(x_i^*))]/f_{X_i}(x_i^*) \tag{11-63}$$

最后由式(11-62)得：

$$\overline{X}'_i=x_i^*-\sigma'_{x_i}\phi^{-1}[F_{X_i}(x_i^*)] \tag{11-64}$$

上述各式中，$F_{x_i}(*)$ 和 $f_{x_i}(*)$ 分别代表原来的累积概率分布函数和概率密度函数。$\phi(*)$ 和 $\Phi(*)$ 分别代表标准正态分布下的累积概率分布函数和概率密度函数。

等效正态分布的均值 $\overline{X}'_i$ 和标准差 σ'_{x_i} 确定之后，JC 法求解结构可靠指标的过程与改进的一次二阶矩法大致相同，下面就是用该法计算可靠指标 β 的步骤。

a. 假定一个 β 值。

b. 对所有的 i 值，选取设计验算点的初值，一般取 $x_i^*=\overline{x_i}$。

c. 用式(11-63)和式(11-64)计算标准方差 σ'_{x_i} 和均值 $\overline{X}'_i$。

d. 计算控制点 $x_i=x_i^*$ 处的 $\frac{\partial g}{\partial x_i}|x_i^*$。

e. 用式(11-55)计算灵敏系数 α_i。

f. 用式(11-58)计算 x_i^* 的新值。

g. 利用式(11-49)计算满足条件 $Z=g(x_1^*,x_2^*,\cdots x_n^*)=0$ 的 β 值。

h. 重复步骤 c～g，一直算到前后两次所得的 β 的差值的绝对值很小为止(例如等于或小于 0.05)。

i. 最后计算单元的失效概率 P_f。

上述迭代计算的收敛速度取决于极限状态方程的非线性程度，一般来说，5 次以内即可求得 β 值。用 JC 法计算单元的可靠度时，如果随机变量是正态分布，计算时直接用标准方差和均值作为 σ'_{x_i} 和 $\overline{X}'_i$ 值。

(2)系统可靠度计算

①系统可靠度模型的建立

地下结构是一个由单元组成的极其复杂的系统，对于结构系统破坏模式的可靠度计算是比较困难的，首先要研究和建立构成系统单元或子系统之间的关系及各单元或子系统的可靠度，画出系统框图，在此基础上建立系统的可靠度模型，从而进行可靠度分析。因此，根据可靠度模型求解系统的可靠度需要进行系统简化，分解成相互联系的单元，分析求解单元的可靠度或破坏概率，再根据系统各单元的相互关系求解系统的可靠度。常见的可靠度模型有串联模型、并联模型和串—并联模型。

a. 串联模型

若结构任一构件失效，则整个结构系统也失效，此类结构系统就可用串联模型表示。

设结构系统由 n 个单元组成，组成模型如图 11-2 所示，组成系统的 n 个相互独立的串联单元可靠度分别为 R_1、R_2、$\cdots R_n$，由概率的乘法定理可求得系统可靠度 R_S 为：

$$R_S=\sum_{i=1}^{n}P_i \tag{11-65}$$

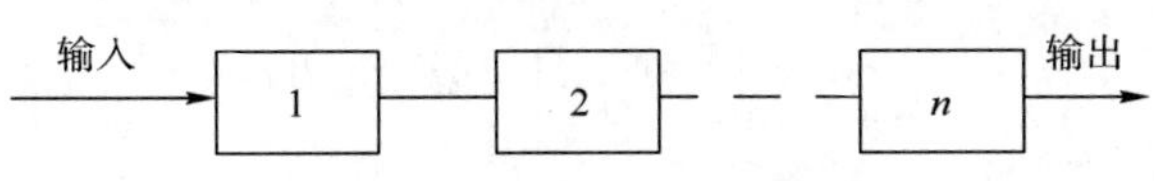

图 11-2　单元串联可靠度模型

b. 并联模型

若结构中有一个或一个以上的单元失效，剩余的单元仍能维持整体结构的功能，则这类结构系统为并联系统。

组成系统的 n 个单元的并联可靠度模型 11-3 所示。设单元可靠度分别为 R_1、R_2、$\cdots R_n$，由乘法定理可得系统的可靠度为 R_S：

$$R_S=1-\sum_{i=1}^{n}P_i=1-\sum_{i=1}^{n}(1-R_i) \tag{11-66}$$

式中：P_i ——第 i 个单元的破坏概率。

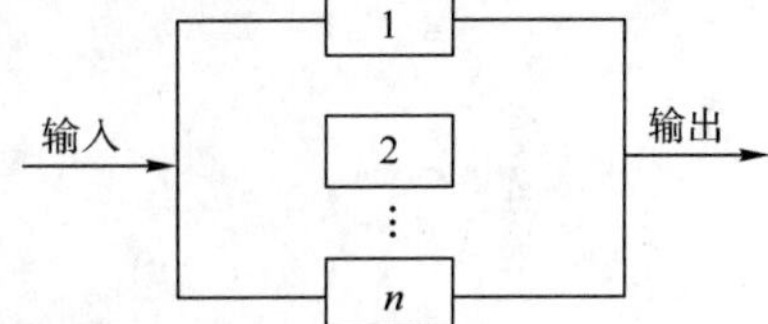

图 11-3　单元并串联可靠度模型

c. 串—并联模型

地下结构属于超静定结构，在各种作用下会产生各种不同的失效模式，而每种失效模式均可用一并联体系来反映；任意失效模式的发生，均代表该体系的失效，可用一串联体系来反映；故该系统的失效模式可以由一系列并联体系所组成的串联体系，即串—并联体系来反映，这种可靠度模型称为串—并联模型，对于这种复杂的系统，可靠度计算方法各异，关键在于能否确切地找出单元之间的相互依赖关系。

②蒙特卡罗法

对于复杂的概率问题，作为统计计算的蒙特卡罗法在获得近似解方面，被认为是一种相对较精确的方法，常常用来校核其他方法的计算结果。虽然它计算工作量很大，但随着计算机应用技术的发展，以蒙特卡罗法为基础的各类数值模拟方法在非线性可靠度分析与评估领域的作用正引起人们的高度重视。

若随机设计变量 X 的联合概率密度函数为 $f_X(x)$，则系统失效概率 P_f 为：

$$P_f=\int_{\Omega_f}\cdots\int f_X(x)\mathrm{d}x \tag{11-67}$$

式中：Ω_f ——失效域。

对于复杂的地下结构的可靠度分析，上式中的 $f_X(x)$ 通常不存在解析解。因此蒙特卡罗法是求解该类问题的一种主要的计算手段。

引入指示函数：

$$I[x]=\begin{cases}1 & x\in\Omega_f\\ 0 & x\notin\Omega_f\end{cases} \tag{11-68}$$

$$\Omega_f = \bigcup_{i=1}^{m}\{G_i \leqslant 0\}$$

式中：G_i ——第 i 个失效模式的极限状态方程；$G_i < 0$ 表示第 i 个失效模式，$G_i > 0$ 表示第 i 个失效模式的安全域，$G_i = 0$ 表示安全边界；

m——系统所含的失效模式的总数。

采用以上符号，式(11-63)可改写为：

$$P_f = \int_{\Omega_f}\cdots\int I[x]f(x)\mathrm{d}x \tag{11-69}$$

式中：Ω ——X 的定义域，$\Omega_f \subset \Omega$ 。

非线性系统可靠性工程中常采用的抽样法有以下几种：

a. 随机投点法

蒙特卡罗法的基本思想是按照设计变量的概率密度函数进行抽样，将多次试验中落入失效域 Ω_f 中的点数 N_f 与抽样数 N 之比作为失效概率 P_f 的无偏估计 $\hat{P}_f$，即：

$$\hat{P}_f = \frac{N_f}{N} = \frac{1}{N}\sum_{j=1}^{N} I[x_j] \tag{11-70}$$

$$\begin{cases} E(\hat{P}_f) = P_f \\ D(\hat{P}_f) = \dfrac{P_f(1-P_f)}{N} \approx \dfrac{\hat{P}_f(1-\hat{P}_f)}{N} \end{cases} \tag{11-71}$$

式中：x_j ——根据概率密度函数 $f_X(x)$ 抽取的第 j 组随机设计变量 X 的观察值。

当 P_f 值很小时，x_j 落入 Ω_f 域中的几率很小，也就是说抽样效率很低。为此，人们对随机抽样法进行改进，以提高抽样效率。

b. 期望估计法

期望估计法是最特殊的一种，它的修改抽样函数为有限域 Ω_0 内的均匀分布函数，其计算程序如下：

(a)确定设计点 x^* 为抽样区域的参考点，x^* 通常取 x 的均值点。

(b)定义一个由 $[x^* - k_i\sigma_i, x^* + k_i\sigma_i](i = 1,2,\cdots n)$ 构成的 n 维有界闭区域 Ω_0 为抽样域。抽样区域的广义体积记为 A。通常取 $k_i = 3\sim5$。

(c)在 Ω_0 中抽取均匀分布的随机变量 $z_j(1、2、\cdots n)$ 。

(d)估计 $\hat{P}_f$ ：

$$\hat{P}_f = \frac{A}{N}\sum_{j=1}^{N} I[z_j]f_X[z_j] \tag{11-72}$$

从上面的计算过程可以看出，$\hat{P}_f$ 计算的正确性与准确性依赖 3 个方面的因素：

(a) Ω_f 是否有界。

(b) Ω_f 无界，P_f 是否可用 $f_X(x)$ 在一个有限闭区域 Ω_1 内的积分来逼近。

(c) Ω_0 和 Ω_1 之间的相互关系。

在实际问题中，Ω_f 通常是无界的。因此必须假定 P_f 可用 $f_X(x)$ 在一个有限闭区域 Ω_1 内的积分来逼近。这一假定成立的条件目前缺乏应有的研究。大量的研究工作用在改进模拟结果的收敛速率上，而忽略了其收敛解是否为真值这个关键的问题。这一问题不是期望估计法特有的，在重要抽样法、分层抽样法中同样存在。

c. 重要抽样法

重要抽样法的基本思想是：通过修改抽样过程，用同样抽样密度函数代替原来的抽样密度函数，使对 P_f 贡献大的抽样出现的几率增加，从而提高抽样效率，其公式为：

$$P_f = \int_{\Omega'} \cdots \int I[v] \frac{f_x(v)}{h_v(v)} h_v(v) \mathrm{d}v \tag{11-73}$$

式中：$h_v(v)$ ——新选的重要抽样密度函数；

Ω' ——抽样域，它可以与 X 的定义域 Ω 不同，只需满足限制条件 $\Omega_f \subset \Omega'$ 即可。

作为概率密度函数，$h_v(v)$ 应满足以下条件：

$$\begin{cases} h_v(v) > 0 \\ \int \cdots \int h_v(v) \mathrm{d}v = 1 \end{cases} \tag{11-74}$$

P_f 的模拟均值和方差分别为：

$$\begin{cases} E(\hat{P}_f) = P_f \approx \hat{P}_f = \dfrac{1}{N} \sum\limits_{j=1}^{N} \left\{ I[v_j] \dfrac{f_x(v_j)}{h_v(v_j)} \right\} \\ D(\hat{P}_f) \approx \dfrac{1}{N-1} \left\{ \dfrac{1}{N} \sum\limits_{j=1}^{N} I[v_j] \dfrac{f_x(v_j)}{h_v(v_j)} - \hat{P}_f^2 \right\} \end{cases} \tag{11-75}$$

在系统失效概率计算中，重要抽样密度函数的选择应当兼顾：

(a)增加有效抽样比例。

(b)增加有效抽样中对 P_f 值贡献大的抽样出现的几率。

增加有效抽样比例的方法很多，最常用的方法是选择合适的抽样域。由于失效域 Ω_f 和抽样域 Ω' 之间存在的关系 $\Omega_f \subset \Omega'$，因此，Ω' 越接近 Ω_f，则有效抽样比例也越大。从逻辑上讲，根据试探方式的递归型自适应化算法是未来研究的方法。

d. 分层抽样法

分层抽样法的思想与重要抽样法相似，使对 P_f 值贡献大的抽样更多的出现。具体做法是：将失效域 Ω_f 划分成 m 个互不相交的子区域 $\Omega_f(1、2、\cdots m)$；$\Omega_f = \bigcup\limits_{i=1}^{m} \Omega_{fi}$，通过在 $f_X(x)$ 值较大的子区域中抽取较多的子样，来达到提高抽样效率和减小方差的目的，计算公式为：

$$\begin{cases} P_f = \int_{\Omega_f} \cdots \int f_X(x) \mathrm{d}x = \sum\limits_{i=1}^{m} \int_{\Omega_f} \int f_X(x) \mathrm{d}x = \sum\limits_{i=1}^{m} \ln t_i \\ \ln t_i = \int_{\Omega_f} \cdots \int f_X(x) \mathrm{d}x \end{cases} \tag{11-76}$$

影响分层抽样法计算效率的两个关键因素是：

(a)如何对失效域 Ω_f 合理地进行分割。

(b)如何确定每一个子域 Ω_{fi} 中的抽样点数 N_i。

对于这两个问题，目前还没有系统的解决办法。很明显，与重要抽样法相似，分层抽样法的计算效率也可以通过试算的方式加以改善，这种方式构成了若干自适应分层抽样算法的基础。

$\ln t_i$ 的计算可以采用多种方法，比较常用的是期望估计法。当然，也可以采用重要抽样法等。

P_f 均值和方差的估计依赖于选用计算 $\ln t_i$ 的模拟方法。

思 考 题

1. 地下建筑结构在正常使用情况下必须满足的功能要求有哪些？
2. 结构的极限状态可分为哪几类？各自的内涵是什么？
3. 如何进行测试数据的可靠性分析及回归分析？其步骤如何？
4. 什么叫结构的可靠度指标？其含义是什么？
5. 试分析可靠度指标与分项系数的关系。分项系数的确定方法有哪些？
6. 试说明单元可靠度和系统可靠度的计算方法。

参考文献

[1] 陈建平,吴立. 地下建筑工程设计与施工. 武汉:中国地质大学出版社, 2000.
[2] 孙钧,侯学渊. 地下结构(上、下). 北京:科学出版社,1987.
[3] 高谦,等. 地下工程系统分析与设计. 北京:中国建材工业出版社,2005.
[4] 贺少辉,等. 地下工程. 北京:北京交通大学出版社、清华大学出版社,2006.
[5] 朱维申,何满朝. 复杂条件下围岩稳定性与岩体动态施工力学. 北京:科学出版社,1995.
[6] 夏明耀,曾进伦. 地下工程设计施工手册. 北京:中国建筑工业出版社,1999.
[7] 刘志刚,赵勇. 隧道施工地质技术. 北京:中国铁道出版社,2001.
[8] 夏才初,李永盛. 地下工程测试理论与监测技术. 上海:同济大学出版社,1999.
[9] 孙钧. 地下工程设计理论与实践. 上海: 上海科学技术出版社,1996.
[10] 韩瑞庚. 地下工程新奥法. 北京:科学出版社,1987.
[11] 关宝树,国兆林. 隧道与地下工程. 成都:西南交通大学出版社,2002.
[12] 关宝树. 地下工程概论. 成都:西南交通大学出版社,2001.
[13] 龚维名,童小东,缪林昌,等. 地下结构工程. 南京:东南大学出版社,2004.
[14] 王毅才,隧道工程(上、下). 北京:人民交通出版社,1985.
[15] B. N. Whittaker, R. C. Firth. Tunnelling Design, Stability and Construction. The Institution of Mining and Metallurgy, 1990.
[16] R. S. Sinha. Underground Structrures Design and Instrumentation. Lakewood, Colorado U. S. A, 1989.
[17] E. Hoek, E. T. Brown,等. 岩石地下工程. 连志升,等译. 北京:冶金出版社, 1986.
[18] 徐干成,白洪才,郑颖人,等. 地下工程支护结构. 北京:中国水利水电出版社,2002.
[19] 朱合华,张子新,等. 地下建筑结构. 北京:中国建筑工业出版社,2005.
[20] 门玉明,王启耀,等. 地下建筑结构. 北京:人民交通出版社,2007.
[21] 于学馥,等,地下工程围岩稳定分析. 北京:煤炭工业出版社,1983.
[22] 谷兆祺,等, 地下洞室工程. 北京:清华大学出版社,1994.
[23] 于书翰,杜谟远. 隧道施工. 北京:人民交通出版社,1999.
[24] 翁家杰. 地下工程. 北京:煤炭工业出版社,1995.
[25] 唐辉明,晏鄂川,等. 工程地质数值模拟的理论与方法. 武汉:中国地质大学出版社, 2001.
[26] 刘佑荣. 岩体力学. 武汉:中国地质大学出版社,1999.
[27] 徐光黎,等. 岩体结构模型与应用. 武汉:中国地质大学出版社,1993.
[28] 中华人民共和国行业标准编写组. 建筑基坑支护技术规程(JGJ 120—99). 北京:中国建筑工业出版社,1999.
[29] 中华人民共和国行业标准编写组. 建筑桩基技术规范(JGJ 94—1994) . 北京:中国建筑工业出版社,1994.
[30] 余志成,施文华. 深基坑支护设计与施工. 北京:中国建筑工业出版社,1999.
[31] 赵志缙. 简明深基坑工程设计施工手册. 北京:中国建筑工业出版社,2000.
[32] 刘建航,侯学渊. 盾构法隧道. 北京:中国铁道出版社,1991.

[33] [美]T. D. 奥罗克. 盾构衬砌设计指南. 侯学渊,李桂花,等译. 北京:中国铁道出版社,1987.
[34] 何川,曾东洋. 盾构隧道结构设计及施工对环境的影响. 成都:西南交通大学出版社,2007.
[35] 余彬泉,陈传. 顶管施工技术. 北京:人民交通出版社,1998.
[36] 马保松,Dstein,蒋国盛. 顶管和微型隧道技术. 北京:人民交通出版社,2004.
[37] 高乃熙,张小珠. 顶管技术. 北京:中国建筑工业出版社,1984.
[38] 陈韶章,陈越. 沉管隧道设计与施工. 北京:科学出版社,2002.
[39] 杨林德. 软土工程施工技术与环境保护. 北京:人民交通出版社,2001.
[40] 刘钊,佘才高,周振强. 地铁工程设计与施工. 北京:人民交通出版社,2004.
[41] 景诗庭,朱永全,宋玉香. 隧道结构可靠度. 北京:中国铁道出版社,2002.
[42] 李国强. 工程结构荷载与可靠度设计原理(3版). 北京:中国建筑工业出版社,2005.
[43] 刘贵应,王宇兴,陈建平,等. 高速公路双联拱隧道结构分析及施工工艺的优化. 地质科技情报,2003,22(1):97-100.
[44] 林峰,伍振志. 有限元法在双连拱隧道初期支护设计中的应用. 地质科技情报,2004,23(3):101-104.
[45] 罗学东,陈建平. 火车岭隧道围岩大变形问题及治理. 煤田地质与勘探,2006,34(4):49-52.
[46] 罗学东,陈建平,左昌群,等. 大断裂区域片岩地层巷道围岩大变形类型与机理研究. 黄金,2006,27(2):21-23.
[47] 胡国祥,陈建平. 高速公路隧道结构形式优选模型研究. 桂林工学院学报,2007,27(4):521-524.